AF577631

BLACK STALLION
8 5 0 M

JONATHAN C. SLAGHT

Die Eulen des östlichen Eises

Die Suche nach der größten Eule der Welt und ihre Rettung

Aus dem Englischen von
Sigrid Ruschmeier

NATURKUNDEN

Für Karen

NATURKUNDEN № 87
herausgegeben von Judith Schalansky
bei Matthes & Seitz Berlin

Unglaublich, was um uns herum geschah. Blindwütig riss der Wind Äste ab und wirbelte sie durch die Luft [...] Riesige alte Kiefern schwankten hin und her wie junge Bäume mit dünnen Stämmchen. Und wir sahen nichts – nicht die Berge, nicht den Himmel, nicht den Boden. Alles war vom Schneesturm eingehüllt [...] wir kauerten in unseren Zelten. Stumm.

Wladimir Arsenjew, 1921, *Durch die Urwälder des Fernen Ostens*

Wladimir Arsenjew (1872–1930), Forschungsreisender, Naturkundler und Autor vieler Schriften über Landschaft, Tier- und Pflanzenwelt sowie die Menschen in der Region Primorje in Russland, war einer der ersten Russen, die sich in die Wälder hineinwagten, um die es in diesem Buch geht.

Inhalt

DRITTER TEIL

Das Fangen

RUSSLAND
N
Chabarowsk
Amur
Ussuri
CHINA
Iman
REGION
PRIMORJE
Chankasee
Sichote-Alin
Awwakumowka
Olga
Wladiwostok
NORD-
KOREA
0
100
200 Meilen
0
100
200 Kilometer

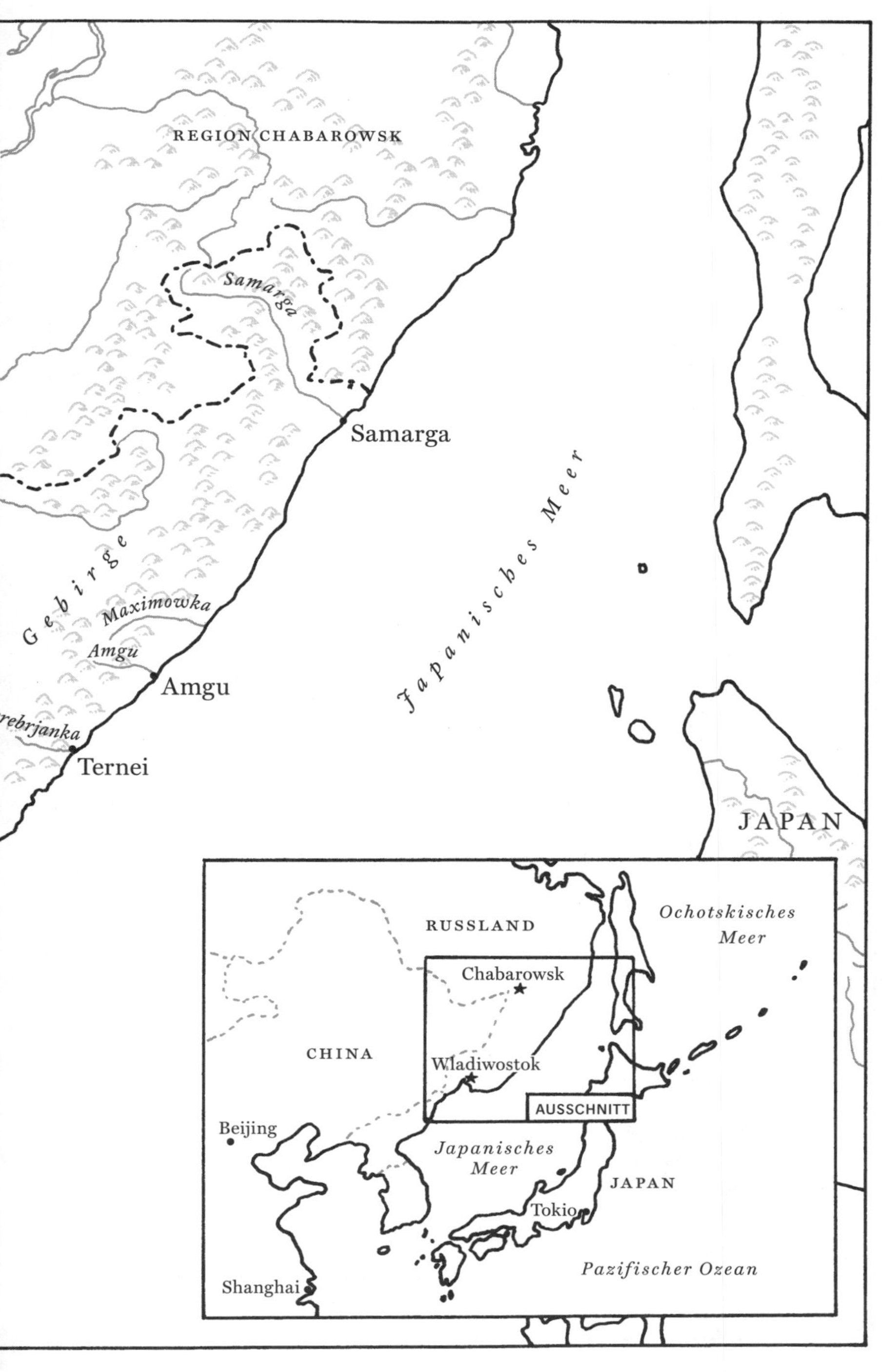
REGION CHABAROWSK
Samarga
Samarga
Japanisches Meer
Gebirge
Maximowka
Amgu
Amgu
rebrjanka
Ternei
JAPAN
RUSSLAND
Ochotskisches Meer
Chabarowsk
CHINA
Wladiwostok
AUSSCHNITT
Beijing
Japanisches Meer
JAPAN
Tokio
Pazifischer Ozean
Shanghai

N
RUSSLAND
Samarga
Agsu
REGION
CHABAROWSK
Fischeulengebiete
Holzfällerstraßen
Dorf
Provinzgrenzen
Samarga
REGION
PRIMORJE
Bikin
Swetlaja
Sichote-Alin Gebirge
SAIJON
Maximowka
SCHA-MI
Amgu
KUDJA
Sea of Japan
Kema
FAATA
TUNSCHA
SEREBRJANKA
Ternei
Plastun
0 25 50 75 Meilen
0 25 50 75 Kilometer

Prolog

Meinen ersten Riesenfischuhu sah ich im Jahr 2000 in der russischen Region Primorje, die sich wie eine Kralle nach Süden im Bauch Nordostasiens verhakt, eine entlegene Ecke der Welt an der Küste des Pazifik, wo Russland, China und Nordkorea inmitten von Bergen und Stacheldraht aufeinandertreffen. Bei einer Waldwanderung scheuchten ein Mitwanderer und ich unversehens einen mächtigen, in Panik versetzten Vogel auf, der sich mit schwerfälligen Flügelschlägen und deutlich bekundetem Missvergnügen kurz in den kahlen Baumwipfeln etwa ein Dutzend Meter über unseren Köpfen niederließ. Skeptisch musterte uns das holzspanbraune zauselige Wesen aus stechend gelben Augen. Was für ein Vogel da über uns saß, wussten wir erst einmal nicht. Klar, eine Eule, aber eine so riesige hatten wir noch nie gesehen. Ungefähr so groß wie ein Adler, aber fluffiger und stattlicher, mit enormen Ohrenbüscheln, wirkte sie vor dem diesig grauen Winterhimmel beinahe zu wuchtig und skurril für einen echten Vogel, fast so, als hätte jemand ein Bärenjunges hastig mit einem Haufen Federn beklebt und das verwirrte Tier auf einen Baum gesetzt. Als es zu dem Schluss gekommen war, dass wir eine Bedrohung darstellten, drehte es sich lieber um und flog davon. Mit seinen Flügeln von zwei Metern Spannweite brach es durch das Astgeflecht und hinter ihm trudelten abgebrochene Rindenstückchen herab.

Zu diesem Zeitpunkt, also im Jahr 2000, war ich bereits seit fünf Jahren immer wieder in die Region Primorje gekommen. Da ich mein Leben bis dahin größtenteils in Städten verbracht hatte, war mein Blick auf die Welt von menschengemachten Landschaften geprägt. Doch als ich mit 19 eines Sommers meinen Vater auf einer Dienstreise begleitete, mit ihm von Moskau nach Primorje flog und gebannt zusah, wie die Sonne auf einem endlosen Meer dicht bewaldeter, üppig grüner Berge funkelte, auf hohen dramatischen Gebirgskämmen, die zu tiefen Tälern abfielen, war ich sofort verliebt. Dörfer, Straßen und Menschen sah ich keine. Das war Primorje.

Nach diesem ersten kurzen Besuch kehrte ich während meines Studiums noch einmal für sechs Monate zurück und verbrachte dann drei Jahre mit dem Peace Corps dort. Am Anfang beobachtete ich nur hin und wieder Vögel – ein Hobby, das ich mir am College zugelegt hatte. Aber mit jeder Reise in den Fernen Osten Russlands war ich faszinierter von der Wildheit Primorjes, insbesondere von seinen Vögeln. In meiner Peace-Corps-Zeit lernte ich viel besser Russisch, freundete mich mit Ornithologen an und trottete, wenn ich Zeit hatte, unzählige Stunden hinter ihnen her, um die Gesänge der Vögel kennenzulernen und bei verschiedenen Forschungsprojekten zu helfen. Dabei sah ich dann auch meinen ersten Riesenfischuhu. Bald schon überlegte ich, ob ich nicht eine Liebhaberei zum Beruf machen könnte.

Die Riesenfischuhus waren mir im Grunde ein Begriff, seit ich Primorje kannte. Sie waren so etwas wie eine schöne Vorstellung, die ich nicht recht in Worte fassen konnte. Und sie riefen in mir das gleiche wundersame Sehnen hervor wie ein ferner Ort, den ich unbedingt besuchen wollte, obwohl ich eigentlich nicht viel von ihm wusste. Beim Gedanken an sie spürte ich die Kühle der schattigen Baumkronen, in denen sie sich verbargen, und roch das Moos auf den Steinen an Flussufern.

Kaum hatten wir damals den Riesenfischuhu vertrieben, blätterte ich in meinem eselsohrigen Bestimmungsbuch, aber keine der Illustrationen wollte passen. Das gemalte Bild des Tieres darin erinnerte mich eher an eine miesepetrige Mülltonne als an den frechen puscheligen Kobold, den wir gerade gesehen hatten, und dem Uhu in meiner Vorstellung entsprach es schon gar nicht. Lange musste ich übrigens nicht herumrätseln, wen wir da erspäht hatten. Die Fotos, die ich gemacht hatte, fanden nämlich, wenn auch unscharf, den Weg zu einem Ornithologen namens Sergej Surmatsch in Wladiwostok, dem einzigen, der in der Gegend zu Riesenfischuhus arbeitete. Es stellte sich heraus, dass seit 100 Jahren kein Wissenschaftler so weit südlich einen Riesenfischuhu gesehen hatte, und meine Aufnahmen waren nun der Beweis, dass es diese seltene, äußerst scheue Spezies noch gab.

Einleitung

Nach erfolgreichem Abschluss meiner Masterarbeit an der University of Minnesota 2005, einer Studie über die Folgen der Abholzung für die Singvögel in Primorje, machte ich mir Gedanken zu einem Dissertationsthema ebenfalls in der Region. Ich wollte mich mit etwas beschäftigen, das wirklich breite Relevanz für den Naturschutz dort hatte, und schränkte meine Auswahl möglicher Kandidaten daher schnell auf den Mönchskranich und den Riesenfischuhu ein: die beiden am wenigsten erforschten, aber eindrucksvollsten Vögel der Region. Es zog mich mehr zu den Uhus, doch angesichts der geringen Informationen über sie befürchtete ich, dass es zu wenige von ihnen gab, um sie zu studieren. Während ich noch hin und her überlegte, machte ich eine mehrtägige Wanderung durch ein Lärchensumpfgebiet, eine offene feuchte Landschaft mit licht stehenden spillerigen Bäumen über einem dichten Teppich duftendem Grönländischem Porst. Zuerst fand ich es wunderschön, nachdem ich allerdings bald schon nirgendwo mehr Schutz vor der Sonne fand, ich von dem erdrückenden Duft des Grönländischen Porsts Kopfschmerzen bekam und sich immer wieder Wolken pieksender Insekten auf mich stürzten, hatte ich genug. Schlagartig begriff ich: Das hier war das Biotop des Mönchskranichs! Mochte der Riesenfischuhu auch selten, mochte die Verwendung von Zeit und Energie auf ihn ein Lotteriespiel sein – wenigstens musste ich mich nicht die nächsten fünf Jahre durch Lärchensümpfe quälen. Uhus also!

Mit seiner Reputation als wackerer Bewohner einer unwirtlichen Umwelt ist der Riesenfischuhu fast genauso sehr ein Symbol für das wilde Primorje wie der Amurtiger (auch Sibirischer Tiger oder Ussuritiger genannt). Beide leben zwar in denselben Wäldern und sind bedroht, aber über das Leben der gefiederten Lachsfresser sind die Informationen viel spärlicher. Erst 1971 wurde in Russland überhaupt das Nest eines Riesenfischuhus entdeckt, und in den 1980ern glaubte man, im ganzen Land gebe es nicht mehr als 300 bis 400 Paare. Man sorgte sich ernsthaft um ihre Zukunft, wusste aber nicht mehr über sie, als dass sie offenbar große Bäume zum Nisten und viele Fische in Flüssen zum Fressen brauchten.

Anfang der 1980er-Jahre war die Zahl der Tiere in Japan, nur ein paar hundert Kilometer übers Meer weiter östlich, auf weniger als 100 Exemplare geschmolzen. Ende des 19. Jahrhunderts waren es noch annähernd 500 Paare gewesen, also 1000 Vögel. Die arg dezimierte Population verlor ihre Nistplätze durch die Abholzung und ihre Nahrung durch den Bau von Dämmen am Unterlauf von Flüssen, was die Lachswanderung verhinderte. Vor einem ähnlichen Schicksal wurden die Riesenfischuhus in Primorje durch sowjetische Trägheit, schlechte Infrastruktur und niedrige Bevölkerungsdichte bewahrt. Doch die sich in den 1990ern entwickelnde freie Marktwirtschaft brachte Wohlstand, Korruption und begehrliche Blicke mit sich, die sich auf die unberührten Naturschätze im nördlichen Primorje richteten – das man, weltweit gesehen, für die Hochburg der Riesenfischuhus hielt.

Sie waren in Gefahr. Für eine von Natur aus sich langsam reproduzierende Spezies, die viel Raum braucht, kann jede umfassende, anhaltende Störung und Zerstörung ihrer Lebensumwelt wie in Japan jäh zu einem freien Fall der Bestände führen. Russland würde einen seiner geheimnisvollsten, symbolträchtigsten Vögel verlieren. Er und einige andere gefährdete Arten waren zwar unter Naturschutz gestellt worden – es war verboten, sie zu töten oder ihr Habitat zu vernichten –, doch ohne genaue Kenntnis ihrer Bedürfnisse konnte man keinen praktikablen Plan zu ihrem Schutz entwickeln. Nicht nur bemühte man sich gar nicht darum, sondern Ende der 1990er-Jahre wurden auch bisher unzugängliche Wälder in Primorje zunehmend zur Gewinnung von Rohstoffen erschlossen. Es war also Eile geboten, ernsthaft eine Strategie zum Schutz der Riesenfischuhus zu entwickeln.

Artenschutz kann man auf zweierlei Weise betreiben. Hätte ich die Riesenfischuhus lediglich erhalten wollen, hätte es keiner Forschung bedurft. Als Lobbyist hätte ich bei der Regierung versucht, ein totales Abholzungs- und Angelverbot zu erwirken. Mit solchen pauschalen Maßnahmen, ähnlich dem weitgehenden Verbot menschlicher Aktivitäten in Nationalparks, hätte man die Riesenfischuhus durch Ausschalten aller Bedrohungen geschützt. Aber abgesehen davon, dass ein derartiges Vorgehen unrealistisch war, würde man die Interessen der zwei Millionen in der Provinz lebenden Menschen missachten. Nicht wenige verdienen ihren Lebensunterhalt in Holz- und Fischereiwirtschaft, sodass ihre und die Bedürfnisse der Riesenfischuhus nicht voneinander zu trennen sind. Seit Jahrhunderten leben beide von den gleichen Ressourcen. Bevor die Russen dort ihre Netze in den Flüssen ausgelegt und Bäume zum Bauen und Verkaufen gefällt haben, haben das mandschurische und andere indigene Völker getan. Die Udehe und Hezhen fertigten zum Beispiel wunderschöne Kleidung aus bestickter Lachshaut an und bauten Boote aus riesigen ausgehöhlten Baumstämmen. Während die Abhängigkeit der Menschen von den Naturgütern allerdings im Laufe der Zeit eklatant gewachsen ist, ist die der Riesenfischuhus auf bescheidenem Niveau geblieben. Wenn ich dafür sorgen wollte, dass sich wieder einigermaßen ein Gleichgewicht herstellte und die notwendigen natürlichen Lebensbedingungen geschützt wurden, konnte ich nur durch wissenschaftliche Forschung an die dazu erforderlichen Informationen kommen.

Ende 2005 traf ich mich mit Sergej Surmatsch in seinem Arbeitszimmer in Wladiwostok. Freundliche Augen, klein, sportlich, jugendlich widerspenstiger Haarschopf – ich mochte ihn sofort. Und weil er dafür bekannt war, dass man gut mit ihm zusammenarbeiten konnte, hoffte ich, ihn für eine Partnerschaft zu gewinnen. Ich schilderte ihm, dass ich für eine Doktorarbeit an der University of Minnesota zu Riesenfischuhus forschen wollte, und er erzählte mir, was er über diese Vögel wusste. Bei einem lebhaften Austausch von Ideen befeuerten wir uns gegenseitig immer mehr und fassten rasch den Entschluss, so viel wie möglich über das geheime Leben der Riesenfischuhus zu lernen und mithilfe der gewonnenen Erkenntnisse einen realistischen Plan zu ihrem Schutz zu entwerfen. Unser Ansatz war trügerisch einfach. Wie muss eine Landschaft beschaffen sein, damit Riesenfischuhus darin (über)leben können? Eine grobe Vorstellung hatten wir natürlich – hohe Bäume und jede Menge Fische etwa –, aber die Details zu erfassen, würde gewiss Jahre dauern. Wir hatten lediglich vereinzelte Berichte anderer Naturforscher und mussten im Wesentlichen bei null anfangen.

Surmatsch war ein gestandener Feldbiologe. Er hatte die für ausgedehnte Expeditionen ins entlegenste Primorje nötige Ausrüstung, einen riesigen GAZ-66-Geländewagen mit einem spezialangefertigten Wohnbereich (beheizbar mit Holzofen), mehrere Schneemobile und ein kleines Team Feldforschungsassistenten, die geübte Fischuhusucher waren. Für unser gemeinsames Projekt vereinbarten wir als Erstes, dass er und sein Team die Hauptarbeit bezüglich Logistik und Personal im Inland übernahmen und ich mich um aktuelle Forschungsmethoden kümmerte sowie Forschungsgelder auftrieb, das heißt, für den Großteil der Finanzierung sorgte. Wir gliederten die gesamte Studie in drei Phasen. Für die erste, das praktische Training, veranschlagten wir zwei, drei Wochen, für die zweite, eine Studienpopulation von Riesenfischuhus auszuwählen, etwa zwei Monate, und für die dritte, die Vögel einzufangen, mit Sendern auszustatten und Daten zu sammeln, vier Jahre.

Ich war Feuer und Flamme. Das war kein nachträglicher Krisennaturschutz, bei dem Forscher mit zu wenig Mitteln und zu viel Arbeit in Landschaften gegen die Ausrottung von Arten kämpfen, in denen der ökologische Schaden längst entstanden ist. Primorje war noch immer weitgehend unberührt. Wirtschaftliche Interessen hatten noch nicht die Oberhand gewonnen. Wenn wir uns auf eine gefährdete Spezies wie die Riesenfischuhus konzentrierten, konnten unsere Empfehlungen zum besseren Umgehen mit der Landschaft vielleicht sogar dazu beitragen, das ganze Ökosystem zu schützen.

Der Winter war die beste Zeit, die Uhus zu finden, denn im Februar machten sie sich akustisch am meisten bemerkbar und hinterließen Spuren im Schnee entlang von Flüssen. In dieser Zeit hatte Surmatsch allerdings auch am meisten zu tun. Seine Nichtregierungsorganisation hatte einen über mehrere Jahre laufenden Vertrag zur Erforschung von Vogelpopulationen auf der Insel Sachalin bekommen, und er musste sich in den Wintermonaten dort um die Logistik für diese Arbeit kümmern. Was zur Folge hatte, dass ich mich zwar regelmäßig mit ihm beriet, aber nie im Feld mit ihm arbeiten konnte. Als Vertretung schickte er immer Sergej Awdejuk, einen alten Freund, der sich im Wald hervorragend auskannte. Seit Mitte der 1990er-Jahre hatten die beiden zu Riesenfischuhus eng zusammengearbeitet.

In der ersten Phase wollten wir in den nördlichsten Teil Primorjes fahren, wo ich im Flussgebiet der Samarga lernen sollte, nach den Uhus zu suchen. Das Gebiet war insofern einzigartig, als es in der Provinz das letzte seiner Art ohne jede Straße war. Doch die Abholzungsunternehmen waren auf dem Vormarsch. Im Jahr 2000 beschloss ein Rat der indigenen Udehe in Agsu, einem von nur zwei Dörfern im gesamten Flussgebiet der Samarga von 7280 Quadratkilometern, das Land der Udehe solle für die Holzgewinnung freigegeben werden. Das bedeutete, dass Straßen gebaut und natürlich Arbeitsplätze geschaffen, aber der erleichterte Zugang und das Mehr an Menschen die Landschaft durch Wilderei, Waldbrände und vieles andere schädigen würden. Leidtragende als nur zwei von vielen Spezies waren dann die Riesenfischuhus und die Tiger. 2005 machte das Holzfällerunternehmen, dem nicht verborgen blieb, was für eine Empörung der Beschluss bei umliegenden Gemeinden und Wissenschaftlern in der Region ausgelöst hatte, eine Reihe nie dagewesener Zugeständnisse. In erster Linie sollten die Erntemethoden wissenschaftlich fundiert werden. Die Haupttransportstraße wollte man hoch über dem Flusstal anlegen, nicht wie die meisten Straßen in Primorje neben einem ökologisch sensiblen Fluss, und in Gebieten mit hohem Naturschutzwert wollte man gar keine Bäume fällen. Surmatsch gehörte zu der Wissenschaftlergruppe, der vor dem Bau der Straße die ökologische Begutachtung des Flussgebiets oblag, und sein Team vor Ort, unter Leitung von Awdejuk, bekam den Auftrag, am Fluss Samarga Riesenfischuhu-Reviere ausfindig zu machen, damit dort keinerlei Holzeinschlag stattfand.

Wenn ich mich dieser Expedition anschloss, würde ich nicht nur helfen, die Riesenfischuhus der Samarga zu schützen, sondern mich auch in der Kunst üben, sie aufzufinden. Das Erlernte würde ich in der zweiten Phase unseres Projekts anwenden können, wie gesagt beim Bestimmen meiner Studienpopulation von Riesenfischuhus. Da Surmatsch und Awdejuk eine Liste von Gebieten in den leichter zugänglichen Wäldern von Primorje erstellt hatten, wo sie Riesenfischuhus rufen gehört hatten, und sogar wussten, wo ein paar Nistbäume standen, hatten wir Informationen, auf welche Orte wir unsere Suche zunächst konzentrieren konnten. Awdejuk und ich würden dort und an weiteren Stellen innerhalb eines 20 000 Quadratkilometer großen Gebiets entlang eines großen Teils der Küste Primorjes verbringen. Wenn wir ein paar Riesenfischuhus gefunden hatten, wollten wir ein Jahr später dorthin zurückkehren und mit der dritten und längsten Phase des Projekts beginnen: mit dem Einfangen und Besendern. Wenn wir so viele Uhus wie möglich mit einem unaufwendigen rucksackähnlichen Sender ausstatteten, konnten wir über eine Dauer von vier Jahren überwachen und aufzeichnen, wohin sie gingen und wo sie sich aufhielten. Die gewonnenen Daten würden uns genau sagen, welche Teile der Landschaft mit welchen Merkmalen für das Überleben der Riesenfischuhus am wichtigsten waren, und das wiederum wollten wir zur Erstellung eines Plans zum Schutz beider nutzen.

So schwer konnte das ja wohl alles nicht sein.

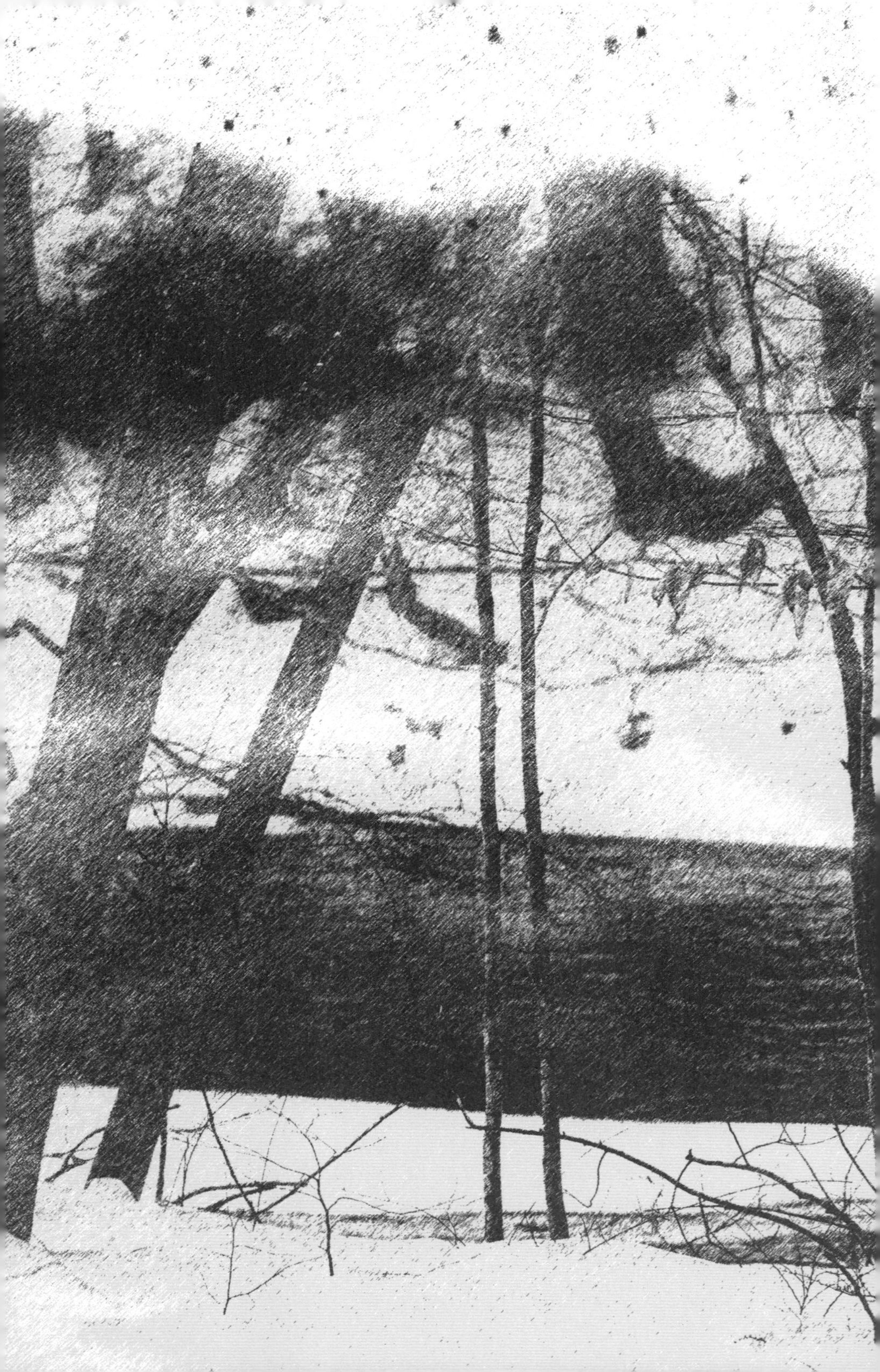

ERSTER TEIL

Mit Eis getauft

1

Ein Dorf namens Hölle

März 2006. Der Hubschrauber würde zu spät abfliegen. Und weil ich dringend nach Agsu im Flussgebiet der Samarga wollte, fluchte ich über den Schneesturm, der ihn in dem Küstenort Ternei am Boden festhielt, 300 Kilometer nördlich von der Stelle, wo ich meinen ersten Riesenfischuhu erblickt hatte. Mit etwa 3000 Einwohnern ist Ternei die nördlichste menschliche Niederlassung von nennenswerter Größe in Primorje. In noch entlegeneren Dörfern wie Agsu kann man die Einwohner nach Hunderten oder sogar Dutzenden zählen.

Schon über eine Woche wartete ich nun in der eher rustikalen »Siedlung städtischen Typs« mit ihren niedrigen, holzbeheizten Häusern. Vor dem Ein-Raum-Flughafengebäude stand ein Mil Mi-8 mit blau-silbernem, vereistem Rumpf im wütenden Schneesturm und rührte sich nicht vom Fleck. Ich wartete nicht zum ersten Mal in Ternei. Mit dem Hubschrauber war ich zwar noch nie geflogen, doch die Busse nach Wladiwostok, 15 Stunden südlich von hier, fuhren zweimal die Woche und waren nicht immer pünktlich oder gar straßentauglich. Im Übrigen reiste ich schon seit zehn Jahren nach Primorje (oder lebte dort), und Warten gehörte hier zum Alltag.

Nach einer Woche bekamen die Piloten endlich die Starterlaubnis. Als ich mich zum Flughafen aufmachte, gab mir Dale Miquelle, ein Amurtigerforscher in Ternei, einen Umschlag mit 500 US-Dollar. »Geliehen«, sagte er, »für den Fall, dass du dich da oben aus Problemen rauskaufen musst.« Im Gegensatz zu mir war er schon mal in Agsu gewesen und wusste, worauf ich mich einließ. Jemand fuhr mich an den Stadtrand beziehungsweise an die aus einem Primärwald an der Serebrjanka herausgeschnittene Start- und Landebahn. Das Flussbett war hier eineinhalb Kilometer breit, eingerahmt von den niedrigen Hängen des Sichote-Alin-Gebirges und nur ein paar Kilometer von der Mündung und dem Japanischen Meer entfernt.

Nachdem ich mir am Schalter ein Ticket geholt hatte, reihte ich mich ein in die unruhige Gruppe alter Frauen, kleiner Kinder und Jäger, vom Land und aus der Stadt, die, eingemummelt in dicke Filzmäntel und ihre Koffer fest umklammernd, draußen auf den Einstieg warteten. Ein so lang andauernder Schneesturm war ungewöhnlich, und deshalb waren wir nicht wenige, die jetzt durch dieses Nadelöhr schlüpfen wollten.

Genauer gesagt, etwa 20. Ohne Fracht konnte der Hubschrauber bis zu 24 Passagiere aufnehmen. Mit mulmigem Gefühl sahen wir zu, wie ein blau uniformierter Mann einen Karton mit Versorgungsgütern nach dem anderen davor aufstapelte und ein gleich Uniformierter sie verlud. Da uns Wartende allmählich der Gedanke beschlich, dass man mehr Leuten Tickets verkauft hatte, als regulär mitfliegen konnten – die vielen Kisten und Kartons belegten wertvollen Platz –, waren wir alle wild entschlossen, uns durch die winzige Einlasstür zu drängen. Wenn ich diesen Flug verpasste, würden Surmatsch und sein Team, die schon seit acht Tagen in Agsu auf mich warteten, vermutlich ohne mich aufbrechen. Ich stellte mich hinter eine kräftigere, ältere Frau; aus Erfahrung wusste ich, dass man tunlichst jemandem wie ihr folgt, wenn man einen Sitzplatz in einem Bus ergattern möchte. Es ist, als werde man von einem Schleppkahn durch einen vollen Hafen gezogen, und ich ging davon aus, dass diese Regel auch für Helikopter galt.

Sofort nach der kaum vernehmbaren Erlaubnis zum Einsteigen schoben wir uns in kompakter Formation vorwärts. Die Einstiegsleiter des Hubschraubers fest im Blick, kämpfte ich mich darauf zu und in das Fluggerät hinein, kraxelte über Kisten mit Kartoffeln und Wodka und anderen unverzichtbaren Dingen für das russische Dorfleben und folgte meiner Vorkämpferin, die zielsicher in den hinteren Teil tuckerte, wo man die Aussicht aus einer Luke und ein wenig Beinfreiheit hatte. Während die Zahl der Passagiere auf ein bedenkliches Niveau stieg, behielt ich zwar meinen Fensterplatz, verlor aber meine Beinfreiheit an einen riesigen Sack (Mehl?), auf dem ich jedoch zumindest meine Füße abstellen konnte. Als auch das letzte bisschen Raum zur Zufriedenheit der Crew besetzt war, begannen sich die Rotoren zu drehen, zuerst träge, dann mit zunehmender Vehemenz und schließlich so rabiat, dass sie alle Aufmerksamkeit auf sich zogen. Lautstark wie ein Presslufthammer knatterte der Mi-8 schließlich in niedriger Flughöhe über

Ternei hinweg, schwankte himmelwärts, drehte ein paar hundert Meter links über dem Japanischen Meer ein und folgte dann dem östlichen Rand Eurasiens gen Norden.

Die Küste unter uns war ein zwischen die Sichote-Alin-Berge und das Japanische Meer eingeklemmter schmaler Streifen. Das Gebirge endete abrupt, Hänge mit hoch aufgeschossenen Mongolischen Eichen wechselten sich ab mit plötzlich senkrecht abfallenden Felswänden, manche bis zu 120 Metern, alle gleich grau, bis auf Flecken brauner Erdkrume mit sich daran klammernden Pflanzen sowie kalkige Verfärbungen, wo in einem Spalt Greifvögel oder Krähen nisteten. Die kahlen Eichen oben waren älter, als sie wirkten. Wegen der rauen Umweltbedingungen – der Kälte, dem Wind und der weitgehend im dichten Küstennebel ablaufenden Wachstumsperiode – waren sie knotig und verkrüppelt und dünn geblieben. Am Fuß der Felsklippen hatte der Winter mit seinen mächtigen Brechern und dem Nebel auf jeder erreichbaren Stelle eine dicke schimmernde Eisschicht hinterlassen.

Drei Stunden nach dem Abflug aus Ternei landete der Mi-8 in aufgewirbeltem, glitzerndem Schnee auf dem Flugplatz von Agsu: nicht mehr als ein Schuppen und ein Stück gerodeter Wald, um das herum eine lockere Ansammlung von Schneemobilen parkte. Die Passagiere stiegen aus, und die Crewmitglieder entluden den Hubschrauber, räumten ihn frei für den Rückflug.

Ein junger Udehe von etwa 14 Jahren, das schwarze Haar fast ganz unter einer Kaninchenfellmütze verborgen, kam mit ernstem Gesicht auf mich zu. Ich sah anders aus und gehörte augenscheinlich nicht unbedingt hierher. Zumindest war ich nicht von hier, denn ich trug einen Bart, während Russen in meinem damaligen Alter von 28 der Mode entsprechend meist glatt rasiert waren. Auch fiel ich mit meiner bauschigen, roten Jacke unter all dem gedämpften Schwarz und Grau auf, das russische Männer bevorzugten.

Was mich an Agsu interessiere, wollte der Junge wissen.

»Hast du schon mal von Riesenfischuhus gehört?«, fragte ich auf Russisch zurück, das ich bei dieser Expedition ausschließlich und bei meiner Arbeit zu den Riesenfischuhus generell verwenden würde.

»Riesenfischuhus? Also die Vögel?«

»Ja, ich bin hier, um Riesenfischuhus zu suchen.«

»Du suchst Vögel«, sagte er völlig ungerührt, aber mit einem Fragezeichen versehen, als überlege er, ob er etwas missverstanden habe. Ob ich in Agsu jemanden kenne, ging es weiter.

»Nein«, erwiderte ich.

Er hob die Brauen und fragte, ob mich jemand abholen werde.

»Na, das will ich doch hoffen!«, gab ich zurück.

Seine Brauen verzogen sich zu einem Stirnrunzeln, dann schrieb er seinen Namen an den Rand eines Zeitungspapierfetzens, schaute mich an und reichte ihn mir. »Agsu ist kein Ort, den man einfach mal so aufsucht«, sagte er. »Wenn du einen Schlafplatz brauchst oder Hilfe, frag in der Stadt nach mir.«

Wie die Eichen an der Küste, war der Junge das Produkt dieser harschen Umwelt, und er war zwar jung, aber nicht unerfahren. Agsu war ein raues Pflaster, so viel wusste ich. Im vergangenen Winter war der dort stationierte Meteorologe, ein Russe (trotzdem Außenseiter) und der Sohn eines Bekannten von mir in Ternei, verprügelt und anschließend bewusstlos im Schnee liegen gelassen worden, wo er schließlich erfroren war. Offiziell wurde sein Mörder nie gefunden. Doch in so einem kleinen und eng verbandelten Ort wie Agsu kannten ihn vermutlich alle. Nur hatte man es den Untersuchungsbeamten nicht gesagt. Die Strafe, wie auch immer sie ausgefallen sein mochte, war wahrscheinlich intern vollzogen worden.

Bald entdeckte ich Sergej Awdejuk, den Leiter unseres Feldforschungsteams, unter den wartenden Menschen. Er holte mich mit dem Schneemobil ab. Wir erkannten uns sofort an unseren auffälligen, dicken Daunenjacken, und dennoch hätte man Sergej hier nicht für einen Fremden gehalten. Mit seinem kurzgeschorenen Haar, der ewigen Zigarette zwischen den Lippen und der oberen Zahnreihe aus Gold kam er wie jemand dahergeschlendert, der ganz und gar hierhergehörte. Er war ungefähr so groß wie ich – etwas über eins achtzig –, und sein kantiges, gebräuntes Gesicht war vor lauter Bartstoppeln kaum zu erkennen, gegen die wegen des Schnees extrem blendende Sonne trug er zudem eine Sonnenbrille. Obwohl die Expedition an die Samarga die erste Phase des Projekts war, das ich mit Surmatsch konzipiert hatte, war ohne Frage Awdejuk hier der Chef. Er hatte sowohl Erfahrung mit Riesenfischuhus als auch mit Expeditionen in die tiefen Wälder, und für die Dauer dieses Trips würde ich mich selbstverständlich seinem Urteil beugen. Er und zwei weitere Angehörige des Teams hatten sich vor ein paar Wochen eine Fahrt auf einem Holztransportschiff vom 350 Kilometer südlich von Agsu gelegenen Hafen Plastun organisiert. Im Gepäck hatten sie zwei Schneemobile, turmhoch mit Ausrüstung vollgeladene, selbstgebaute Schlitten und etliche Fässer Benzin für den Notfall. Von der Küste aus waren sie bisher schon schnell mal die mehr als 100 Kilometer zum Oberlauf der Samarga gefahren, hatten Zwischenlager mit Essen und Brennstoff angelegt, dann kehrtgemacht und wollten nun von Agsu aus Schritt für Schritt zur Küste zurückkehren. Hier am Ort hatten sie eigentlich nur ein, zwei Tage bleiben und mich abholen wollen, aber dann mussten sie genau wie ich darauf warten, dass sich der Sturm legte.

Agsu ist nicht nur die nördlichste menschliche Ansiedlung in Primorje, sondern auch die isolierteste. Man hatte das Gefühl, in diesem am Ufer eines der Nebenflüsse der Samarga gelegenen Dorfes von etwa 150 Einwohnern, zumeist Udehe, sei die Uhr zurückgedreht. Zu Sowjetzeiten war Agsu ein Zentrum der Wildfleischverarbeitung gewesen, die Dörfler hatten als professionelle Jäger gearbeitet und wurden vom Staat bezahlt, Pelze und Fleisch gegen Barzahlung mit dem Helikopter abgeholt. Als 1991 die Sowjetunion zusammenbrach, dauerte es nicht lange, bis die staatliche Wildfleischindustrie das gleiche Schicksal ereilte. Die Helikopter kamen nicht mehr, und dank der galoppierenden Inflation im Gefolge des Untergangs der UdSSR standen die Jäger nun mit Händen voll wertloser Rubelbündel da. Weggehen war unmöglich, niemand hatte das Geld dazu. Ohne andere Alternativen griff man wieder auf die Subsistenzjagd zurück, und der Handel am Ort wurde bis zu einem gewissen Grad zum Tauschhandel. Im Dorfladen tauschte man frisches Fleisch gegen Waren ein, die aus Ternei eingeflogen wurden.

Die Udehe im Flussgebiet der Samarga hatten bis vor nicht allzu langer Zeit an einzelnen Lagerplätzen am ganzen Flusslauf entlang gelebt. Doch im Rahmen der sowjetischen Kollektivierung in den 1930er-Jahren wurden die Lager zerstört und die Udehe in vier Dörfern zusammengepfercht, die meisten in Agsu. Die Hilflosigkeit und das Leid eines zum kollektiven Leben gezwungenen Volkes zeigt sich im Namen des Dorfes: Agsu leitet sich womöglich vom Udehewort *ogso* ab, was »Hölle« bedeutet.

Sergej fuhr das Schneemobil von dem festgefahrenen Weg durch die Ortschaft hinunter und parkte es vor einer nicht bewohnten Hütte, die wir benutzen durften, während deren Besitzer für eine längere Jagd im Wald war. Wie alle anderen Gebäude in Agsu war sie im traditionellen russischen Stil gebaut: einstöckig, Giebeldach, breite, kunstvoll geschnitzte Rahmen um die Doppelfenster. Zwei Männer, die vor der Hütte Vorräte ausluden, hielten inne und begrüßten uns. An ihrem modernen Outfit, den dicken isolierten Latzhosen und Winterstiefeln, erkannte ich, dass sie zu unserem Team gehörten. Sergej zündete sich eine neue Zigarette an und stellte uns vor. Tolja Rischow, stämmig und dunkel, rundes Gesicht, mächtiger Schnurrbart und sanfte Augen, war Fotograf und Kameramann. Da es fast kein Videomaterial von Riesenfischuhus in Russland gab, wollte Surmatsch diese Art bildhafte Beweise eventueller Sichtungen sammeln. Schurik Popow, klein und athletisch, das braune Haar kurz wie Sergejs, längliches Gesicht, braun gebrannt nach Wochen im Feld und fusselige, eher von spärlichem Bartwuchs zeugende Stoppeln, war unser Mann für besondere Aufgaben. Wenn es galt, einen morschen, alten Baum zu erklimmen und nachzusehen, ob sich ein Fischuhunest darin befand, oder ein Dutzend Fische zum Abendessen auszunehmen und zu putzen – erledigte Schurik es umgehend und ohne Murren.

Nachdem wir den Schnee so weit beiseitegeräumt hatten, dass wir das Tor öffnen und den Hof betreten konnten, begaben wir uns ins Haus. Kleiner dunkler Vorraum, danach die Küche. Ich atmete kalte abgestandene Luft, es stank heftig nach Holzrauch und Zigaretten. Das Haus war, seit sein Besitzer in den Wald gegangen war, abgeschlossen gewesen und nicht beheizt worden, aber der Geruch hielt sich auch in der Kälte. Der Boden war übersät mit Gipsstückchen von den bröckelnden Wänden, um den Holzofen verteilten sich Zigarettenkippen und gebrauchte Teebeutel.

Ich ging durch die Küche, dann in die beiden Nebenräume. In den Türrahmen hingen schmuddelig verlotterte, gemusterte Tücher. Im hinteren Raum knirschte einem der viele Gips unter den Füßen, an einer Wand unter dem Fenster klebten offenbar gefrorene Fleisch- und Fellstücke.

Sergej holte eine Ladung Feuerholz aus dem Schuppen und zündete den Holzofen an. Dazu sorgte er mit etwas Zeitungspapier erst mal für Durchzug darin, weil durch die Kälte im Inneren und die relative Wärme draußen eine Drucksperre im Kamin entstanden war. Wenn das Feuer zu schnell zu brennen begann, zog es nicht durch, und der Raum würde völlig verqualmen. Der Ofen namens *Russkaja petschka* (russischer Ofen) war in einer Küchenecke in die Wand eingebaut, wie in den meisten Hütten im Fernen Osten Russlands aus Ziegelsteinen gemauert und mit einem dicken Eisenblech bedeckt, auf das man einen Tiegel mit Essen oder einen Topf Wasser zum Kochen stellen konnte. Da sich der heiße Rauch durch Schächte in der Ziegelsteinwand schlängelte und dann durch den Kamin abzog, hielt sich die Wärme noch lange nach Erlöschen des Feuers in der Küche und dem Raum auf der anderen Seite. Leider hielt aber unser geheimnisvoller Gastgeber seinen *Russkaja petschka* nicht in Schuss, und obwohl sich Sergej redlich bemühte, drang Rauch durch unzählige Ritzen und die Luft wurde aschgrau.

Als wir alle unsere Sachen nach drinnen in den Vorraum geschafft hatten, setzten Sergej und ich uns mit Karten der Samarga hin und besprachen unsere weitere Vorgehensweise. Er zeigte mir, wo er mit den beiden anderen schon die oberen 50 Kilometer des Flusses und einige Nebenflüsse nach Riesenfischuhus abgesucht und ungefähr zehn dort lebende Paare gefunden hatte. Eine sehr hohe Dichte für diese Spezies, meinte er. Jetzt müssten wir noch die restlichen 65 Kilometer bis hinunter zum Dorf Samarga und bis zur Küste erkunden und ein paar Wälder um Agsu selbst.

Das hieß noch eine Menge Arbeit, und die Zeit wurde langsam knapp. Es war Ende März, und wir hatten schon etliche Tage wegen des Wetters verloren. Das Eis auf dem Fluss – unsere einzig mögliche »Fahr-bahn«, wenn wir erst einmal Agsu verließen – war bereits im Schmelzen begriffen. Das machte die Fahrten im Schneemobil gefährlich, und wenn der Frühling zu schnell kam, konnten wir irgendwo an der Samarga hängen bleiben, gefangen zwischen den Dörfern Agsu und Samarga. Sergej schlug vor, dass wir mindestens eine Woche lang von Agsu aus arbeiteten, dabei aber stets ein wachsames Auge auf die Frühjahrsschmelze hielten. Wir wollten uns Tag um Tag flussabwärts vorarbeiten, vielleicht zehn bis 15 Kilometer, und zum Übernachten jeden Abend mit dem Schneemobil nach Agsu zurückfahren. In dieser abgelegenen Gegend verzichtete man ungern auf einen sicheren warmen Schlafplatz, und wenn wir nicht in Agsu schliefen, blieben uns nur die Zelte. Nach ungefähr einer Woche wollten wir zusammenpacken und nach Wosnesenowka weiterziehen, einem Lagerplatz für Jäger etwa 40 Kilometer flussabwärts von Agsu und 25 Kilometer von der Küste entfernt.

Unser erstes Abendessen – Dosenrindfleisch mit Nudeln – wurde unterbrochen, als mehrere Dorfbewohner vorbeikamen und ohne weitere Umstände eine Vierliterflasche mit 95-prozentigem Äthanol auf den Küchentisch stellten, dazu einen Eimer mit rohem Elchfleisch und mehrere gelbe Zwiebeln. Das war ihr Beitrag zur Abendunterhaltung, im Gegenzug erwarteten sie interessante Gespräche. Als Fremder in Primorje, einer bis in die 1990er-Jahre von der Außenwelt weitgehend abgeschotteten Provinz, war ich es gewohnt, dass man mich neu und interessant fand. Die Leute wollten hören, was ich über das »wahre Leben« in der Fernsehserie *California Clan* zu erzählen hatte und ob ich Fan der Chicago Bulls war – zwei in den 1990er-Jahren in Russland populäre US-amerikanische Kulturgüter. Einheimische freuten sich aber auch immer sehr, wenn ich ihre auf unserem Globus so entlegene Ecke rühmte. Im Übrigen betrachteten sie jedweden Besucher als kleine Berühmtheit. Dass ich aus den Vereinigten Staaten kam und Sergej aus Dalnegorsk aus dem südlichen Primorje, machte nichts, denn beide Orte waren gleichermaßen exotisch, und so hatten wir hohen Unterhaltungswert und waren willkommene Trinkkumpane.

Während die Stunden verstrichen und Leute kamen und gingen, wurden Elchkoteletts gebraten und verspeist und dazu durchgehend Hochprozentiges verköstigt. Bald war der Raum von dem undichten Ofen und der Zigarettenraucherei vollkommen verqualmt. Ich saß auf ein paar »Schnäpse« dabei, verspeiste Fleisch und rohe Zwiebeln und hörte dem Jägerlatein der Männer zu, wie sie mit gefährlichen Begegnungen mit Bären, Tigern und Fluss voreinander prahlten. Einer fragte mich, warum ich nicht einfach in den Vereinigten Staaten Riesenfischuhus studierte, den weiten Weg an die Samarga auf sich zu nehmen schien ihm doch ein Heidenaufwand. Als ich sagte, in meiner Heimat gebe es keine Riesenfischuhus, war er einigermaßen überrascht. Diese Jäger liebten die Wildnis, verstanden aber offenbar nicht, wie unglaublich einzigartig ihre Wälder waren.

Schlussendlich wünschte ich eine Gute Nacht und verzog mich in den hinteren Raum. In dem Versuch, den Rauch und das lärmende, bis weit in die Nacht dauernde Gelächter auszusperren, zog ich das Tuch in der Tür vor.

Dann blätterte ich mich mithilfe meiner Stirnlampe durch die fotokopierten Riesenfischuhu-Veröffentlichungen, die ich in russischen wissenschaftlichen Fachzeitschriften gefunden hatte: mein Last-minute-Büffeln vor dem morgendlichen Test. Viel gab es nicht, mit dem man hätte weiterarbeiten können. In den 1940er-Jahren hatte ein Ornithologe namens Jewgenij Spangenberg als einer der ersten Europäer Riesenfischuhus erforscht, und seine Artikel boten grobe Anhaltspunkte dazu, wo man sie finden konnte: an sich kreuzenden Armen von Flüssen mit sauberem, kaltem Wasser, in dem es von Lachsen wimmelte. In den 1970er-Jahren schrieb dann ein Ornithologe namens Juri Pukinski etliche Artikel über seine Erfahrungen mit Riesenfischuhus am Fluss Bikin im nordwestlichen Primorje, wo er Informationen über die Nistökologie und ihre Gesänge gesammelt hatte. Und schließlich gab es noch ein paar Artikel von Sergej Surmatsch, dessen Forschung sich hauptsächlich auf die Verteilungsmuster der Uhuvorkommen in Primorje konzentrierte.

In den frühen Morgenstunden zog ich mich bis auf die lange Unterwäsche aus, stopfte mir Ohrstöpsel in die Ohren und rollte mich in meinen Schlafsack, voller Spannung, was der nächste Tag wohl bringen würde.

2

Die erste Suche

Irgendwo in der Nähe von Agsu waren Riesenfischuhus auf nächtlicher Lachsjagd. Sie müssen sich nicht groß darum kümmern, ob sie gehört werden, denn ihre Hauptbeute lebt im Wasser und interessiert sich nicht für das feinere akustische Geschehen an Land. Während sich die meisten Eulenarten an den Geräuschen orientieren, die die kleinen Nager, ihre Beute, nichtsahnend machen, wenn sie über den modrigen Waldboden huschen – Schleiereulen können das in vollkommener Dunkelheit –, muss ein Riesenfischuhu Tiere jagen, die sich unter der Oberfläche des Wassers tummeln. Den unterschiedlichen Erfordernissen der Jagd entspricht ein körperliches Merkmal. Viele Eulen haben einen gut erkennbaren Gesichtsschleier, die charakteristische kranzförmige Einfassung des vorderen Kopfes durch steife, besonders geformte Federn, die die leisesten Geräusche zu den Ohrlöchern leiten. Bei den Riesenfischuhus dagegen ist dieser Gesichtsschleier nur gering ausgebildet. Evolutionär gesehen brauchten sie diesen Vorteil nicht, deshalb hat er sich mit der Zeit verflüchtigt.

Die Flüsse mit den Lachsfischen, der Hauptnahrung der Riesenfischuhus, sind monatelang fast vollständig zugefroren. Um die Winter zu überleben, in denen es regelmäßig kälter als -30 Grad wird, legen sich die Vögel dicke Fettpolster zu. Das wiederum machte sie einmal zu einer wertvollen Nahrungsquelle für die Udehe, die sie nicht nur verspeisten, sondern die riesigen Flügel und Schwänze auch auseinanderbreiteten, trockneten und sie beim Hirsch- und Wildschweinjagen als Fächer gegen die dichten Wolken stechender Insekten benutzten.

Im fahlen Licht des Tagesanbruchs in Agsu erwachte ich immer noch inmitten von Gips- und Wildfleischbrocken, aber den abgestandenen Geruch des Hauses nahm ich nicht mehr wahr. Sicher hatte ich mich daran gewöhnt, und er hing jetzt in meiner Kleidung und in meinem Bart. Im Nachbarzimmer war der Tisch übersät mit Elchknochen, Bechern und einer leeren Ketchupflasche. Nach einem triefäugigen, eher schweigsamen Frühstück mit Würstchen, Brot und Tee gab mir Sergej eine Handvoll Bonbons mit den Worten, das sei das Mittagessen und ich solle Jacke, Watstiefel und Fernglas holen, die Uhusuche gehe los.

Als unsere Karawane aus zwei Schneemobilen durch Agsu rumpelte, machten uns Dorfbewohner und Hundemeuten auf den engen Wegen Platz, traten zurück in den tiefen Schnee und beobachteten von dort, wie wir an ihnen vorbeifuhren. Normalerweise sind Hunde in Primorje als Wachhunde in Hütten angekettet und gleichermaßen unterwürfig wie bösartig, doch die Ostsibirischen Laikas, Angehörige einer zähen Jagdhundrasse, liefen in lockeren Rudeln hochmütig durchs Dorf. In jüngster Zeit hatten sie die lokale Hirsch- und Wildschweinpopulation arg dezimiert, denn der tiefe Schnee der letzten Monate lag unter einer spätwinterlichen Eisschicht, die die Huftiere durchstießen, als sei es Papier, und dann wie in Treibsand steckenblieben, auf der die Hunde aber mit ihren gepolsterten Pfoten flott dahertrabten. Hatte ein Reh das Pech, von diesen Laikas verfolgt zu werden und nicht weiterzukommen, war es von seinen beweglicheren Fressfeinden rasch bis auf die Knochen abgenagt. Wie zum Beweis des von ihnen veranstalteten Massakers trugen die Lakais, an denen wir vorbeikamen, blutverkrustetes Fell.

Direkt vor dem Fluss trennten wir uns. Außer mir waren alle Teammitglieder alte Hasen, und herumdiskutiert wurde nicht groß. Sergej wies Tolja an, mir zu zeigen, was ich tun solle, er selbst und Schurik lenkten ihr Schneemobil nach Süden zur Samarga. Tolja und ich fuhren zurück an dem Hubschrauberlandeplatz vorbei und hielten an einem Nebenfluss, an dem entlang wir nordöstlich weg von der Samarga gehen wollten.

»Dieser Fluss heißt Aksa«, sagte Tolja und schaute blinzelnd das enge, sonnenbeschienene Tal hoch, das mit kahlen Laubbäumen und einzelnen Kiefern, die sich unter der Last des frisch gefallenen Schnees bogen, nur locker bewaldet war. Ich hörte Wasser plätschern und die Warnrufe einer von uns aufgeschreckten Pallaswasseramsel. »Hier hat immer ein Mann gejagt, der, als er jünger war, mal wegen eines Riesenfischuhus einen Hoden verloren hat. Von da an hatte er die Vögel auf dem Kieker. Wo immer er sie sah, scheute er weder Zeit noch Mühe, auf sie zu schießen, sie zu vergiften und ihnen Fallen zu stellen. Aber egal, wir arbeiten uns jetzt flussaufwärts vor und suchen nach Zeichen wie Federn oder Spuren im Schnee.«

»Moment mal, er hat wegen eines Riesenfischuhus einen Hoden verloren?«

Tolja nickte. »Ja, es heißt, er ging eines Nachts in den Wald kacken – das muss im Frühjahr gewesen sein – und dabei hockte er sich offenbar direkt über einen jungen Uhu, der gerade erst das Nest verlassen hatte, aber noch nicht fliegen konnte. Wenn die Tiere in Gefahr sind, lassen sie sich auf den Rücken plumpsen und verteidigen sich mit ihren Krallen. Dieser Vogel packte sich einfach das nächstbeste Stück Fleisch und quetschte es zusammen. Na, die leichteste Beute eben.«

Dann erklärte mir Tolja, dass man für die Suche nach Riesenfischuhus Geduld und ein gutes Auge braucht. Da die Vögel schon auffliegen, wenn sie noch weit von einem entfernt sind, geht man am besten immer davon aus, sie nicht zu sehen, selbst wenn man sie ganz in der Nähe weiß. Lieber konzentriert man sich auf das, was sie hinterlassen. Wir arbeiteten uns also auf die übliche Weise vor, nämlich ganz langsam durch das Tal, und achteten auf drei wesentliche Dinge. Zunächst auf eine offene, nicht zugefrorene Stelle im Fluss. Da es im Winter in Riesenfischuhu-Gebieten nur eine begrenzte Anzahl solcher Stellen mit fließendem Wasser gibt, halten sich die Vögel am ehesten dort auf. Und dort muss man auch im Schnee am Flussufer sorgsam nach Abdrücken suchen, die sie beim Verfolgen eines Fischs machen, oder nach Spuren von den Handschwingen, die sie beim Landen oder Losfliegen hinterlassen.

Federn sind das Zweite, nach dem man Ausschau halten muss. Die Vögel verlieren immer welche. Vor allem in der Frühlingsmauser lösen sich fluffige, bis zu 20 Zentimeter lange Halbdaunen, schweben weg und bleiben mit ihren Widerhaken wie mit tausend Tentakeln an Ästen in der Nähe von Jagdgründen oder Nistbäumen hängen. Sieht man diese kleinen Fähnchen anmutig in der Brise schimmern, sind das stumme Zeugen dessen, dass hier Riesenfischuhus waren.

Als Drittes muss man nach mächtigen Bäumen mit einer überdimensionalen Höhle suchen. Riesenfischuhus sind so groß, dass sie zum Nisten wahre Giganten des Waldes brauchen – normalerweise uralte Japanische Pappeln oder Mandschurische Ulmen. Weil es in einem Tal aber stets nur wenige dieser Kolosse gibt, sollte man jedes Mal, wenn man einen solchen erspäht, hingehen und ihn sehr genau unter die Lupe nehmen. Ist auch noch einer mit Halbdaunen in der Nähe, dann hat man mit an Sicherheit grenzender Wahrscheinlichkeit einen Nistbaum gefunden.

In den ersten paar Stunden wanderte ich mit Tolja über den zugefrorenen Fluss durch den Talgrund und verfolgte wie ein gelehriger Schüler, wie mein Kollege auf gute Bäume oder vielversprechende Wasserstellen zeigte, bei denen es sich lohnen könnte, sie gründlicher zu untersuchen. Er bewegte sich sehr bedacht. Sergej, der im Handumdrehen Entscheidungen traf und sie dann unbeirrt umsetzte, ranzte ihn oft wegen seiner vermeintlichen Trägheit an, doch Toljas gemächliche Arbeitsweise machte ihn zum guten Lehrer und angenehmen Gefährten. Er arbeitete häufig für Surmatsch, vor allem beim Erstellen einer Naturkunde der Vögel in Primorje.

Am frühen Nachmittag machten wir Pause. Tolja entzündete ein Feuer, kochte Wasser aus dem Fluss und wir tranken Tee und zermalmten knirschend unsere Bonbons, während in den Bäumen über uns neugierige Kleiber pfiffen. Nach der Mittagspause schlug Tolja vor, jetzt solle ich die Führung übernehmen und meine Instinkte und das am Morgen Gelernte benutzen, während er zusah. Einen Abschnitt im Fluss, den ich zum näheren Prüfen für geeignet hielt, verwarf er als zu tief für die Uhus zum Jagen, einen anderen als zu dicht mit Weiden umwachsen, weil die riesigen Vögel dort schlicht nicht einfliegen konnten. Nachdem ich in einem langsam fließenden Nebenarm durchs Eis gebrochen war – zum Glück nur bis zu den Knien, dank meiner Watstiefel blieb ich trocken –, begriff ich, wie nützlich Toljas mit einer Metallspitze versehene Stange war, mit der er die Tragfähigkeit des Eises prüfte, bevor er es betrat. Wir folgten dem Fluss, bis sich das Tal zu einem spitzen V verengte und er unter Schnee, Eis und Fels verschwand.

An diesem Tag fanden wir keine Zeichen von Riesenfischuhus, blieben aber in der Dämmerung noch ein bisschen draußen, um ihr mögliches Rufen zu vernehmen. Doch die Wälder waren still, der Schnee am Fluss unberührt. Tolja war mir auch ein guter Lehrmeister darin, wie man auf das

Ausbleiben greifbarer Ergebnisse reagiert. Er erklärte mir nämlich, dass Riesenfischuhus durchaus genau an der Stelle des Waldes leben mochten, an der wir standen, wir sie aber trotzdem eine Woche suchen oder ihnen lauschen könnten, bis wir sie endlich zu Gesicht bekämen. Natürlich fand ich das enttäuschend, aber es war eben eine Sache, gemütlich in Surmatschs Arbeitszimmer in Wladiwostok zu sitzen und über die Suche nach Riesenfischuhus zu reden, und eine vollkommen andere, es wirklich zu tun, in Kälte, Finsternis und Stille.

Es war schon lange dunkel, vielleicht neun Uhr, als wir nach Agsu zurückkamen. Schräg aus dem Fenster unserer Hütte fiel Licht auf den Schnee; Awdejuk und Schurik waren schon da. Sie hatten aus Kartoffeln und Elchfleisch, Geschenken vom Nachbarn, Suppe gekocht und als Gast einen dürren russischen Jäger in einem übergroßen Parka, der sich als Lëscha vorstellte. Er war um die vierzig, seine dicken Brillengläser verzerrten zwar seine Augen, doch nicht so sehr, dass sie hätten verbergen können, wie betrunken er war.

»Ich trinke seit zehn oder zwölf Tagen«, verkündete er dann auch am Küchentisch, als verstehe sich das doch wohl von selbst.

Während Sergej und ich unsere Eindrücke des Tages austauschten, teilte Schurik die Suppe aus, und Tolja holte aus dem Vorraum eine Flasche Wodka, die er zusammen mit ein paar Tassen feierlich mitten auf den Küchentisch stellte. Sergej missfiel das gewaltig. In Russland ist es unumstößlicher Brauch, dass man eine Flasche Wodka, die für Gäste auf den Tisch gestellt wird, erst wegräumt, wenn sie leer ist. In manchen Wodkabrennereien werden die Flaschen nicht mal mit einem Verschluss versehen, sondern mit einem dünnen Aluminiumdeckel zum Durchstechen. Denn wofür braucht man einen Verschluss? Entweder ist eine Flasche voll oder leer, und zwischen diesen beiden Zuständen vergeht nicht viel Zeit. Nun verpflichtete Tolja Sergej, Schurik und mich an einem Abend, an dem wir auf eine Trinkpause gehofft hatten, auf das Leeren einer Flasche Wodka. Wir waren zu fünft, aber Tolja hatte nur vier Tassen auf den Tisch gestellt. Ich schaute ihn fragend an.

»Ich trinke nicht«, erwiderte er auf meine stumme Frage. Womit er sich das Leiden ersparte, das einem weiteren Abend mit ausgiebigem Alkoholgenuss folgen würde. Später stellte ich sogar fest, dass das eine Marotte von ihm war. Er bot Gästen in unserem Namen Wodka an, ohne uns vorher zu fragen, und das oft zur Unzeit.

Bei Suppe und Schnaps sprachen wir über den Fluss. Sergej erklärte, dass die Samarga nicht besonders tief sei, man aber Respekt vor der Strömung haben müsse. Wer Pech hatte und im Eis einbrach, hatte vielleicht nicht genug Zeit, sich zu befreien, und die Strömung konnte ihn, ehe er sich versah, in einen raschen, kalten Tod hinabziehen. In diesem Jahr sei das schon einmal passiert, man hatte Spuren eines vermissten Dorfbewohners gefunden, die zu einer klaffenden, schmalen dunklen Spalte im Eis führten, unter dem die Samarga wild daherrauschte. Manchmal entdeckte man flussabwärts an der Mündung menschliche Skelette, Opfer der Samarga aus den vergangenen Jahren, verklemmt und verquer zwischen Holzstämmen, Felsbrocken und Sand.

Lëscha nahm mich genauer ins Visier.

»Wo wohns du?«, lallte er.

»In Ternei«, erwiderte ich.

»Bisu von hier?«

»Nein, ich bin aus New York.« Das war leichter, als Leuten, die wahrscheinlich keine Ahnung von der Geografie Nordamerikas hatten, zu erklären, wo Milwaukee und der Mittlere Westen waren.

»New Yor ...«, sinnierte Lëscha, zündete sich eine Zigarette an und warf Sergej einen kurzen Blick zu. Und dann, als dringe ein wichtiger Gedanke durch den dichten Nebel ununterbrochenen Alkoholkonsums: »Warum lebsu in New Yor?«

»Weil ich Amerikaner bin.«

»*Amerikaner*?« Lëscha fielen fast die Augen aus, aber er schaute Sergej noch einmal an. »Er is *Amerikaner*?«

Sergej nickte.

Ungläubig und ohne mich aus dem Blick zu lassen, wiederholte Lëscha das Wort ein ums andere Mal. Offenbar hatte er noch nie einen Ausländer getroffen und schon gar nicht erwartet, dass dieser fließend Russisch sprach. Jetzt in seinem Heimatort Agsu an einem Tisch mit einem Feind aus dem Kalten Krieg zu sitzen war doppelt schwer zu verdauen.

Plötzlich hörten wir Geräusche von draußen. Eine kleine Gruppe Männer kam herein, die meisten erkannte ich vom Vorabend. Da ich am nächsten Morgen ausgeruht sein wollte, nahm ich das als Zeichen, mich nach hinten zu verziehen; auch Tolja kniff und spielte Schach mit Amplejew, einem russischen Rentner, der gegenüber von uns wohnte. Im Schein der Stirnlampe machte ich mir ein paar Notizen vom Tag und legte mich dann in meinen Schlafsack. Wieder zuckte ich beim Anblick des rot glänzenden Fleisch- und Fellhäufleins, das unbeachtet in der Ecke lag, zusammen. Es taute auf, wie das Eis auf dem Fluss, von dem wir abhängig waren.

3

Winterleben in Agsu

Im grauen Licht des nächsten Morgens hockte Sergej, Zigarette in der Hand, vor dem noch glimmenden Holzofen. Die Rauchringe, die er ausblies, gerieten in den Luftzug und verschwanden im Ofen. Sergej fluchte über die riesige, leere Äthanolflasche, die umgekippt auf dem Tisch lag, und sagte, wenn wir nicht bald aus Agsu weggingen, brächte ihn der Alkohol noch um. Einen freien Willen hätten wir nicht, solange wir hier seien, müssten wir mit den Dorfbewohnern trinken.

Während wir für die Arbeit draußen zusammenpackten, ermahnte mich Sergej zur Wachsamkeit. Riesenfischuhus seien einfach so scheu gegenüber Menschen, dass sie entwischen würden, bevor ich dicht genug dran sei, um sie zu sehen. Von Vorteil für uns sei allerdings, dass sie beim Fliegen einen ziemlichen Radau veranstalteten.

Das unterscheidet sie von ihren Eulenverwandten. Die meisten Vögel machen beim Fliegen Geräusche, und manche Arten kann man sogar nur am Schlagen ihrer Flügel erkennen. Eine Eule aber fliegt eigentlich vollkommen lautlos. Das liegt daran, dass ihre Schwungfedern am Rand mit winzig kleinen, kammähnlichen Zacken versehen sind, die wie eine Schallschluckvorrichtung fungieren und die Luft ablenken, bevor sie die Flügel erreicht, und auf diese Weise das Geräusch minimieren. Das nützt den Tieren, wenn sie auf der Erde Beute nachstellen. Nicht überraschend, dass die Schwungfedern eines Riesenfischuhus glatt sind und diese Anpassung nicht aufweisen, denn ihre Hauptbeutetiere leben unter Wasser. Besonders in stillen Nächten vibrierte oft die Luft, wenn sich Riesenfischuhus mit schweren Schwingen voranarbeiteten.

Der Plan für den heutigen Tag war mehr oder weniger wie der für den gestrigen. Riesenfischuhu-Arbeit im Feld ist eigentlich immer gleich: suchen, suchen und noch mal suchen. Wir mussten uns vernünftig anziehen, mehrere Schichten, denn wir würden bis nach Sonnenuntergang draußen bleiben. Die Fleecejacke, die ich beim Wandern durch die Nachmittagssonne sogar öffnete, würde mir nicht mehr warm genug sein, wenn ich in den fallenden Temperaturen nach Einbruch der Dunkelheit unbeweglich dasaß, um nach Rufen der Vögel zu lauschen. Spezialkleidung und -ausrüstung für die Arbeit waren aber außer einem Paar Watstiefeln bzw. brusthohen Wathosen nicht erforderlich. Tolja wollte seine Kamerautensilien nur mitschleppen, falls wir was fanden, das sich auch zu filmen lohnte. Ansonsten ließ er sie in der Hütte.

Ich wurde wieder ihm zugeteilt, und da er seinem Schachpartner Amplejew, der an diesem Tag angeln gehen wollte, versprochen hatte, ihn mit zum Fluss zu nehmen, hängten wir einen unserer leeren Schlitten an Toljas grünes Schneemobil, fuhren ein kleines Stück und hielten vor Amplejews Hütte. Er kam auch bald in einem wuchtigen Pelzmantel heraus, in Händen Eisstange und hölzerne Angelkiste, die er auch zum Sitzen auf dem Eis benutzen konnte. Er streckte sich gemütlich auf dem Schlitten aus, sein alter Hund, ein Laika, schmiegte sich an ihn und schaute mich an. Zum Jagen waren die beiden zu alt, aber angeln konnten sie noch.

»Fiiischuhuuuu!«, sagte Amplejew auf Englisch und grinste mich an. Dann fuhren wir los.

Tolja hielt an der Stelle, die ihm der alte Mann nannte, gleich im Süden von Agsu, an einem offensichtlich bei Anglern beliebten Abschnitt des Flusses, an dem das Eis von überfrorenen Bohrlöchern vernarbt war.

Amplejew samt Hund glitten vom Schlitten, Tolja bohrte mit unserem Bohrer eine Auswahl an Löchern auf. Aus jedem erfolgreich gebohrten Loch quollen sofort Schneematsch und Wasser und verbreiteten sich über der Eisfläche. Es war Anfang April, und überall lugte der Frühling durch die Eiswelt um uns herum, hier und dort gab es aufgetaute Stellen, bald würde sich der gewaltige Wandel weiter ankündigen.

Nun, zum ersten Mal direkt auf der Samarga, verspürte ich doch ein gewisses Maß an Beklemmung und Ehrfurcht. Die Geschichten, die ich von dem Fluss gehört hatte, waren legendär. Die Samarga brachte Agsu zwar Leben, war jedoch gleichzeitig eine gnadenlose, eifersüchtige Macht, die jeden böse zurichtete, versehrte oder sogar umbrachte, der so anmaßend war, ihr die in ihrem Einflussbereich gebührende Aufmerksamkeit zu verweigern.

Tolja hakte den Schlitten vom Schneemobil ab und sagte, er werde zur Uhusuche zurück flussaufwärts fahren, merkte aber dann, dass er nichts für mich geplant hatte.

»Hm, warum suchst du nicht all diese offenen Wasserstellen nach Uhuspuren ab«, sagte er und wedelte vage, in einem weiten Bogen, mit seiner Eisstange. »In einer Stunde oder so bin ich zurück.«

Dann gab er mir die Eisstange mit den Worten, sie fleißig zu benutzen.

»Schlag auf das Eis, und wenn es hohl klingt oder die Stange durchstößt, halt dich fern.«

Und schon war er mit lautem Motorenknattern in einer Wolke von Auspuffgasen entschwunden.

Amplejew holte eine kurze Angelrute hervor sowie ein schmuddeliges, dreck- und fettverschmiertes Gefäß mit gefrorenem Lachsrogen aus seiner Angelkiste, schloss sie wieder und setzte sich darauf. Dann drückte er eine Handvoll Rogen an einem Eisloch unter Wasser weich, bestückte seinen Haken mit einem Ei und warf seine Schnur hinein. Ich deutete auf die offenen Flussabschnitte, die Tolja mir zum Prüfen vorgeschlagen hatte, und fragte Amplejew, ob das Eis darum herum wohl sicher sei. Er zuckte mit den Schultern.

»Um diese Zeit im Jahr ist kein Eis wirklich sicher.«

Mit diesen Worten wandte er seine Aufmerksamkeit wieder dem Eisloch zu und ließ den Haken mit dem Köder in dem Dämmer unten tanzen, während der arthritische Laika herumwanderte.

Ich wiederum bewegte mich Zentimeter um Zentimeter über das Eis und schlug kräftig darauf ein, als hätte ich Angst, eine verborgene Falle auszulösen. Alle offenen Wasserbereiche umging ich weiträumig und suchte mit dem Fernglas ihre schneebedeckten Ränder nach Riesenfischuhu-Spuren ab. Ich fand nicht die geringste. Langsam, von einer offenen Stelle zur nächsten, beging ich auf diese Weise etwa einen Kilometer flussabwärts und hörte nach gut eineinhalb Stunden das Schneemobil. Als ich wieder an der Angelstelle war, sah ich, dass Tolja Schurik mitgebracht und beide sich zum Angeln zu Amplejew gesellt hatten. Mit ihren zuckenden Angelruten zogen sie Masu-Lachse und Arktische Äschen unter dem Eis hervor.

Beim Angeln erzählte mir Schurik, dass er aus demselben landwirtschaftlichen Städtchen Gaiworon stamme wie Surmatsch, nur ein paar Kilometer vom westlichen Ufer des Chankasees im Westen Primorjes gelegen. Orte wie Gaiworon liegen ökonomisch darnieder, haben kaum Arbeitsplätze und eine beträchtliche Armut, was wiederum zu weitverbreitetem Alkoholismus, schlechter Gesundheit und frühem Tod führt. Vor diesem Schicksal hatte Surmatsch Schurik, den Dorfjungen, bewahrt und ihn unter seine Fittiche genommen. Er hatte ihm beigebracht, wie man Vogelnetze benutzt, Vögel beringt und wieder freilässt (oder Bälge für Museumskollektionen präpariert), wie man sachgemäß Gewebe sammelt und Blutproben nimmt. Schurik hatte keine formale Ausbildung, doch seine Vogelbälge waren vorzüglich präpariert, seine Aufzeichnungen von der Feldforschung sehr genau, und im Finden von Riesenfischuhus war er eine Koryphäe. Als geschickter Kletterer auf hoch aufragende, morsche Primärwaldbäume (am liebsten in Socken), in deren Höhlen er nach Riesenfischuhu-Nestern sah, war er für das Team ein absoluter Gewinn.

Bis Einbruch der Nacht blieben wir an den Angellöchern, in der Hoffnung, den einen oder anderen Uhu zu hören. Ich behielt die Bäume im Blick, spähte nach Bewegungen in den Ästen und spitzte bei jedem noch so fernen Geräusch die Ohren. Doch eigentlich wusste ich nicht einmal, wie ein Riesenfischuhu klang. Klar, ich hatte mir die Ultraschallbilder in Pukinskis Studien aus den 1970ern angeschaut und auch gehört, wie Surmatsch und Awdejuk den Wechselgesang als Ausdruck des Territorialverhaltens der Riesenfischuhus nachahmten. Aber ich hatte keine Ahnung, wie lebensecht diese Töne waren.

Riesenfischuhu-Paare singen und rufen in Duetten. Das ist eine ungewöhnliche Eigenheit, die man von weniger als vier Prozent der Vogelarten auf der Erde kennt, und von denen leben die meisten in den Tropen. Meist beginnt das Männchen mit dem Duettieren. Es füllt einen Sack in seiner Kehle mit Luft, bis der so geschwollen ist, dass es wie ein monströser Ochsenfrosch mit Federn aussieht. Der weiße Fleck auf seiner Kehle wird ein auffallender Kreis, der von den Brauntönen seines Körpers und den Grautönen der dichter werdenden Dämmerung sehr absticht und seiner Gefährtin anzeigt, dass es gleich losgeht. Nach einem Moment stößt es wirklich einen kurzen heiseren Schrei aus, der klingt, als werde ihm die Luft herausgehauen, und das Uhuweibchen antwortet sofort. Doch sein Schrei klingt tiefer. Untypisch bei Eulenarten, weil Weibchen normalerweise eine höhere Stimme haben. Dann stößt das Männchen einen längeren, ein wenig höheren Schrei aus, auf den das Weibchen ebenfalls antwortet. Dieses aus vier Tönen bestehende Rufen und Antworten dauert nur drei Sekunden, aber die Vögel fahren damit in regelmäßigen Abständen fort, unterschiedlich lange, von einer Minute bis zu zwei Stunden. Es verläuft so synchron, dass viele Leute, die ein Riesenfischuhu-Paar rufen hören, meinen, es sei ein einziger Vogel.

An dem Abend vernahmen wir jedoch nichts dergleichen. Durchgefroren und enttäuscht kehrten wir im Dunkeln nach Agsu zurück, wo wir unsere Angelausbeute säuberten und brieten und zusammen mit vorbeikommenden Besuchern verspeisten. Meine Kollegen schüttelten die Enttäuschungen des Tages ab und widmeten sich umstandslos Essen und Trinken, und mir wurde klar, dass das alles für sie ein Job war. Manche Leute arbeiten auf dem Bau, andere entwickeln Software. Diese Männer waren von Beruf Assistenten bei Feldforschungen. Je nachdem, für welche Tierart Surmatsch Geld auftrieb, suchten sie danach. Riesenfischuhus waren eben nur Vögel für sie. Nicht, dass ich sie deshalb verurteilte, aber für mich bedeuteten die Tiere doch viel mehr. Meine akademische Laufbahn und vielleicht der Schutz dieser gefährdeten Spezies hingen von dem ab, was wir fanden und was wir mit den gewonnenen Informationen anfingen. Surmatsch und ich würden Daten sammeln, analysieren und interpretieren. Aus meiner Perspektive betrachtet, fing das alles nicht besonders gut an. So recht vorangekommen waren wir nicht, und das Eis im Fluss schmolz kontinuierlich. Einigermaßen sorgenvoll legte ich mich schlafen.

Am folgenden Tag ging ich mit Sergej in den Wald. Wir wollten nur wenig weiter südlich von der Stelle, an der ich am Vortag gewesen war, nach Uhus beziehungsweise ihren Spuren suchen. Da Sergej erst am frühen Nachmittag aufzubrechen gedachte, hatten wir lediglich ein paar Stunden für diese Arbeit, bevor wir in der Dämmerung nach Rufen horchen konnten. Jetzt wollte Sergej, dass wir erst noch einmal die Pläne für unsere Erkundungen flussabwärts ansahen und sicherstellen, dass wir genug Feuerholz für unseren restlichen Aufenthalt in Agsu hatten.

Also saß ich vormittags bei einer Tasse schwarzem Tee allein in der Küche und studierte Karten, während Sergej draußen Holz hackte. Plötzlich stürzte ein Bär von Mann, riesig und haarig, herein und kam zum Tisch. Er trug einen dicken, filzgefütterten Mantel aus gegerbter Tierhaut, vermutlich eine Eigenkonstruktion. Der linke Ärmel hing schlaff herunter. Es musste Wolodja Loboda sein, der einzige einarmige Jäger im Ort und trotz des Jagdunfalls, bei dem er verkrüppelt worden war, gerühmt als einer der besten Schützen in Agsu.

Ohne Umschweife setzte er sich hin, zog zwei Halbliterdosen Bier aus den Manteltaschen und knallte sie auf den Tisch. Die Dosen waren sicher gut angewärmt.

»So«, sagte er und schaute mich zum ersten Mal an. »Du jagst.«

Es war eine Tatsachenfeststellung, keine Frage. Und anscheinend erwartete er eine für Jäger typische Antwort: was ich gern jagte, wo ich jagte, was für einen Typ Gewehr ich benutzte. Das nahm ich jedenfalls an, denn ich bin kein Jäger, und sagte es ihm auch. Er rutschte auf dem Hocker herum, stützte sich mit dem Armstumpf auf den Tisch und behielt mich fest im Blick. Sein Arm fehlte ihm vom Ellenbogen an abwärts.

»Dann angelst du.«

Auch wieder eine Feststellung, aber jetzt weniger überzeugt. Und als müsse ich mich entschuldigen, verneinte ich. Da wandte er sich ab und stand abrupt auf.

»Was zum Teufel willst du dann in Agsu?«, knurrte er.

Obwohl das nun schließlich eine Frage war, war sie rhetorisch. Er packte die beiden noch ungeöffneten Bierdosen wieder in seine Manteltaschen und ging ohne ein weiteres Wort hinaus.

Lobodas Missachtung hatte gesessen. So unrecht hatte er nicht. Hier an der Samarga war das Leben eine ständige Herausforderung. Das bewiesen die Wildnis ringsum und Lobodas Armstumpf. Andererseits war ich in Agsu, weil ich alles, was möglich war, über Riesenfischuhus lernen und dazu beitragen wollte, dass diese Gegend so unverdorben blieb, wie es irgend ging – und damit auch dafür sorgen würde, dass Loboda und Leute wie er immer Wild zum Jagen und Fische zum Angeln hatten.

Nach dem Mittagessen packten Sergej und ich Proviant ein – Bonbons und Würstchen – und brachen zum Fluss auf. Am Rand von Agsu hielt mein Kollege mit laufendem Motor vor einer mir unbekannten Hütte an. Durch die kleine Glasscheibe in der Tür winkte uns ein Mann mit weit aufgerissenen Augen verzweifelt zu und bedeutete uns, zu ihm zu kommen.

»Bleib hier«, sagte Sergej.

Dann stieg er ab, ging durch ein Tor auf den Hof und über einen Holzplankenweg zu der Veranda. Der Mann drinnen schrie noch gellender und zeigte auf etwas unten, und dann fiel mir auf, dass ein Vorhängeschloss, wenn auch nicht verschlossen, außen an der Tür hing. Man konnte sie von innen nicht öffnen. Sergej stand davor und schaute den gefangenen Mann an, der weiter flehte und gestikulierte. Was er rief, behagte Sergej offenbar nicht so recht, aber er nahm dann doch das Vorhängeschloss ab. Der Mann stürzte heraus wie ein lange gefangen gehaltenes wildes Tier. An seinen panischen, abgehackten Bewegungen, wie er an Sergej vorbei über den Hof auf die Straße rannte, sah man, dass er dermaßen außer sich war, dass er nicht koordiniert handeln konnte.

Erst jetzt fiel mir ein kleiner Junge auf, der in der offenen Tür im Dunkeln stand. Ungefähr sechs Jahre alt. Als ich Sergej auf ihn aufmerksam machte, fuhr er herum und fluchte.

»Seine Alte hat ihn eingeschlossen, damit er nicht rausgeht und trinkt«, erklärte er mir. »Von dem Kind da drin hat er nichts gesagt ...«

Der Junge schaute hinaus in die Kälte, in die Richtung, in der sein Vater verschwunden war, langte dann hoch und schloss stumm die Tür.

4

Die stille Brutalität des Ortes

Langsam glitten wir aus dem Dorf hinaus, eine sanfte Uferböschung hinunter auf einen zugefrorenen Nebenfluss, der uns an hohen, dürren Weiden entlang zur Samarga brachte, so wie eine viel befahrene Seitenstraße einen zur Hauptstraße führt. In wenigen Wochen würde sich das alles ändern, bald würde das Eis brechen. Das war sehr gefährlich, und da die Samarga der einzige Weg zwischen Agsu und dem Dorf Samarga war, mussten die Dorfbewohner dann erst einmal in Agsu bleiben. Dieses jährliche unfreiwillige Exil dauerte, bis die Frühjahrsfluten das letzte Eis in den Tatarensund spülten. Die Pause gab den Jägern und Anglern Zeit, ihre Schneemobile einzumotten, die Eisbohrer wegzupacken und ihre Boote wieder flottzumachen.

Sergej folgte der ausgefahrenen Schneemobilspur über die Mitte des gefrorenen Wasserwegs. Wenn andere ihn vor uns befahren hatten, würden wir vermutlich nicht einbrechen. An der Stelle, an der der alte Mann am Vortag geangelt hatte, beschrieben wir eine scharfe Kurve um einen Bergsporn; den langen, fingerähnlichen Felsvorsprung hatte ich auf dem Herflug vom Hubschrauber aus schon gesehen. Danach wurde das Tal erheblich breiter. Hier floss die Sochatka (»Kleiner Elch«) in die Samarga, und die sich kreuzenden Arme beider Flüsse durchschnitten Nadel- und Laubwälder mit vielen recht massiven Bäumen. Unerfahren, wie ich war, erkannte ich es noch nicht, aber es war das perfekte Riesenfischuhu-Habitat.

Die Tiere müssen sich ihre Reviere sorgsam aussuchen; ein zum Beutemachen ideales Teilstück eines Flusses im Sommer ist im Winter vielleicht ein kompaktes Stück Eis. Deshalb müssen sie Flussläufe mit sprudelndem Quellwasser oder natürlichen heißen Quellen finden, die die Wassertemperatur so weit erhöhen, dass ein überlebenswichtiger Abschnitt das ganze Jahr hindurch verlässlich eisfrei bleibt. In einem solchen Habitat setzen sich Riesenfischuh-Paare fest und verteidigen es natürlich gegen Artgenossen.

Sergej und Schurik hatten am Tag zuvor zwar keinerlei Spuren hier entdeckt, doch Sergej fand es für weitere Erkundungen vielversprechend genug. Er wollte die Sochatka noch ein bisschen weiter absuchen und sehen, ob er Tiere in der Dämmerung rufen hörte. Wir stellten das Schneemobil ab und schnallten uns die Skier unter: kurze russische Jägerski, eineinhalb Meter lang und 20 Zentimeter breit, eher Schneeschuhe. Man schlurfte mehr über den Schnee, als dass man flott dahinglitt. Die simplen Bindungen aus nichts weiter als einer Stoffschlaufe, in die man mit dem Fuß fuhr, verhinderten ebenfalls allzu große Behändigkeit. Traditionell befestigten Jäger zwecks besserer Haftungsreibung Streifen aus Rotwildfell unter den Skiern, aber wir benutzten leichte, synthetische Steigfelle, die ich aus Minnesota mitgebracht hatte.

Auf den Jägerskiern also in dem metertiefen Schnee, entsprechend unbeholfen und immer noch ein Neuling bei der Suche nach Riesenfischuhus, hielt ich mich dicht hinter Sergej, der sich flink und gewandt durch die Bäume bewegte. In einem weiten, mäandernden Kreis ging es durch den Wald, weg von der Samarga und dann wieder darauf zu. Der Nachmittag war wunderschön, meine Stimmung indes gedämpft, weil wir rein gar nichts fanden. Dabei war Sergej felsenfest vom Gegenteil überzeugt gewesen. Zurück an der Stelle, wo die Flussarme der Sochatka sich mit denen der Samarga trafen, glitten wir an einer niedrigen Anhöhe zwischen zwei kaum zugefrorenen Flussläufen entlang. Tief in den schützenden Zweigen eines kahlen Gesträuchs sah ich plötzlich ein verwittertes kleines Singvogelnest aus dem letzten Jahr und inspizierte es genauer. Das Körbchen aus Lehm und Gras war sorgfältig ausgepolstert mit zarten Federn, die der Erbauer des Nests irgendwo zum Abdichten eingesammelt hatte. Ich nahm eine von ihnen heraus. Es war eine von der Zeit und den Unbilden der Witterung angezauste Brustfeder, die so groß war, dass sie auf jeden Fall von einem Greifvogel und möglicherweise sogar von einem Eulenvogel stammte. Als ich sie Sergej brachte, zeigte er sein Goldzahngrinsen.

»Die ist von einem Riesenfischuhu«, sagte er und hielt das kostbare Stück hoch, sodass das Nachmittagslicht durchschien. »Ich wusste, dass sie hier sind!« Die Feder war halb so lang wie seine Hand und alt und schmutzig. Dreck hing daran, und die Fahne war kaputt. Doch es war ein wichtiger Anhaltspunkt.

Wir nahmen das Nestchen genauer in Augenschein. Sogar mehrere Riesenfischuhu-Federn waren darin, und die stammten wahrscheinlich ganz aus der Nähe, da Singvögel Baumaterial typischerweise unweit dessen sammeln, wo sie nisten. Mit neuem Mut beschlossen wir, getrennt nach Rufen zu horchen. In etwa einer Stunde würde der Abend hereinbrechen. Ich sollte hierbleiben, und Sergej wollte flussabwärts auf die andere Seite des Flusstals gehen, um den Suchbereich so weit wie möglich auszudehnen. Er wollte dem Fluss zwei, drei Kilometer hinunter folgen und mich auf dem Rückweg wieder abholen. Der Lärm seines davonfahrenden Schneemobils hallte weit durch die reine Winterluft, und ich hörte das hohe Surren des Motors noch lange, nachdem das Gefährt außer Sichtweite war.

Durch die Bäume wehte ein leichter Wind, der an den kahlen Wipfeln der Espen, Birken, Ulmen und Pappeln zupfte, aber manchmal Fahrt aufnahm und in ungestümen Böen über den gefrorenen Fluss blies. In diesem Geräusch versuchte ich die charakteristischen Töne der Riesenfischuhus auszumachen. Sie rufen im tiefen Zweihundert-Hertz-Bereich, ähnlich wie ein Bartkauz, und eine Oktave tiefer als ein Virginia-Uhu. Die Frequenz ist so niedrig, dass man den Ruf manchmal nur schwer mit dem Mikrofon einfangen kann. Auf den Aufnahmen, die ich später machte, klangen die Vögel immer wie aus weiter Ferne, gedämpft, verloren, selbst wenn sie ganz in der Nähe waren. Die niedrigen, aber langen Frequenzen der Rufe dienen dem einen Zweck, dass sie klar durch den dichten Wald dringen und man sie über mehrere Kilometer hinweg hören kann. Das gilt insbesondere im Winter und Anfang des Frühlings, wenn die Bäume noch kaum belaubt sind und die Klangwellen sich in der knackigen Luft leichter fortpflanzen.

Die Duette sind sowohl Territorialgesang als auch Bestätigung der Paarbindung, die Häufigkeit folgt einem Jahreszyklus. Am lebhaftesten sind sie während der Balzzeit im Februar und dauern dann oft stundenlang und sogar die ganze Nacht. Wenn ein Weibchen im März aber erst einmal Eier ausbrütet, hört man sie meist nur noch in der Dämmerung, vielleicht weil die Tiere nicht unbedingt anzeigen wollen, wo sich ihr Nest befindet. Wieder häufiger werden die Duette, wenn die Jungen geschlüpft sind und flügge werden, und zu Beginn des Sommers nehmen sie erneut ab – bis zur nächsten Balzzeit.

Während ich still und ungeschützt dasaß und wartete, nicht ohne zu befürchten, dass der stärker werdende Wind bald durch meine gut isolierte Kleidung dringen würde, entdeckte ich einen halb im Schnee vergrabenen Baumstamm circa 100 Meter entfernt, der gewiss in einem Sturm entwurzelt und vom Wasser dorthin geschoben worden war. Mit den Füßen scharrte ich mir am Fuß des Stamms eine flache Kuhle in den Schnee, trampelte sie fest und kauerte mich hinein, nun besser vor dem Wind geschützt und weitgehend verborgen von Wurzeln und Schatten.

Etwa eine halbe Stunde später, ganz konzentriert auf das genüssliche Zerknacken meines letzten Bonbons, sah ich (aber hörte nicht), wie sich, keine 50 Meter entfernt, ein Reh näherte. Es rannte flussaufwärts, auf der harten Kruste des Flusseises Halt suchend, einen Jagdhund auf den Fersen. Als es keuchend an einen offenen, etwa drei Meter breiten und 15 Meter langen Abschnitt des tiefen Flusses kam, sprang es, ohne anzuhalten, geradewegs ins Wasser. Vielleicht hatte es hinübersetzen wollen und zu spät gemerkt, dass ihm die nötige Kraft dazu fehlte. Der Hund, ein Laika, blieb sofort stehen, bleckte die Zähne und bellte. Ich erstarrte. Von meinem niedrigen Platz zwischen den Wurzeln aus sah ich nur den Kopf des Rehs mit hochgerecktem Maul und weiten Nüstern, der sich auf der deutlich sich abzeichnenden Wasseroberfläche auf- und abbewegte. Das Tier kämpfte noch kurz gegen die Strömung, dann trieb es ermattet wie ein führerloses Boot außer Sichtweite unter die Eisschicht flussabwärts. Ich sah es vor mir in der Dunkelheit unter dem Eis, wahrscheinlich drang schon Wasser in seine Lungen, wieder ein Opfer der Samarga, das nun seinen Frieden gefunden hatte und in Richtung des Meeres trieb. Winter und Dorfhunde konnten ihm nichts mehr anhaben. Als der Laika merkte, dass ich mich bewegte, kam er mit zuckenden Lefzen und gespitzten Ohren neugierig auf mich zu, tat mich aber als ihm unbekanntes menschliches Wesen ab und richtete seine Aufmerksamkeit wieder auf den offenen Fluss, schnüffelte und trottete flussabwärts.

Wie betäubt von der stillen Brutalität des Ortes, kauerte ich mich wieder in meine Kuhle. Archaische Gegensätze kennzeichneten noch immer das

Leben an der Samarga: hungrig oder satt, gefroren oder fließend, lebendig oder tot. Schon ein kleiner Schritt fort vom Weg konnte den Ausschlag geben von einem Seinszustand in den anderen. Ein Dorfbewohner mochte ertrinken, weil er an der falschen Stelle angelte. Ein Wild entkam den Fängen eines Raubtiers, nur um dann durch einen falschen Tritt doch den Tod zu finden. Die Grenze zwischen Leben und Tod bemaß sich hier nach der Eisdicke auf dem Fluss.

Ein kaum wahrnehmbares Beben in der Luft riss mich aus meinen Gedanken. Ich setzte mich und zog die Mütze ab, damit ich die Ohren frei hatte. Nach einer längeren Stille kam das Geräusch wieder, ein entferntes, gedämpftes Zittern. War das ein Riesenfischuhu? Dann musste er ziemlich weit oben im Tal der Sochatka sein, und ich hörte nur einen Ton, vielleicht zwei, aber nicht die vier, die ich erwartete. Eine Vorstellung davon, wie ein Riesenfischuhu klang, hatte ich ja auch nur davon, wie Sergej und Surmatsch ihn grob nachgeahmt hatten. Ob gut oder schlecht würde ich erst wissen, wenn ich es mit echten Rufen vergleichen konnte. Was ich jetzt hörte, passte nicht recht. War es vielleicht nur ein einziger Riesenfischuhu – kein Paar? Oder vielleicht nur ein ganz normaler Uhu? Diese Vögel hatten allerdings höhere Stimmen als die, die ich gerade hörte, und sie riefen auch nicht im Duett. Der Ton wiederholte sich alle paar Minuten, bis der Tag allmählich und fast unmerklich in die Nacht überging. In der Dunkelheit wurde es still.

Ein an- und abschwellendes Sirren vom Unterlauf des Flusses her verriet mir, dass Sergej zurückkam, und bald sah ich den blassen Lichtstrahl auf dem Schnee, den der einzige Scheinwerfer des Schneemobils warf.

»Und?«, sagte er triumphierend, als ich hervorkam und ihn begrüßte. »Hast du sie gehört?«

»Meiner Ansicht nach ja«, erwiderte ich, »aber vielleicht nur einen.«

Er schüttelte den Kopf. »Es waren zwei – es war ein Duett! Der Ruf des Weibchens ist sogar noch tiefer als der des Männchens und schwerer auszumachen, vielleicht hast du ihn deshalb nicht gehört.«

Sergej hatte ein wahnsinnig feines Gehör. Er vernahm weit entfernte Duette, während ich nur die verhauchte, etwas höhere Stimme des Männchens ausmachen konnte. Selbst wenn ich felsenfest davon überzeugt war, dass nur ein Männchen gerufen hatte, und wir uns dann dichter heranpirschten, war auch ein Weibchen dabei.

Riesenfischuhus sind Standvögel, ob Sommerhitze, ob Winterfröste, sie bleiben am selben Ort. Wenn wir also ein Duett hörten, hieß es, dass das Paar in diesem Teil des Waldes sein Revier hatte. Und da diese Vögel alt wurden – es gibt Aufzeichnungen von wild lebenden Riesenfischuhus, die älter als 25 Jahre waren –, lebten Tiere, die im Wechselgesang riefen, wahrscheinlich jahrein, jahraus am selben Ort. Wenn wir andererseits nur einen Vogel rufen hörten, mochte das bedeuten, dass er unbeweibt war und ein Revier oder eine Gefährtin suchte. Mithin war nicht unbedingt davon auszugehen, dass er am nächsten Tag noch da war und viel weniger: in den nächsten paar Jahren. Für unsere Studienpopulation brauchten wir aber ortsständige Tiere, die wir immer wiederfinden konnten.

Ich erzählte Sergej von dem Rehwild und dem Laika.

Er spuckte aus und schüttelte fassungslos den Kopf. »Ich bin an dem Hund vorbeigekommen! Der Besitzer hat flussabwärts geangelt. Und mir wahrhaftig erzählt, dass seine Hundemeute allein heute fünf Stück Rehwild und drei Stück Rotwild erlegt hat. Und sich dann beschwert, dass reiche Leute aus der Stadt schon den ganzen Winter nach Agsu geflogen kommen und das Wild schießen und die Wälder leer sind. Aber einer seiner unbeaufsichtigten Hunde hetzt ein Tier in den Tod.«

Schweigend fuhren wir nach Agsu zurück.

Abends hatten wir ein paar Gäste, aber nicht so viele wie an den vorausgegangenen Abenden. Lëscha war auch wieder da, der Jäger mit der dicken Brille, der sich erneut sichtbar erschüttert darüber zeigte, dass ich Amerikaner war. Natürlich hatte er vergessen, dass wir uns vor zwei Tagen genau darüber schon einmal unterhalten hatten – ebenso, wie dass er sich schon einmal damit gebrüstet hatte, er sei seit zehn oder zwölf Tagen betrunken.

»Das wissen wir bereits«, flüsterte ich einem der Dorfführer zu, einem unrasierten Russen in Arbeitsklamotten.

»Lëscha redet seit einer Woche von ›zehn oder zwölf Tagen‹!«, lachte er. »Schwer einzuschätzen, wie lange er sich wirklich schon betrinkt.«

Ich musste ein wenig frische Luft schnappen und ging nach draußen.

Mein unrasierter Gesprächspartner kam mit und zündete sich eine Zigarette an. Auf dem schmalen Weg zum Klohäuschen stand er in der Dunkelheit neben mir, fast Schulter an Schulter, unmerklich schwankend wegen des Wodkas und der unebenen Schneedecke. Er erzählte von seinen Jahren in Agsu, wie er als junger Mann an diesen wilden Ort gekommen und nie wieder weggegangen sei und dass er sich ein Leben anderswo gar nicht mehr vorstellen könne. Der klare Himmel war sternenübersät. Durch das fortwährende Rattern eines Dieselgenerators in der Nähe drang das Heulen der Dorfhunde in Wellen durchs Dorf. Dann hörte ich merkwürdigerweise plötzlich ein Plätschern und sah einigermaßen ungläubig, dass mein Gesprächspartner seine Hose aufgeknöpft hatte und keine zwei Schritte von mir entfernt urinierte. Die eine Hand auf der Hüfte, mit der anderen samt Zigarette sich am Hals kratzend, redete er unbeirrt weiter über seine Liebe zur Samarga.

5

Den Fluss hinunter

Seit fast zwei Wochen arbeitete das Team von Agsu aus, erst während es noch auf mich gewartet hatte und dann, als ich dabei war. Wir hätten auch noch mehr hier tun können, aber Sergej war mit dem Suchergebnis zufrieden und blies zum Aufbruch. Das schmelzende Eis auf dem Fluss und seine überstrapazierte Leber waren seine Hauptargumente. Vor meiner Ankunft hatten er und die Männer des Teams im Wald flussaufwärts einen Jäger namens Tschepeljew kennengelernt, und nach ein paar Runden Armdrücken hatte er ihnen angeboten, von seiner Hütte aus zu arbeiten, gut 40 Kilometer südlich von Agsu, in einem Ort mit Namen Wosnesenowka. Weil Sergej sicher mit Recht auf mehr Ungestörtheit dort hoffte, zogen wir um. Ich war zwar erst den fünften Tag in Agsu, und hätte was davon gehabt, noch länger an der Sochatka nach dem Nistbaum der Riesenfischuhus zu suchen, von denen wir wussten, dass sie da waren. Doch nur weil sie sich in dem Revier aufhielten, war das keine Garantie, dass sie dort auch nisteten und brüteten. Denn im Gegensatz zu den meisten anderen Vögeln machen Riesenfischuhus in Russland normalerweise nur alle zwei Jahre einen Brutversuch und ziehen dann auch nur ein Junges groß, seltener zwei. Gleich auf der anderen Seite des Meeres, in Japan, brüten Riesenfischuhus im Allgemeinen jedes Jahr zwei Junge aus.

Die Gründe für das unterschiedliche Brutverhalten sind bis jetzt unbekannt, doch ich glaube mittlerweile, dass es damit zusammenhängt, wie viele Beutefische sie in den Flüssen vorfinden. In Japan, wo man das Aussterben der Riesenfischuhus durch gezieltes Eingreifen der Regierung und erhebliche finanzielle Anstrengungen knapp verhindern konnte, ernährt sich fast ein Viertel der Riesenfischuhu-Population aus vom Menschen gut bestückten Teichen. Was wiederum zur Folge haben mag, dass die japanischen Vögel besser ernährt und körperlich eher in der Lage sind, für Nachwuchs zu sorgen. In Russland konzentriert sich ein Paar auf ein Küken, das nach dem Schlüpfen vierzehn bis achtzehn Monate bei den Eltern bleibt – erstaunlich lange für einen Vogel –, und sie erst dann verlässt und sein eigenes Revier sucht. Im Gegensatz dazu macht sich ein junger nordamerikanischer Virginia-Uhu schon nach vier bis acht Monaten selbstständig, obwohl er ein Zwerg ist und nur ein Drittel des Gewichts eines erwachsenen Riesenfischuhus hat.

Bei dieser Expedition wollten wir lediglich die Existenz eines Paares in der Gegend an der Samarga nachweisen und die wichtigsten Aufenthaltsorte von Riesenfischuhus feststellen, um ein Abholzen zu verhindern. Sergejs Gefühl, dass die Zeit drängte, konnte ich verstehen. Immerhin hatte ich nur ein paar Tage die lokale Gastfreundschaft genossen, meine Kollegen aber fast zwei Wochen davon durchgestanden. Sobald die Schlitten fertig waren, sollte es nach Süden gehen.

Zum Packen brauchten wir mehrere Stunden. Tolja verstaute unser gesamtes Essen sorgsam in einer riesigen wasserdichten Tonne. Schurik füllte die Tanks unserer Yamaha-Schneemobile mit Treibstoff aus unserem abnehmenden Vorrat. Sergej beriet sich mit ein paar Ortsansässigen über die Fahrtroute. Den Hauptteil der Ladung stapelten wir auf den gelb gestrichenen Holzschlitten, den Sergej in seiner Garage in Dalnegorsk gebaut hatte, und hängten ihn an den schwarzen Yamaha, das größere unserer beiden Schneemobile. Da das grüne, kleinere eher für Freizeitsport und Geschwindigkeit ausgelegt war, sollte es unseren Aluminiumschlitten mit leichteren Teilen unserer Ausrüstung ziehen. Wir packten also alles in Kisten, die wir in viele Schichten blaue Plane einhüllten, und schnallten das Ganze dann mit Seil fest auf die Schlitten, damit nichts herunterfiel oder nass wurde.

Tolja fuhr allein auf dem wendigen grünen Schneemobil, ich setzte mich rittlings hinter Sergej auf die lange Bank des schwarzen Yamaha. Schurik stand in Hundeschlittenführer-Positur auf den Trittbrettern des gelben Schlittens in unserem Schlepptau. Das war wohlüberlegt, denn wenn wir im tiefen Schnee ins Schleudern gerieten, konnten Schurik und ich hinunterspringen, schieben und den schwarzen Yamaha auf Kurs halten. Sergej, Schurik und ich fuhren voraus, Tolja hinter uns.

Heimlich, still und leise verließen wir Agsu. Die paar Dorfbewohner, die herauskamen, wie der unrasierte Russe und Loboda, der einarmige Jäger, wünschten uns alles Gute. Amplejew und die meisten Männer, die uns in den vergangenen Nächten als Gäste beehrt hatten, glänzten durch Abwesenheit.

Auf dem Weg nach Süden über den vereisten Fluss erkannte ich die Wälder wieder, die wir in den vergangenen Tagen erkundet hatten, die Stelle, an der Amplejew geangelt hatte, die mit der Kuhle, in der ich mich vor dem Wind geschützt hatte, und dann die, an der das Reh ertrunken war. Kurz danach fuhr Sergej – mit Schneebrille wie ich und tief ins Gesicht gezogener Kapuze – langsamer und drehte sich zu uns um. Die Eisoberfläche hier war uneben, an einem kleinen Kreis sah man, wo das Eis gebrochen und wieder überfroren war.

»Hier ist der Typ reingefallen, von dem sie euch in Agsu erzählt haben«, schrie Sergej, damit es auch Schurik weiter hinten hörte. »Das ist die Stelle.«

Aber weiter ging's.

Hin und wieder zeigte jemand auf das viele Wild, meist Rehwild, weniger Rotwild, das sich auf der aufgetauten südlichen Uferböschung ausruhte oder an den Spitzen frischer Sprossen knabberte. Es waren jedoch so viele Tiere, dass wir uns irgendwann gar nicht mehr darauf aufmerksam machten. Sie waren vollkommen ausgemergelt und ihre Haut, das verfilzte Fell, saß straff auf den Rippenbögen. Erschöpft von dem strengen Winter, flüchteten sie nicht – manche standen nicht einmal auf –, sondern ließen das seltsame, donnernde Spektakel, das wir boten, gleichgültig an sich vorbeiziehen. Diese Tiere waren am Ende einer Zeit angelangt, in der sie stetig schlimmer darbten, und hoffentlich wurden sie für ihr Durchhaltevermögen belohnt und retteten sich durch die bald wärmeren Tage, die kürzeren Nächte und den schmelzenden Schnee in den Frühling. Gott bewahre, dass sich Laikas so weit hier nach Süden verlaufen, dachte ich. Was für ein Gemetzel das geben würde!

Sergej bremste plötzlich, erhob sich und schaute lange nach vorn. Tolja hielt hinter uns. Ungefähr 50 Meter vor uns sahen wir offenes Wasser. Hellblauer Schneematsch schlängelte sich um die weiß davon abgehobene solide Eisfläche herum. Er mäanderte in engen Windungen, wurde breiter und bedeckte dann über ungefähr 500 Meter den Fluss von einem Ufer zum anderen. Dahinter sahen wir wieder festes Eis.

»*Naled*«, konstatierte Sergej, und Schurik und Tolja nickten zustimmend. Ich hatte keinen Schimmer, was das war, und hätte erst recht nicht gedacht, dass wir jetzt am besten Gas gaben und direkt hineinbretterten. Doch genau das taten wir. Tolja blieb zurück und wartete, bis er dran war.

Naleds (wörtlich »auf dem Eis«) treten hier an den Flüssen im späten Winter und frühen Frühling recht häufig auf. In den heiklen Monaten März und April, sozusagen zwischen den Jahreszeiten, verwandelt die Abfolge von warmen Tagen und Unter-null-Nächten die Oberfläche des Wassers in eine matschige Masse, das sogenannte Frazil-Eis. Wenn es kompakt wird und sinkt, bildet es flussabwärts Sperren, die die Strömung blockieren. Dadurch wiederum baut sich Druck auf, der das Gemisch aus Schneematsch und Frazil-Eis durch Spalten in der Oberfläche des Eises presst, wo es ungehindert mitschwimmt. Das Problem mit *naleds* ist, dass man ohne genaue Inspektion nicht weiß, wie dick die suppige Masse ist. Statt solidem Eis kann sich darunter frei fließendes Wasser verbergen. Wenn Letzteres jetzt der Fall war, rasten wir unweigerlich auf ein abruptes Ende unserer Expedition zu. Aus einem offenen, tiefen Flussabschnitt würden wir das Schneemobil nie herauskriegen.

Damals wusste ich von alldem nichts, nur dass wir auf etwas zudüsten, das augenscheinlich trübes Wasser war, und dass unser angehängter Schlitten sich darin rasch in einen schweren Anker verwandeln konnte. Wahrscheinlich gingen Sergej und die anderen davon aus, dass dieses *naled* nur ein paar Zentimeter dick war und wir weitgehend unbehelligt darüberfahren konnten. Doch als wir ins Wasser knallten und sofort allen Schwung verloren, war klar, dass wir in meterdicken Eismatsch geraten waren. Das Schneemobil krängte im Wasser, rülpste schwarze Auspuffgase aus, während unser Schlitten in den eisigen Morast sank, halb eingetaucht steckenblieb und nicht mehr weiterzubewegen war. So rasch wir konnten, banden wir ihn los. Ich folgte Schuriks Beispiel und sprang wie er in die dicke eisige Pampe. Mit den Füßen landete ich auf dem noch kompakten Eis darunter. Da meine Watstiefel nicht hoch genug waren, drang mir bald das wässrige Gematsche in die Hosen, schon sogen sich meine Strümpfe voll.

Wir schoben das Schneemobil mit unserer ganzen Kraft an, der Motor lief auf Hochtouren, und endlich hatten wir es in einem steilen Bogen zurück aufs nur ein paar Meter entfernte feste Eis befördert. Dann hakten wir den losgebundenen Schlitten wieder daran und konnten ihn mit dem Schneemobil freiziehen, weil es auf dem Eisboden genug Haftung fand.

In dieser ganzen hektischen Aktivität registrierte ich die Kälte erst einmal gar nicht. Doch von der Taille abwärts war ich klitschnass. Tolja, der bei diesem Abenteuer keinen Tropfen abgekriegt hatte, zündete am Ufer ein Feuer an, und Schurik und ich schlüpften in frische Klamotten und legten unsere triefenden Hosen und Stiefel zum Trocknen aus. Ich bedachte unsere Situation. Bis vor Kurzem war das alles solides Eis gewesen, aber nun, da es in den wärmeren Tagen Anfang April immer rascher schmolz, war der Fluss keine zuverlässige Wegstrecke mehr, jedenfalls nicht hier. Wir hatten auch bloß eine kleine Kostprobe von dem *naled* bekommen, jetzt sahen wir, dass es noch einen halben Kilometer länger war.

Schurik erkundete die Lage vom Ufer aus flussabwärts und berichtete bei seiner Rückkehr, dass das *naled* schließlich doch aufhörte. Die einzig realistische Vorgehensweise war, dass wir uns einen Weg durch den Wald freischlugen und daran vorbeifuhren. Das konnten wir auch mit einem gewissen Optimismus angehen, denn der Wald war ziemlich licht und bestand hauptsächlich aus Weiden. Schurik packte die Kettensäge aus, und nachdem wir unsere angetrockneten Stiefel wieder angezogen hatten, begannen wir, einen Pfad freizusägen. Sergej und Tolja folgten mit den Schneemobilen. Es ging langsam voran. Wo nötig, fällten wir sogar Bäume, aber wir schafften es tatsächlich wieder auf solides Eis weiter vorn auf dem Fluss.

Ungefähr 15 Kilometer nach dieser Stelle verlagerte sich die Samarga von einer Seite des Tals zur anderen, wir folgten ihr kurz nach Osten, an sich verzweigenden Nebenflüssen vorbei, und kamen dann an einen Felsvorsprung, der den Fluss zwang, erneut nach Süden abzubiegen. Nach der Kurve, auf einer Lichtung gegenüber einem sich hoch erhebenden Hang des Sichote-Alin-Gebirges, sah ich oben auf dem Westufer der Samarga zwei Holzgebäude. Das musste Wosnesenowka sein.

6

Tschepeljew

Was ich bei unserer Anfahrt auf Wosnesenowka sah, erstaunte mich sehr. Das uns nächste Gebäude war wahrscheinlich eine *banja*, eine russische Sauna, doch das zweite, etwa 50 Meter vom Ufer zurückversetzt, war insofern bemerkenswert, als es noch im Bau befindlich und zwei Stockwerke hoch war, wobei Letzteres in dieser Wildnis äußerst selten ist. Geradezu eine Villa von Hütte, die Wände aus sorgsam gehobelten Stämmen, rechtwinklig aneinandergefügt, Giebeldach, das an der nördlichen und der südliche Seite grün gestrichen und weit schräg nach unten gezogen war, damit Regen und Schnee vom Gebäude abgeleitet wurden. An den Hauptteil gen Norden gleich angebaut war ein Vorratsraum, an der Südseite eine Veranda mit dem Eingang zur Hütte. Bisher hatte ich in Russland meist nur Jagdhütten mit einem einzigen Raum gesehen, und es waren einstöckige, eher planlose Verhaue, aus dem Material erbaut, das man in der Not zusammengesammelt hatte. Hier aber hatte jemand erheblichen Zeitaufwand, Geld und Nachdenken investiert.

Das Flussufer direkt vor der Hütte war steilgefräst von der Wasserströmung und so hoch, dass man mit dem Schneemobil nicht hinauffahren konnte. Deshalb stellten wir unsere Fahrzeuge unten auf dem Eis des Flusses ab, begrüßten oben Tschepeljew, unseren Gastgeber, mit dem sich Sergej und Schurik vor ein paar Wochen in einer Hütte nördlich von Agsu sportlich gemessen hatten, und gingen dann wieder hinunter, um unsere Sachen nach oben zu tragen. Das Eis am Rand des Flusses war zwar geschmolzen und das Wasser floss ungestört dahin, aber die Eisschicht in der Mitte war noch dick, und so sahen wir kein Problem dabei, dort zu parken.

Nach oben führte eine Verbindung aus kompaktem Schnee, die Land und Flusseis wie eine Zugbrücke über einen Burggraben über das offene Samargawasser hinweg verband. Sie hatte sich wahrscheinlich vom ersten Schneefall an gebildet, als Tschepeljew über eine Schneewehe zum Fluss hinuntergegangen war und den entstehenden Pfad den ganzen Winter hindurch festgetrampelt hatte. Um diesen immer weiter komprimierten schmalen Weg war jetzt, kurz vor Frühlingsbeginn, der weichere Schnee geschmolzen und abgefallen, wodurch ein nicht eben unriskanter Bogen aus Eis übriggeblieben war. Als steile, enge Brücke war er durchaus einschüchternd, doch nach einigem Zögern kletterten wir hinauf, immer nur einer nach dem anderen. Der Fluss darunter war nicht tiefer als eineinhalb Meter und ich konnte bis auf den Kieselsteingrund sehen, obwohl das Wasser wild und stürmisch vorbeiströmte. Angesichts des steilen Ufers auf der einen Seite und der dicken Eisschicht auf der anderen würde es schwierig sein, sich aus dem Wasser zu befreien, wenn die Brücke zerbrach oder man das Gleichgewicht verlor.

Wieder auf sicherem Land lief ich oben die etwa 50 Meter zum Haus, wo auf der Veranda alle möglichen Vorräte gestapelt waren. Auch innen war das Haus ein *work in progress*. Unmittelbar zu meiner Rechten, vorbei an der Diele, war eine kleine Toilette, deren Tür aber noch nicht eingehängt war, und das Klosett selbst war noch in Schutzfolie verpackt. Von all den Überraschungen, auf die ich in diesem Haus stieß, und es sollten noch viele werden, staunte ich vielleicht am meisten darüber. Selbst die Häuser in Ternei – immerhin das Verwaltungszentrum des Rajons Terneiski – hatten keine Innentoiletten, sondern Plumpsklos draußen. Ja, dieses Innenklo war wahrscheinlich das einzige in einem Umkreis von mehreren hundert Kilometern, und es in der Hütte eines Einsiedlers am Ufer der Samarga zu finden, war vollkommen unvermutet. Hinter der Toilette ging von der Diele eine bescheidene Küche ab. Töpfe, Becher und ein Fleischwolf hingen an Nägeln, die in eine Wand aus glattgehobelten Brettern geschlagen waren; zum Trocknen ausgelegte Strümpfe und Stiefel besetzten jeden freien Platz am Holzofen. Ein großes Fenster beherrschte die Ostwand, man sah den Fluss, unsere Schneemobile und dahinter das Gebirge. Durch einen weiten Türbogen ging man von der Küche ins Wohnzimmer, in dem keinerlei Möbel standen, aber mehrere Ikonen mit russisch-orthodoxen Heiligen die Wände zierten. In der Ecke befand sich ein Kamin – eine weitere Seltenheit in einem Land, in dem man den viel effizienteren Holzofen vorzieht –, und eine steile Treppe führte ins zweite Stockwerk.

Wiktor Tschepeljew saß mit dem Rücken zu mir in der Küche auf einem niedrigen Hocker am Ofen, wo er mit einem Jagdmesser Kartoffeln schälte und viertelte. Er trug nichts als lange Unterhosen und Hausschlappen, war gedrungen, aber schlank, hatte ordentliche Muskeln unter rauer Haut und zotteliges, schulterlanges Haar. Schwer zu sagen, wie alt er war – Ende fünfzig vielleicht? Als er sich umdrehte, fiel mir seine frappierende Ähnlichkeit mit Neil Young auf.

»Dann bist du also der Amerikaner«, sagte er und blickte vom Kartoffelhaufen auf. Ich nickte.

So richtig hieß er mich nicht willkommen. Er misstraute mir, und es sollte Tage dauern, bis ich den Grund dafür verstand.

Wir schleppten leicht verderbliche und persönliche Dinge über die Eisbrücke hoch, und ließen alles, was wir nicht unmittelbar brauchten, unten: Skier, Kettensäge, Eisbohrer und Benzin. Tschepeljew schüttete die geschälten Kartoffeln in einen Topf kochendes Wasser, dann stellte er sich in seinen langen Unterhosen draußen hin und sah uns zu, wie wir die Eisbrücke hochwankten, beladen mit Rucksäcken und Pappkartons umklammernd, die von der Reise durchweicht waren und zu reißen drohten.

Drinnen entfaltete sich hektische Betriebsamkeit. Wir packten Essen aus und suchten und fanden sogar Dinge, die wir bei unserer hastigen Abfahrt aus Agsu verkramt hatten. Als ich Tschepeljew fragte, ob ich mich mal im oberen Stockwerk umsehen dürfte, nickte er durchaus zustimmend. Auf den merkwürdigen Anblick, der sich mir dort bot, war ich nicht gefasst: Der zweite Stock bestand aus einem einzigen Zimmer, ebenfalls karg möbliert, aber dominiert von einer großen, vierseitigen Sperrholzpyramide, die quer in der Mitte stand. Auf der einen Seite befand sich eine Klapptür, durch die ich Bettzeug erkennen konnte. Tschepeljew schlief in einer Pyramide! Neben seinem Kopfkissen stand ein Metallbecher mit einer Flüssigkeit. Vorsichtig hob ich ihn hoch und schnüffelte daran, roch aber mit Erleichterung, dass es Wasser sein musste. Aus irgendeinem Grund hatte ich befürchtet, es sei Urin. Dann ging ich wieder hinunter.

Alle waren in der Küche mit den letzten Vorbereitungen fürs Abendessen beschäftigt. Tschepeljew rührte in dem Eintopf aus Kartoffeln und Wildschweinfleisch und hörte den Neuigkeiten aus Agsu zu, die ihm Sergej am Ofen sitzend und rauchend erzählte. Tolja kramte Teller und Löffel aus den mit hereingebrachten Kisten, und Schurik schnitt das frische Brot auf, das wir in Agsu gekauft hatten. Ich fragte Tschepeljew, warum er in der Pyramide schlafe.

»Schon mal was von Energie gehört?«, erwiderte er und schaute die anderen an, als sei ich nicht recht bei Trost. Die Lehre von der Pyramidenenergie, eine durchaus populäre Pseudowissenschaft in Westrussland, die verspricht, alles zu verbessern, vom Geschmack des Essens zu körperlichem Befinden, war offenbar bis in die Wälder des russischen Fernen Ostens vorgedrungen.

Als Tschepeljew den Eintopf mit der Schöpfkelle in hungrig hingestreckte Schüsseln häufte, holte Tolja aus dem Vorraum zwei Flaschen Wodka und stellte sie auf den Tisch. Sergej biss die Zähne zusammen; Schurik leckte sich über die Lippen. Nach dem Essen tranken Tschepeljew, Sergej und Schurik Wodka und frönten dem Armdrücken, Tolja und ich legten unsere Schlafmatten hintereinander im Wohnzimmer aus.

Nach einem Frühstück aus Hirsebrei und Instantkaffee zog ich schnell die Stiefel an, setzte die Mütze auf und eilte im frühen Morgenlicht zum Plumpsklo. Der kurze Pfad dorthin bog kurz vor der *banja* ab. Auf dem Berg auf der anderen Seite des Flusses bemerkte ich eine Bewegung, blieb stehen und erkannte die dunklen, sich vor dem Schnee deutlich abzeichnenden Konturen eines Wildschweins, das sich schräg den Hang hinunter durch die Bäume schob. Diese Tiere haben kurze Beine, die einen schweren Körper tragen müssen, und können daher nicht wie Rotwild durch den Schnee staksen. Das Exemplar auf der anderen Seite pflügte sich durch wie ein Eisbrecher, der in einem gefrorenen Ozean eine Strecke aufreißt.

Auf dem Weg zurück zur Hütte bemerkte ich einen kleinen Schuppen dahinter, und magisch angezogen nach den lohnenden Blicken im Haus, schaute ich hier ebenfalls mal genauer nach. Auch dieser Schuppen enttäuschte mich nicht. Drinnen hingen Reihe um Reihe von ... hm, von irgendwas, von dem ich nicht wusste, was es war. Mehrere Dutzend bräunlich-hellbraune Dinger, jedes etwa 20 Zentimeter lang und dürr wie vertrocknete Finger, waren an einem kurzen Seil sorgfältig wie zum Trocknen aufgehängt. Ich hatte nicht nur keine Ahnung, was das war, sondern auch nicht, warum Tschepeljew so viel davon brauchte.

Später am Morgen brachen wir wie üblich auf. Wir stiegen über die Eisbrücke hinunter, hakten die Schlitten aus und fuhren derart entlastet mit den Schneemobilen los. Da wir Agsu ein wenig vorzeitig verlassen hatten, fuhren Sergej und ich wieder ein Stück zurück nach Norden, um ein Geflecht von Nebenflüssen zu untersuchen, unweit von dort, wo die Saami sich mit der Samarga vereinigte, etwa fünf Kilometer von Wosnesenowka entfernt. Tolja und Schurik blieben dichter an unserem Standort. Als Sergej und ich durch den Wald wanderten, fragte ich ihn, ob er irgendetwas über die Geschichte von Tschepeljew wisse und wie der wohl seine Hütte finanziere. Sergejs Antwort bestand aus einem Wort und machte alles viel klarer: »Ratimir.«

Das war eine der größten Fleischfirmen in der Provinz. Sergej erklärte, dass das Land an der Samarga, auf dem Tschepeljew lebte, an Alexander Trusch verpachtet sei – ein Wurstmagnat und einer der Gründer von Ratimir –, und Tschepeljew die Jagdpacht verwaltete. Der Wurstmagnat besaß einen Hubschrauber – mit dem er zwei Jahre später tödlich abstürzen sollte –, was erklärte, warum Tschepeljew solche Luxusartikel wie eine Toilette und einen Gasherd an diesen entlegenen Ort transportieren konnte. Der Name Ratimir erklärte auch die mysteriösen Dinger im Schuppen, die Sergej ebenfalls gesehen hatte.

»Rotwildpenisse«, sagte er. »Die stammen ja nur von den männlichen erlegten Tieren – wie viele sie insgesamt geschossen haben, mag ich mir gar nicht vorstellen.«

»Aber was macht er damit?«

»Danach habe ich ihn gefragt. Er weicht sie in Alkohol ein, und trinkt das Gebräu für seine Virilität.«

Am späten Nachmittag kehrten wir nach Wosnesenowka zurück. Enttäuscht. Wir hatten keine einzige Spur eines Riesenfischuhus gefunden. Ob ich auf dieser Expedition überhaupt irgendwelche nützlichen Informationen bekam? Oder vergeudete ich nur Fördergelder, während das Team Äthanol schluckte? Würde ich überhaupt Riesenfischuhus für meine Studienpopulation finden? Für die Dissertation, wie geplant, gleich mehrere Riesenfischuhus zu fangen, kam mir mittlerweile völlig unrealistisch vor – ich hatte bisher noch nicht mal einen *gesehen* – und mein Vorhaben, ein Schutzprogramm für die Vögel zu entwickeln, vermessen. Neuen Mut fasste ich, als Tolja und Schurik zurückkamen und erzählten, sie hätten ein paar alte Spuren an einem Nebenfluss nördlich von Wosnesenowka entdeckt. Damit ich ein besseres Gespür dafür entwickelte, an welchen Orten die Riesenfischuhus jagten, sollte ich mir das Gebiet mit Tolja am nächsten Tag genauer ansehen.

Als Tschepeljew verkündete, die *banja* werde angeheizt, verzichtete Tolja, aber wir anderen nutzten die Gelegenheit gern, uns im Dampfbad zu aalen. Den Respekt eines russischen Mannes gewinnt man zuverlässig auf zweierlei Arten. Entweder kippt man literweise Wodka und schließt mit der Ehrlichkeit der Betrunkenen ewige Freundschaft, oder man wetteifert in der *banja*, wer es länger aushält. Mit russischen Männern und ihrem Alkoholkonsum mitzuhalten, hatte ich schon lange aufgegeben, aber im Dampfbad konnte ich es zu dieser Zeit allemal mit ihnen aufnehmen.

Wir zogen uns aus, gingen gebückt in den niedrigen, engen Dampfraum und quetschten uns nebeneinander auf die kurze Bank. Das einzige Licht innen, ein unregelmäßiges Schimmern an den Rändern der Ofentür entlang, spiegelte sich im Gold in den grimassierenden Mündern meiner Gefährten. Tschepeljew gönnte uns einen kurzen Moment der Akklimatisierung, dann beugte er sich vor, schöpfte eine Kelle mit von eingeweichten Eichenblättern dunkel verfärbtem Wasser und schüttete es über die Steine um den Ofen. Es zischte gewaltig, ein erdig nach Eiche duftender, intensiver Hitzeschwall quoll durch den Raum und ließ sich schwer auf uns nieder. Schurik war schon die erste Salve zu viel, fluchend verschwand er und schloss die Tür hinter sich. Weitere Kellen Wasser folgten, eine nach der anderen. Standhaft blieben Tschepeljew und ich sitzen, schwiegen, atmeten, warteten auf den nächsten Schwall.

Unser Gastgeber ließ mich die ganze Zeit über nicht aus dem Auge; offenbar erwartete er, dass ich vor der großen Hitze entfleuchte oder das Ritual sonst wie vermasselte. Als ich schließlich nackt und dampfend auf den eisigen Platz vor der *banja* trat, spürte ich, wie er mich immer noch beobachtete. Ob er überrascht war, dass ich es klaglos so lange ausgehalten und nicht kapituliert hatte? Wäre ich allein gewesen, hätte ich mich erst einmal ruhig hingestellt und die Stille der Nacht und meine einstweilige Unempfindlichkeit gegen die Eiseskälte genossen, aber ich nahm ein paar Handvoll Schnee und rieb mir damit Gesicht, Nacken und Brust kräftig ab. Tschepeljew nickte anerkennend. »Du bist mir ein komischer Amerikaner«, sagte er. »Du weißt ja sogar, was man in der *banja* macht.«

Nachdem wir den Zyklus von konzentriertem Dampf und kurzen Pausen mehr als eine Stunde lang wiederholt hatten, wuschen wir uns und gingen zurück in die Hütte, aßen zu Abend und legten uns schlafen. Am nächsten Tag sollte ich meine ersten Riesenfischuhu-Spuren sehen.

7

Die Wasser kommen

Früh am nächsten Morgen goss die aufgehende Sonne Gold über die Sichote-Alin-Berge. Tolja wollte unbedingt mehr Hinterlassenschaften von Uhus finden, während ich besonders erpicht darauf war, ihre Abdrücke im Schnee zu finden – ich wusste nur, dass sie wie der Buchstabe *K* aussehen. Ich bildete ein Team mit Tolja; Sergej und Schurik wollten mit dem schwarzen Yamaha nach Süden in das verlassene Dorf Unti fahren. Die Eisbrücke schien seit dem Vortag ein wenig schmaler geworden zu sein, krachte aber, als wir hinuntergingen, nicht unter uns zusammen. Weit hatten Tolja und ich es nicht, der Nebenfluss, zu dem er mich führte, war nur eineinhalb Kilometer flussaufwärts. Wir parkten das Schneemobil auf dem Eis des Hauptflusslaufs und stapften auf Skiern an den schneebedeckten Rändern des großteils offenen, daherfließenden Nebenflusses entlang. Eher noch war es ein flacher Bach, dessen klares Wasser über ein Kiesbett mit einzelnen Felsbrocken blubberte. Wie das Flussufer zu beiden Seiten waren die Felsbrocken dick mit Schnee bedeckt und wirkten viel größer, als sie waren.

Plötzlich blieb Tolja kaum 200 Meter von dort, wo wir aufgebrochen waren, stocksteif stehen.

»Frische Spuren!«, flüsterte er und zeigte mit seiner Eisstange aufgeregt flussaufwärts.

Sie waren riesig – so groß wie meine Handfläche – der Vogel, der diese Spuren hinterlassen hatte, musste massig sein. Vom rechten Fuß gab es einen Abdruck, der aussah, wie der Buchstabe *K*, der linke Abdruck war spiegelbildlich. Man nimmt an, dass die Anordnung der Zehen einem Riesenfischuhu – ähnlich wie dem Fischadler – hilft, seine im Wasser lebende, sich windende Beute besser zu packen. Im nächtlichen Frost hatte sich eine Kruste auf dem tiefen Schnee gebildet, die dem Gewicht des Vogels zwar standgehalten, doch so weit nachgegeben hatte, dass scharfe, klare Abdrücke auf der glitzernden Oberfläche entstanden waren. Der Uhu war offenbar in aller Ruhe dort entlangspaziert, jeder Zehenballen deutlich abgebildet, und die beiden hinteren Krallen hatten Linien in den Schnee gekratzt, wie ein gestiefelt und gespornter Cowboy mit seinen Sporen Linien in den Rodeosand zieht. Die Sonne funkelte in den Abdrücken, sie waren wie Kratzer auf einem weithin glitzernden Diamantenfeld. Es war wunderschön, und ich fühlte mich fast wie ein Voyeur. Der Uhu war in Dunkelheit und Stille hier gewesen, doch den Beweis dafür im Schnee konnte ich bestaunen.

Tolja war hocherfreut und machte seine Kamera schussbereit, bevor die makellosen Spuren unserer Entdeckung verschwanden. Solche vollkommenen hatte er noch nie gesehen. Sehr bald, vielleicht binnen einer Stunde, würden sie in der Sonne aufweichen und Einzelheiten nicht mehr zu erkennen sein.

Riesenfischuhus jagen normalerweise allein. Paare manchmal nicht weit voneinander entfernt, aber wie Menschen auch, haben sie ihre Vorlieben. Der eine Vogel mag vielleicht eine bestimmte Biegung im Fluss, ein anderer eine bestimmte seichte Stelle. Wenn das Weibchen ans Nest gebunden ist – ein Ei ausbrütet oder einen Jungvogel warm hält –, jagt das Männchen für beide und bringt ihm, sooft es kann, frischen Frisch oder Frösche.

Wir folgten den Spuren flussaufwärts und sahen, wo der Uhu innegehalten und sich, vielleicht weil er einem Fisch auflauern wollte, drohend über dem Wasser aufgebaut hatte. Wir sahen auch, wo er ins Flache gewatet sein musste. Im Wasser selbst gab es keinerlei Spuren. Ungefähr eineinhalb Kilometer gingen wir weiter flussaufwärts, fanden aber nichts mehr. Dann folgten wir einem kleineren Nebenfluss, der uns zurück zur Samarga bringen würde, etwas weiter oben als dort, wo wir das Schneemobil gelassen hatten.

Ein paar Meter, bevor wir den Nebenfluss erreichten, sahen wir noch riesigere Abdrücke, hier hatte sich offenbar jemand zielgerichtet und geduldig flussaufwärts bewegt. Seine Spuren kreuzten eine Skispur, führten die Uferböschung hinauf und verschwanden im Wald. Ein Tiger.

»Ich war gestern Abend hier«, flüsterte Tolja, die Skispuren seien von ihm. »Die Tigerspuren waren gestern noch nicht da.«

Wie faszinierend, dachte ich, ein Ort, wo innerhalb von Stunden Menschen, Amurtiger und Riesenfischuhus aneinander vorbeigehen. Wegen des

Tigers machte ich mir keine Sorgen. Ich hatte jahrelang in ihrem Lebensbereich gearbeitet und vertraute darauf, dass sie, wenn man ihnen mit Respekt begegnet, für den Menschen harmlos sind. Natürlich so harmlos, wie ein mächtiges Raubtier für den Menschen sein kann. Der Name Sibirischer Tiger ist übrigens falsch. Im eigentlichen Sibirien gibt es keine Tiger. Da allerdings im Stromgebiet des Amur welche leben, östlich von Sibirien, trifft der Name Amurtiger genau zu.

Als wir am Spätnachmittag nach Wosnesenowka zurückkehrten, hackte Tschepeljew draußen Holz – wie üblich in langen Unterhosen, Stiefeln und leichtem Wollhemd. Er unterbrach seine Arbeit und fragte, ob wir Erfolg gehabt hätten. Stolz beschrieb Tolja die Spuren, schilderte den Gang des Vogels den Fluss entlang in allen Einzelheiten und bildete mit den Handflächen nach außen, Daumen abgespreizt, ein Viereck, um zu demonstrieren, wie er manche seiner Fotos gestaltet hatte. Tschepeljew hörte höflich zu, war aber vollkommen desinteressiert. Dann erwähnte Tolja die Tigerspuren.

»Garantiert auch ganz frisch«, sagte Tolja gedehnt. »Sonst hätte ich sie gestern gesehen.«

Tschepeljew stellte das Beil ab.

»Verdammte Tiger«, grummelte er und ging in die Hütte. Sein Holzstapel, Tolja und die Riesenfischuhus waren vergessen.

Ein paar Minuten später kam er wieder heraus, weiterhin in langen Unterhosen und Stiefeln, aber mit Mantel und Pelzmütze, in der Hand ein Gewehr. Er sprang auf seinen Traktor, ein uraltes, verrostetes Klappergefährt, und ließ den Motor an, während er voller Abscheu den Rand des Waldes beäugte. Im Fernen Osten Russlands halten manche Leute Tiger lediglich für umherstreunende Vielfraße, die mit ihrem unstillbaren Appetit die Rotwild- und Wildschweinbestände dezimieren. Jäger, die für ihren Lebensunterhalt vollkommen auf den Wald angewiesen sind, fühlen sich von den Großkatzen bedroht und finden, sie gehörten, kaum dass man sie sieht, auf der Stelle erschossen. Jüngste wissenschaftliche Daten zeigen, dass Amurtiger normalerweise ein Tier in der Woche erlegen, und da sie sehr weit voneinander entfernt leben (in riesigen Aufenthaltsräumen von 400 bis 1400 Quadratkilometern), richten sie in den Hoch- und Schwarzwildpopulationen keineswegs merklichen Schaden an. Die wahren Schuldigen für die fallenden Zahlen der Huftiere sind menschliches Überjagen und die Zerstörung der Lebensräume. Aber Tiger kann man leicht zu Sündenböcken machen, und Menschen mit einem so harten Leben von ihren fest gefassten Meinungen abzubringen, ist schwer, da mögen die statistischen Daten noch so unanfechtbar sein.

Tschepeljew kniff unter seiner Pelzmütze die Augen zusammen, suchte den Horizont ab und ratterte mit dem Traktor auf den ausgefahrenen, nach Norden zu den Wäldern führenden Pfad. Die eine Hand hatte er am ruckelnden Steuerrad, in der anderen das Gewehr. Der Anblick war eine Parodie auf eine koloniale Tigerjagd im Kaiserreich Indien: Edward VIII. thront auf dem Rücken eines Elefanten und »jagt« die schwer zu fassende Beute. Hier ritt nur ein exzentrischer Russe in Unterwäsche auf einem keuchenden Traktor, doch sein Stahlelefant war beileibe nicht die fahrende Festung, für die er ihn hielt. Bei einer von nur einer Handvoll Tigerattacken auf Menschen im 20. Jahrhundert in Russland hatte nämlich ein Tiger einen Bauern eben mal so von seinem Traktor gezogen und ihn getötet.

Tschepeljew kam etwa eine Stunde später zurück, immer noch aufgebracht. Er hatte die Spuren gesehen und daraus geschlossen, dass der Tiger frühmorgens weiter nach Norden gezogen war, wo er, Tschepeljew, aber mit seinem Traktor nicht hinkam. Ich wiederum hatte mir nicht allzu große Sorgen gemacht, dass er ihn wirklich finden würde. Die Tiger hier wissen, wie man Menschen aus dem Wege geht, und werden normalerweise nur gefangen, wenn man sie überrascht. Den auf seiner antiquierten landwirtschaftlichen Maschine daherknatternden Tschepeljew hörte man schon von Weitem. Mit Glück würde das Raubtier einen großen Bogen um die Menschen machen, doch der Versuchung unzähliger geschwächter Beutetiere am Fluss entlang vermochte es vielleicht nicht zu widerstehen und würde dabei ständig in die Nähe seiner mitleidlosen Feinde in Agsu geraten. Wenn ein lautloser Jäger es sah, einer, der zu Fuß unterwegs war, mochte die Begegnung tödlich enden. Tatsächlich lebten Tiger an der Samarga eher nicht lange.

Allmählich wurde es dunkel, und Tolja und ich, immer noch begeistert wegen unserer Riesenfischuhu-Spuren, schnallten uns in der Hoffnung, einen Ruf zu hören, anhand dessen wir bestimmen konnten, ob das Revier von einem Paar oder nur einem Vogel bewohnt war, die Skier wieder an und glitten langsam flussaufwärts. Wenige hundert Meter vor dem Nebenfluss fiel in der Dämmerung plötzlich eine massige Gestalt aus einem Baum. Trotz des schwindenden Lichts zeichnete sie sich vor der gefrorenen Oberfläche des Flusses nahe der Felswand gegenüber der Mündung des Nebenflusses deutlich ab. Ich hatte schon Uhus im Dämmerlicht gesehen, deshalb wusste ich sofort, dass das hier einer war. Nur, dass er größer war als alle, die ich bisher zu Gesicht bekommen hatte. Es war ein Riesenfischuhu – mir stockte der Atem, als mir das klar wurde. Der Vogel machte keine unnötige Bewegung, er schwebte mit weit ausgebreiteten Flügeln, Kopf nach unten gerichtet, über das Wasser und verschwand über den Nebenfluss aufwärts, wo er in der Nacht zuvor gejagt hatte. Tolja und ich schauten uns an und grinsten. Wir hatten nur die Silhouette gesehen, aber es fühlte sich an wie ein Sieg. Wenn man bedachte, von welcher Stelle der Vogel losgeflogen war, hatte er unser Näherkommen wahrscheinlich die ganze Zeit über beobachtet. Da wir ihn nicht weiter stören wollten, blieben wir stehen und warteten eine Weile auf Rufe, hörten aber nichts. Wir schlidderten flussabwärts zurück nach Wosnesenowka, wo auch Sergej und Schurik, nicht minder siegestrunken, bald eintrafen. Sie hatten in der Nähe von Unti ein Fischuhuduett gehört. Die Entfernung zu der Stelle, wo Tolja und ich den Vogel gesichtet hatten, betrug ungefähr vier Kilometer – für einen Riesenfischuhu nicht weit –, aber unsere Entdeckungen waren fast zeitgleich erfolgt, woraus wir schlossen, dass wir Vögel aus zwei verschiedenen Revieren begegnet waren und Wosnesenowka die Trennlinie zwischen ihnen markierte.

Tschepeljew war noch immer gereizt, und das blieb so bis zum Abendessen. Vielleicht wurde er auch einfach unserer Gesellschaft überdrüssig. Ein dreitägiger Besuch von vier Fremden kann für jemanden, der an Einsamkeit gewöhnt ist, durchaus anstrengend sein. Gegen Ende der zweiten Flasche Wodka klagte er über die »homosexuell-jüdische Verschwörung« in Moskau, die schleichend und unmerklich die russische Kultur und Gesellschaft und deren Werte zersetze und westliche etablieren wolle. Endlich begriff ich, woher seine eisige Haltung mir gegenüber kam. Seine paranoiden Vorstellungen erinnerten mich an den Roman *Clockwork Orange* von Anthony Burgess, in dem der postmoderne, korrupte und von Gewalt beherrschte Westen sowohl ideologisch als auch sprachlich von der Sowjetunion beeinflusst wird. (Burgess erfand sogar eine Sprache, das »Nadsat«, ein mit russischen Wörtern durchsetztes Englisch.) Nun war das Gegenteil eingetreten. Der Einfluss des Russischen war global geringer geworden, englische Wörter waren im russischen Wortschatz mittlerweile gang und gäbe, und westliche Ideale breiteten sich in der russischen Kultur aus, was jemanden wie Tschepeljew alarmierte und verbitterte.

Schurik wechselte das Thema und fragte ihn, ob er an diesem wunderschönen Ort eigentlich gern mit jemandem zusammen leben würde. Einer Frau, vielleicht.

»Ein paar Monate lang hat eine Frau hier mit mir gelebt.« Bei der Erinnerung daran schüttelte Tschepeljew den Kopf. »Aber ich habe sie rausgeschmissen. Sie hat in der *banja* viel zu viel Wasser verbraucht.«

Ich fand es sehr interessant, dass er zur Stärkung seiner Männlichkeit Rotwildpenisse aß, aber Beziehungen scheute. Sergejs Blick wiederum schoss zum Fenster, als wolle er die paar Meter Entfernung zwischen der *banja* zur Samarga messen, der größten Süßwasserquelle im Norden der Primorje. Aber er sagte nichts, und Tschepeljew fuhr fort:

»Wozu braucht man so viel Wasser in der *banja*? Es gibt sowieso nur drei wichtige Stellen, die man gelegentlich abspülen muss.« Er fuhr sich kurz an die Leistengegend und in die Achselhöhlen. »Alles andere ist nichts als pure Eitelkeit. Ich hab sie zur Küste geschickt, als ein Schiff vorbeikam.«

Nachdem Tschepeljew sich weitschweifig zum Untergang des russischen Mannes und zu weiblicher Eitelkeit ausgelassen hatte, richtete sich sein Missvergnügen gegen das Geschehen vor Ort. Es ärgerte ihn, dass wir erst jetzt zur Untersuchung einer gefährdeten Art an der Samarga waren. Er wusste, dass wir Riesenfischuhus suchten, um sie vor der Abholzung ihrer Wälder zu schützen, und erzählte von anderen Gruppen von Biologen, die mit dem gleichen Ziel hier durchgezogen waren. Die einen hatten Lachse gezählt, die anderen Tiger gesucht.

»Wo wart ihr vor fünf Jahren?«, schäumte er, und schlug so fest mit der flachen Hand auf den Tisch, dass das Restchen Wodka in der Flasche schwappte. »Wo wart ihr letztes Jahr? Als die Samarga euch wirklich gebraucht hätte! Hier wird bald auch abgeholzt. Jetzt ist es zu spät.«

Aus dem anderen Zimmer kamen Geräusche von rufenden Fischuhus. Tolja hatte seine Videokamera an den Fernseher angeschlossen und betrachtete noch einmal einiges von dem Filmmaterial, das er in der Umgebung eines Riesenfischuhu-Nests aufgenommen hatte, bevor ich in Agsu zu der Gruppe gestoßen war. Weil Tschepeljew und wir anderen das auch sehen wollten, setzten wir uns ohne Hemd und in langen Unterhosen auf den Boden und betrachteten schweigend die unscharfen, rufenden Schattengestalten auf dem kleinen Bildschirm. Es sollte einer unserer letzten Abende am Ufer der Samarga sein.

Am nächsten Morgen wollten Sergej und Schurik die Uhuspuren anschauen, die wir am Vortag gesichtet hatten, während Tolja und ich mit dem kleinen Schneemobil nach Süden fuhren, um ein Netzwerk von Flussarmen nach Zeichen des Paares aus Unti abzusuchen, das Sergej und Schurik am Abend zuvor gehört hatten. Wir hatten keinen Erfolg. Als wir uns bei unserer Rückkehr Wosnesenowka näherten, parkte der schwarze Yamaha schon neben den beiden Schlitten. Tolja stoppte das Schneemobil, und wir stiegen ab, hielten dann aber jäh inne und starrten dorthin, wo nur wenige Stunden zuvor noch die Eisbrücke gewesen war. Einen Moment lang befürchtete ich, dass Sergej und Schurik mit ihr abgestürzt waren, doch da kam Schurik schon aus der Hütte und bedeutete uns durch Gesten, wir sollten ihren Spuren ungefähr 100 Meter nach links folgen, den Graben umrunden und dann die Uferböschung hochklettern. Wir kamen an der *banja* heraus und folgten dem Pfad bis zur Hütte.

Drinnen sah ich, dass auch Sergej und Schurik wegen des Verschwindens der Brücke genervt waren. Schurik tat es mit einem Lachen ab, aber sein Blick war besorgt. Er erzählte uns, dass er und Sergej viele, viele Rehe, Hirsche und Wildschweine im Wald gesehen und sich sogar neben einen Rothirsch und ein Reh gestellt hatten, die Tiere seien schlicht zu erschöpft gewesen, um in dem tiefen Schnee wegzulaufen. Auf der Fahrt flussabwärts zurück nach Wosnesenowka waren Eisplatten geborsten und hinter dem Schneemobil in die Samarga gerutscht.

»Eigentlich bin ich richtig überrascht, dass ihr noch hier seid«, ließ sich Tschepeljew vernehmen, der am Holzofen saß, einen Becher heißen schwarzen Tee in Händen. »Ich an eurer Stelle wäre schon vor zwei Tagen gefahren. Jetzt schafft ihr es vielleicht nicht mehr.«

War die eingestürzte Eisbrücke symptomatisch dafür, dass wir nicht nur die Gastfreundschaft Tschepeljews überstrapaziert hatten, sondern auch die des Winters? In Windeseile sammelten wir unsere Sachen ein, damit wir mit dem ersten Morgenlicht zur Küste aufbrechen konnten. Ob das Eis flussabwärts noch dick genug war, um das Gewicht unserer schweren Schneemobile und Schlitten zu tragen, wussten wir nicht. Wir schleppten außer unseren Schlafsäcken und Matten und den entbehrlichen Essensvorräten (die wir Tschepeljew daließen) alles hinunter zu den Schlitten. Wegen des Umwegs dauerte es viermal so lange. Zum Schluss stellten sich Tolja und Schurik neben die Schlitten, Sergej und ich warfen ihnen über den Graben zu, was möglich war, und sie verpackten es. Das Dorf Samarga zu erreichen, war nun unser einziges, wichtigstes Ziel. Jetzt »zwischen den Jahreszeiten« konnten wir es nicht riskieren, am Fluss hängen zu bleiben. Nur wenn wir die sichere Küste erreichten, konnten wir unsere Untersuchungen zu den Riesenfischuhus überhaupt erst wieder aufnehmen.

8

Der Ritt über das letzte Eis zur Küste

Die Sonne krönte die Gebirgskette im Osten, wir standen mit laufendem Motor auf dem Eis. Es war der siebte April, und der starke Frost der vergangenen Nacht versprach wenigstens, dass das Eis zunächst einmal halten würde. Tschepeljew hatte uns mit einem reichhaltigen Frühstück aus gedünsteten Zwiebeln und gewürfeltem Hirschfleisch auf Reis verköstigt, das wir mit Instantkaffee samt dem letzten Rest unserer *Sguschonka* heruntergespült hatten. Die gesüßte Kondensmilch in den flachen blauen Dosen wird von den Russen mit ungebremstem Enthusiasmus konsumiert. Vielleicht in dem Wissen, dass wir, weil er so abgelegen residierte, nie zurückkehren würden, sagte Tschepeljew, sein Haus stehe uns jederzeit offen. Nach ein paar Abschiedsworten und manch festem Händedruck wünschte er uns viel Glück. Tolja steuerte wieder das grüne Schneemobil, Schurik saß rittlings auf der Sitzbank hinter Sergej auf dem großen Yamaha. Ich stellte mich auf die breiten Trittbretter des daran befestigten gelben Schlittens und fuhr im Stehen. Beim Umdrehen sah ich Wosnesenowka hinter uns verschwinden.

Mit dem Weg schien es keine Probleme zu geben, doch in Anbetracht der weggebrochenen Eisbrücke und der für die Jahreszeit typischen *naleds* wussten wir erst dann, wie weit wir es schaffen würden, wenn wir auf ein Hindernis stießen. An ein *naled* kamen wir gleich, nachdem wir Wosnesenowka verlassen hatten, und zwar in einem Abschnitt des Flusses, den Tolja und ich erst zwölf Stunden zuvor mühelos überquert hatten. Aber inzwischen hatte sich ein 30 Meter langer Streifen wadentiefer Schneematsch gebildet und blockierte unseren Weg. Sergej stieg ab und kam nach genauerer Inspektion zu dem Schluss, dass der rechte Schneid und rohe Gewalt genügen würden, um hinüberzugelangen, und mit Karacho, hochgezogenen Schultern und zusammengebissenen Zähnen rasten wir darauf zu.

»Wasser, wir kommen!«, schrie Sergej durch den kreischenden Motorenlärm.

Ich klammerte mich fester an den Schlitten, als wir in das *naled* rasten. Die hintere Schiene des Schneemobils grub sich in das suppige Eis und katapultierte mir einen Schwall schweren Schneematschs auf Brust und Gesicht, der mich traf wie eine schallende Ohrfeige. Ob Schurik mir deshalb unbedingt seinen Platz auf dem Schlitten überlassen wollte? Als wir das letzte Mal ein *naled* passiert hatten, war er wahrscheinlich ähnlich durchnässt worden, aber ich in meiner Panik hatte es nicht bemerkt.

»Schiebt!«, brüllte Sergej, ohne zurückzuschauen, und gab weiter Gas.

Schurik und ich sprangen ab und versanken in dem eisigen Schneematsch. Ich packte hinten am Schlitten an und schob ihn mit aller Kraft vorwärts. Was tat es, dass Wasser und Eis wieder in meine Watstiefel drangen und mir langsam Hose und Strümpfe durchnässten. Sergej bellte Kommandos wie ein Bootsführer, glitt von der Sitzbank und schob nun selber auch, gab mit einer Hand aber weiter Gas. Mit voller Wucht landeten wir auf der anderen Seite des *naled*, wo die sich drehende Gummikette auf dem festen Eis sofort Halt fand – wir waren in Sicherheit. Tolja, sah ich beim Zurückschauen, fräste sich mit seiner leichteren Last ohne große Probleme durch das *naled*. Wir hielten nicht an, um trockene Klamotten anzuziehen oder wenigstens selbst ein bisschen zu trocknen, und meine klatschnassen Wollsocken blieben mir unangenehm an den Füßen kleben. Wir hatten eine sich schon bald als berechtigt erweisende Angst, auf weitere *naleds* zu stoßen, und konnten uns den Luxus einer Pause nicht erlauben.

Von hier floss die Samarga nach Südwesten bis zur Küste. Am Fuß der Berge ungefähr sechs Kilometer nach Wosnesenowka traf ein anderer Schneemobilpfad vom Westen her auf unseren, bestimmt der aus dem verlassenen Dorf Unti, und direkt danach teilte sich der Fluss in vielerlei Arme. Tschepeljew hatte uns gewarnt, wir sollten bei jeder Gabelung des Flusses genau aufpassen, um den richtigen Weg nicht zu verfehlen, aber eigentlich war er sich sicher, dass wir die ausgefahrenen Schneemobil- und Schlittenspuren all der Jäger und Trapper dieses Winters sehen würden. Im Sommer mit dem Boot war die Orientierung kniffliger, und Kenntnisse der Gegend waren unabdingbar, denn was wie die selbstverständliche Route aussah, mochte sich als fatal erweisen, wenn eine Ansammlung von Holzstämmen sie plötzlich unpassierbar machte.

Nach ein, zwei Kilometern ohne Zwischenfälle hörte ich ein laut nachhallendes Krachen hinter uns. Ich schaute mich um. Eine breite Eisplatte zwischen uns und Tolja hatte sich gelöst und wurde dunkler, als sich das Wasser über ihr ausbreitete. Tolja fuhr langsamer und stand auf, um besser sehen zu können.

»Fahr weiter!«, brüllte Sergej, was Tolja auch blitzschnell tat. Er gab Gas und sauste über die nasse Eisfläche, während sich die Eisscholle weiterschob. Er drückte sie zwar unter sich, aber sie hielt für die kurze Zeit unter seinem Gewicht, und er kam keuchend und fluchend neben uns zum Stehen. Von diesem Moment an hatten wir bei jeder Flussbiegung Angst, was uns danach blühen würde. Aber wir fuhren weiter, überwanden *naleds*, ertrugen manchen Schneematschschwall, umfuhren Löcher, die mal der Weg gewesen sein mussten, und sahen, wie der Fluss hinter uns das Eis verschlang.

Pause machten wir schließlich an einer ausgebrannten Hütte namens Malinowka, wo wir unsere klatschnassen Socken über brennendem, zischendem Holz im Restgerippe eines Holzofens trockneten. In Agsu hatten wir noch kurz überlegt, ob wir hier Station machen sollten, aber da konnten wir nicht ahnen, in was für einem Zustand die Hütte war und dass wir beim Eisbruch hier sein würden. Da Sergej und Tolja nur im Sommer an der Samarga gewesen waren, wusste niemand von uns, wie lange das Eis halten würde. Wir blieben nur so lange wie nötig in der Hütte und waren gerade wieder gestartet, als das Wasser vor uns plötzlich frei dahinfloss, die Hauptströmung ging eng am linken Ufer entlang, dann quer über das ganze Flussbett, am rechten Ufer weiter, um eine Kurve herum und außer Sichtweite. Der Schneemobilpfad führte ins Wasser und verlief weiter auf der anderen Seite eines dicken Eisschelfs. Ein *naled*, über das wir uns hinübermogeln konnten, gab es nicht. Wir saßen in der Falle.

»Na, dann können wir auch hier Mittag machen«, meinte Sergej, zündete sich eine Zigarette an und blickte nachdenklich flussabwärts. Der Tag war anstrengend gewesen, und bis Samarga waren es bestimmt noch 15 Kilometer. Tolja entzündete auf dem dicken Eis ein Feuer zum Teekochen, und Schurik ging am rechten Ufer entlang, um zu erkunden, wie es dort weiterging. Er kam nur schwer vorwärts, weil auf dem Waldboden, der nicht der direkten Sonneneinstrahlung wie das Eis ausgesetzt war, immer noch bis zu einem Meter Schnee lag. Nach 20 Minuten war Schurik zurück und berichtete, dass wir uns wahrscheinlich genau wie nördlich von Wosnesenowka vor ein paar Tagen durch den verschneiten Wald kämpfen konnten und auf der anderen Seite der Flusswindung wieder auf festes Eis kommen würden. Die Strecke durch den Wald schätzte er auf ungefähr 300 Meter.

Da die Flussniederung dicht bewachsen war und die Bäume und Sträucher durch die Schneedecke stießen, war ein Fortkommen dieses Mal schwerer als beim letzten Mal, auch weil hier viele kleine Bäche in die Samarga mündeten. Doch es war unsere einzige realistische Chance weiterzukommen – wenn wir alternativ die Schneemobile am Ufer hätten stehen lassen und auf Skiern nach Samarga gefahren wären, hätten wir nur das mitnehmen können, was wir uns auf den Rücken laden konnten. Sergej und ich trapsten mit der Kettensäge vor und sägten einen so geraden Weg wie möglich an diesem Hindernis vorbei.

An manchen Stellen mussten wir alle vier ran, unter Flüchen und großen Anstrengungen zerrten wir die Schneemobile und Schlitten erst einen engen Hohlweg hinab und dann wieder hinauf beziehungsweise durch eine freigeschlagene Rinne. Eine Stunde später waren wir schweißüberströmt und erschöpft zurück auf dem Eis. Dass wir dringend weiter mussten und ohnehin keine andere Wahl hatten, war natürlich Ansporn genug gewesen.

Als wir ein paar Kilometer später durch eine enge Schlucht zwischen den Bergen fuhren, bog der Weg überraschend vom Fluss ab, und Sergej hielt an. Wir befanden uns am Rand eines ausgedehnten schneebedeckten Feldes, gesprenkelt mit den letztjährigen, von Wind und Tauwetter freigelegten schlanken Grashalmen. Im Westen erhoben sich halbmondförmig niedrige Hügel mit Eichen und Birken, verliefen nördlich um uns herum und verschwanden im Osten. Im Tiefland gen Süden erwarteten uns vielversprechend Samarga und der Tatarensund, krönender Abschluss unserer Flucht.

»Freunde«, sagte Sergej triumphierend, schwang ein Bein über die Sitzbank und lehnte sich mit einem zufriedenen Seufzer auf den Lenker zurück, »wir haben's geschafft.«

Zur Feier des Tages zündeten er und Schurik sich eine Zigarette an, während Tolja die Skibrille absetzte und behaglich knurrend die Arme reckte. Eine Gruppe von fünf Pferden beäugte uns misstrauisch von Weitem. Doch als ich zwecks genauerer Inspektion auf sie zuging, scheuten sie zurück und bewahrten eine sichere Distanz. Es waren Wildpferde, Teil einer Herde, die von den Tieren abstammte, die in den 1950er-Jahren im Zuge der sowjetischen Kollektivierung in die Region gebracht und, nachdem man sie nicht mehr brauchte, freigelassen worden waren. Sollten sie doch Überschwemmungen und Tiger allein austricksen und nicht weiter Bauern zur Last fallen, für die sie nutzlos geworden waren. Die Pferde hatten sich zwar in moderaten Zahlen vermehrt und wuchsen und gediehen sogar in gewissem Maße, aber dieser Winter war auch für sie hart gewesen. Mit vorstehenden Hüftknochen standen sie tief im Schnee, an den langen Strähnen ihrer Schwänze hingen Eisklumpen wie Weihnachtskugeln.

Mutig geworden durch den festen Boden unter den Füßen, eilten wir nach Samarga. Tolja baute fast einen Unfall, als er zu schnell fuhr, mit dem Schneemobil vom Weg abkam und an einem verborgenen Hubbel unversehens in die Luft abhob. Etwas kleinlaut reihte er sich wieder hinter uns ein.

Als wir die ersten Häuser von Samarga erreichten, sahen wir kaum Lebenszeichen. Mit wahrer Tsunamistärke brauste der Wind vom Tatarensund her, sauste unaufhaltsam mitten durchs Dorf und zwang jeden ins Haus, der nicht unbedingt draußen etwas zu erledigen hatte. Im Gegensatz zu Agsu, in dem die Häuser eng beieinander standen, waren sie hier weit verstreut in lockeren Gruppen, oft über Brücken miteinander verbunden, unter denen sich wahrscheinlich, versteckt unter Schnee und Eis Flussarme und Sumpfland verbargen. Gewiss waren die Häuser dort gebaut worden, wo man trockenes Land fand, und Samarga hatte dadurch etwas Unzusammenhängendes, wenig Einladendes bekommen.

Die ersten Russen, die, soweit man weiß, im Jahr 1900 an die Mündung der Samarga kamen, waren drei Pelzhändler. Ihre Überlebensrate betrug bescheidene 66 Prozent, denn einem erfroren die Füße und er starb. Das Dorf wurde acht Jahre später von Altgläubigen gegründet, Mitgliedern einer russisch-orthodoxen Sekte, die die Kirchenreformen aus dem 17. Jahrhundert ablehnten und grausam verfolgt wurden. Viele Altgläubige flüchteten aus den bevölkerungsreicheren Gegenden Russlands und gingen bis nach Alaska und Südamerika, aber Hunderte zogen auch in die abgeschiedenen Wälder Primorjes, um ihre Religion in Frieden ausüben zu können.

Der Forschungsreisende Wladimir Arsenjew dokumentierte die Geburt Samargas: 1909 beschrieb er zwei Häuser an der Mündung der Samarga mit acht menschlichen Bewohnern, zwei Kühen, zwei Schweinen, sieben Hunden, drei Booten und zehn Gewehren. Seitdem hat man immer wieder – wenn auch vergeblich – versucht, dem Dorf weiteres Leben einzuhauchen, unter anderem mit einem Fischzucht-Kollektivbetrieb namens Samarga-Fisch, der 1932 eröffnete und genau 30 Jahre später wieder schloss, möglicherweise weil sich nach einem gewaltigen Erdbeben die Meeresströmungen änderten und man die Heringsfischerei irgendwann in den 1950er-Jahren von dieser Küste wegverlagern musste. Eine zweite unternehmerische Initiative, die Wildfleischindustrie, von der Agsu, wie erwähnt, eine Zeitlang lebte, kam 1995 wieder zum Erliegen. Unlängst hatte ein Abholzungsunternehmen eine kurze Strecke die Küste hoch einen Hafen gebaut, und wieder einmal hofften die etwa 150 Bewohner von Samarga auf feste Arbeitsplätze und eine auskömmliche Zukunft.

An sonnen- und windgegerbten Häusern aus grauem Holz, von dem die Farbe abblätterte, fuhren wir quer durch den Ort, bis wir an eine Häuserreihe kamen, die wie eine erste Verteidigungslinie direkt auf den Tatarensund hinausschaute. Der Wind blies und drückte und erinnerte uns daran, dass wir zwar den Fluss überlebt hatten, die Elemente hier aber immer noch das Sagen hatten. Sergej ging mit uns zu einem Haus, einem kompakten Gebäude mit drei Zimmern, das die Dorfverwaltung für Gäste unterhielt. Normalerweise waren das Polizeibeamte, die im Doppelpack aus Ternei angeflogen kamen (der nächstgelegenen Polizeidienststelle) und in den entlegenen Dörfern für Recht und Ordnung sorgen sollten, in Wirklichkeit aber nur oberflächlich als Amtsgeschäfte getarnte Saufgelage abhielten. Sergej hatte mit dem Bürgermeister von Samarga vereinbart, dass wir in diesem Haus auf unseren Rücktransport nach Süden warten konnten.

Ich warf einen Blick auf meine Uhr. Obwohl mir schien, als seien wir eine Ewigkeit auf dem Fluss gewesen, hatten wir Wosnesenowka erst vor sechs Stunden verlassen.

Unsere einstweilige Unterkunft war von einem schlampigen Zaun mit Latten unterschiedlicher Höhe und Breite umgeben, größere Lücken waren mit grünem Nylonfischernetz abgedichtet. Eine missmutige, gefleckte Kuh stand nebenan im Schnee, beobachtete, wie wir näherkamen und anhielten, bewegte sich aber nicht, sondern starrte uns nur an. Schutz vor dem Wind suchend durchquerten wir rasch einen winzigen, schneeverwehten, mit Müll übersäten Hof. Zum Plumpsklo hinten musste man darüberklettern. Es hatte keine Tür und kippte fast um, als schäme es sich für seinen mangelhaften Zustand. Um ins Haus zu gelangen, mussten wir eine beachtliche Schneewehe vor der Tür wegschaufeln. Dann betraten wir einen Vorraum voller Kisten und verrosteter Sachen, die wegzuwerfen keiner den Mut oder die Gelegenheit gefunden hatte. Die stumpf orangefarben gestrichene innere Tür öffnete sich zu einer kleinen Küche und zwei anhängenden Räumen, einer lag geradeaus vor uns hinter dem Holzofen, der andere zu unserer Linken, davor ein in die Wand über dem Spülbecken genagelter Wasserspender samt Abwassereimer. Auf der Innenseite der Tür sah ich eine Menge Gekritzel, unter anderem »Tür zu – am besten von der anderen Seite«. Ansonsten viel Gefasel über Leben und Schicksal, das meiste aber unleserlich. Dieses Haus zu pflegen, stand bei niemandem oben auf der Prioritätenliste. In bescheidenem Umfang war es allerdings aufgeräumt. Bei flüchtiger Inspektion fanden sich in den hinteren Räumen weder Gipsflocken noch Fleischbrocken, nur nackte Matratzen auf Einzelbettrahmen, ein Tisch mit einem Telefon, das sogar einen schwachen, knisternden Wählton von sich gab, sowie ein Bücherregal mit zerfledderten Büchern und Zeitschriften aus den 1980er-Jahren.

Schurik kümmerte sich um den Holzofen, wir anderen entluden die Schlitten und brachten alles nach drinnen. Nicht weit von diesem Haus waren wir an einem Brunnen vorbeigekommen, nun nahm ich die beiden leeren Eimer aus einer Ecke und ging Wasser holen. Ich misstraute Dorfbrunnen. Ein Freund in Ternei hatte mal eine tote Katze in einem gefunden. Doch wir hatten keine Wahl, weit und breit gab es sonst nur Salzwasser. Nach meiner Rückkehr stellte ich einen Eimer auf den Ofen, damit wir warmes Wasser zum Waschen und Abwaschen bekamen. Das Wasser aus dem anderen Eimer schüttete ich zur Hälfte in unseren Teekessel und den

Wasserspender. In einer kurzen Ruhepause und mit einem Stück Wurst wollten wir regenerieren. Und dann – es war erst früher Nachmittag – wollte Sergej mit uns zu dem Baum mit dem Riesenfischuhu-Nest gehen, das er im Sommer zuvor auf einer Insel in den vielen Mündungsarmen der Samarga entdeckt hatte.

9

Das Dorf Samarga

Da uns bis Sonnenuntergang noch etwa zwei Stunden blieben, kletterten Sergej und ich auf ein Schneemobil, während Tolja und Schurik sich verkehrt herum auf den Schlitten setzten, sodass ihre Beine über das Ende hingen und sie mit dem Rücken zum Wind saßen. Wir folgten einer Schneemobilspur in Richtung Fluss und parkten neben einem Steg, über den wir auf eine Insel gingen. Mit angeschnallten Skiern begaben wir uns dort auf die Suche nach dem Nistbaum. Zögernd ging Sergej voran. Das war untypisch für ihn, und nach einer Weile gestand er, dass er die Orientierungspunkte nicht sah, die er erwartet hatte. Ein Wald, mit dem man auf der Suche im Sommer vertraut wird, ist im Winter natürlich oft nicht wiederzuerkennen. Außer dass er mit frischem Laub sowieso anders aussieht, ändern sich auch alle Orientierungspunkte radikal, wenn sich zum Beispiel ein Fluss bei einer Überschwemmung über Nacht einen vollkommen neuen Weg bahnt.

Mit dem Argument, er habe das Nest unabhängig von Sergej kurz nach ihrer Ankunft in Samarga im Vormonat gefunden und seine Erinnerung sei noch frisch, erbot Tolja sich, die Führung zu übernehmen. Widerwillig räumte Sergej seinen Platz, und Tolja lotste uns in eine neue Richtung. Wir arbeiteten uns durch niedriges Gestrüpp, schlugen Äste weg, an denen wir uns mit den Skiern verhakten und die uns die Mützen vom Kopf zogen, und schnallten regelmäßig die Skier ab, weil wir durch flache Flussarme waten mussten, die die hauptsächlich von Weiden bewachsenen Inselchen des Mündungsgebiets voneinander trennten. Es war mein erster wirklich mühevoller Marsch durch Fischuhu-Habitat. Bis dahin war ich meist über die ebene zugefrorene Samarga ohne störendes Gestrüpp getrottet und hatte mich in den Wald der Umgebung nur vorgewagt, wenn ich einen Baum erspähte, der genauerer Betrachtung wert war. Aber die Strapazen des heutigen Tages erwiesen sich eher als Normalität denn als Ausnahme. Wer Fischuhus erforschen möchte, muss mit spitzen Dornen, verqueren Ästen und überraschenden Stürzen rechnen.

Als sich unsere Odyssee schon fast über eine Stunde hinzog, wir das Delta durchquert hatten und in einem Halbkreis zurück nach Osten gingen, explodierte Sergej. Seine immer lauter werdende Maulerei entlud sich in dem unverhohlenen Vorwurf, dass hier der Blinde den Führer spiele.

»Also, so weit wie du war ich noch nie daneben«, knurrte er, als Tolja seine Eisstange hob und auf eine alte Chosenia deutete, ein Weidengewächs, das so dick wie eine griechische Säule und 30 Meter hoch wird. Ein schmaler Spalt zeigte an, wo einmal ein großer Ast himmelwärts gewachsen war.

»Da ist es«, sagte Tolja ruhig.

Sergej kniff die Augen zusammen und betrachtete den Baum einen Moment lang. »Das ist nicht der Nistbaum, den ich gefunden habe. Schurik, kletter mal hoch und sieh dir das Loch an.«

Schurik begutachtete den dicken knorrigen Stamm aus der Distanz, lief dann auf Skiern zu dem Baum, zog die Schuhe aus und kletterte mir nichts, dir nichts hinauf. Schnell erreichte er den Spalt und schaute kopfschüttelnd zu uns hinunter.

»Zu flach und zu eng für ein Fischuhu-Nest.«

Wir hatten zwar endlich den Baum gefunden, den Tolja gesucht hatte, aber es war nicht der, den wir suchten. Tolja begann sich zu entschuldigen, aber Sergej schnitt ihm mit einer Handbewegung das Wort ab.

»Schon gut. Ich suche hier weiter. Ihr drei lauft zurück zum Schlitten. Wenn ich bei Anbruch der Dämmerung nicht zurück bin, teilt euch auf und seht zu, ob ihr die Vögel rufen hört.«

Meinem GPS nach zu urteilen, waren wir ungefähr einen Kilometer vom Schneemobil entfernt. Wir kehrten auf geradem Wege dorthin zurück, folgten dem grauen Pfeil auf dem Display des Geräts und gingen nicht auf unserer eigenen gewundenen Schneespur zurück. Auf einmal erblickte ich vielleicht fünfzig Meter vor mir die zigarrenförmige Silhouette eines Tieres auf einem Ast. Es sah aus wie ein Habichtskauz, eine Spezies, die mit Riesenfischuhus zu koexistieren scheint, denn sie sind in deren Habitaten regelmäßig anzutreffen. Während ich versuchte, mit dem Fernglas besser zu sehen, machte ich das Fiepen eines verzweifelten Nagetiers nach, um die Aufmerksamkeit des Vogels zu erregen. Er drehte den Kopf sofort zu mir, aber die gelben Augen, die sich in meine bohrten, überrumpelten mich dann doch. Das war kein Habichtskauz, ein gewöhnlicher Vogel mit braunen Augen, sondern ein Bartkauz, eine Spezies, die man in einsamen Taigawäldern der nördlichen Breiten von Alaska und Kanada bis Skandinavien und Russland findet. Mit nur ein paar bekannten Sichtungen in Primorje sind Bartkäuze so weit südlich sehr selten, und bis heute sollte ich den Vogel im Fernen Osten Russlands nur dieses eine Mal sehen. Für einen Vogelbeobachter ist es immer aufregend, unerwartet einen seltenen Vogel zu sichten. Umso größer ist das Vergnügen für einen Eulenliebhaber, wenn er einen Bartkauz zu Gesicht bekommt. Bevor ich jedoch meine Kamera aus dem Rucksack holen konnte, war er weggeflogen.

Sergej kam kurz nach uns zum Schlitten zurück. Endlich war er doch auf den Nistbaum gestoßen und wollte uns am nächsten Morgen dort hinführen. Als wir zurück nach Samarga kamen, erfasste der Lichtkegel unseres Schneemobils einen vor unserem Haus wartenden Mann. Oleg Romanow, mit dem für einen Udehe-Jäger bemerkenswert russischen Namen. Ende vierzig, dünn, große Brille mit braunem Gestell, Rauchgewohnheiten, die mit Sergejs konkurrieren konnten, stand Oleg im Ruf einer lokalen Autorität für den Fluss Samarga und hatte Sergej teilweise bei der Planung der Logistik für unsere Riesenfischuhu-Studie geholfen. Unter anderem hatte er ihm geraten, wo wir am Fluss wohnen und wo wir am besten Benzinlager anlegen konnten. Nun wollte er unbedingt von der Expedition hören.

»Ich habe mir schon richtig Sorgen gemacht, als ihr letzte Woche nicht aufgetaucht seid«, sagte er und schüttelte Sergej die Hand. »Ich fass es nicht, dass ihr so spät für die Jahreszeit noch auf dem Fluss wart.«

Die Dorfbewohner sowohl in Agsu als auch in Samarga, erzählte er, hätten schon höchst interessiert unser Fortkommen verfolgt und sich gefragt, ob wir es vor der Eisschmelze bis zur Küste schaffen würden. Wir waren die Letzten, die in dem Winter über das Eis fuhren. Später hörten wir, dass ein Jäger aus Agsu ein, zwei Tage nach unserer Abfahrt versucht hatte, nach Samarga zu gelangen, wegen der nun losbrausenden Wassermassen aber nach Hause zurückkehren musste. Wir hatten in diesem Winter als Letzte den Ritt über das Eis zur Küste geschafft.

Oleg, Sergej und Schurik saßen am Holzofen, rauchten und redeten. Wir waren zwar noch keineswegs fertig mit unserer Suche nach Riesenfischuhus rund um Samarga, doch Oleg sagte uns, der Bürgermeister gedächte, früh am nächsten Tag vorbeizukommen und uns bei der Planung unserer Rückfahrt nach Ternei behilflich zu sein. Und dann war es auch noch nicht mal acht Uhr am folgenden Morgen, als ich von einem knatternden Motor wach wurde und durchs Fenster einen Mann auf einem Traktor erblickte. Der Bürgermeister war jung, Mitte 30, und im Morgenlicht glänzten seine leuchtend blauen Augen durchaus schon alkoholselig. Mein Verdacht erhärtete sich mit der Fahne, die mir entgegenwehte, als er herunterkletterte und mir die Hand schüttelte. Angetrunken oder nicht, er hatte seine fünf Sinne beisammen und erwies sich als recht hilfreich. Tolja und ich wollten Tickets für den nächsten Hubschrauber kaufen, doch er riet uns, zu überlegen, ob wir nicht mit einem Schiff namens Wladimir Golusenko fahren wollten, das in zwei Tagen ablegen werde. Die Golusenko war ein Frachtschiff, mit dem die Holzfällerfirma ihre Beschäftigten entlang der Küste von und zu isolierten Häfen und der Zentrale in Plastun transportierte, einem Hafen südlich von Ternei. Auf diese Art waren Sergej und die anderen Teammitglieder am Anfang der Expedition nach Samarga gekommen. Der Bürgermeister wollte uns bei der Organisation der Schiffsreise helfen, vielleicht konnten wir sogar umsonst mitfahren.

»Mit dem Schiff braucht ihr zwar 17 Stunden bis Plastun«, räumte er ein, »aber wie lange ihr in Samarga schmort, wenn ihr euch auf den Hubschrauber verlasst, wisst ihr nie. Das Schiff ist sicherer.«

Der Bürgermeister blieb mit Sergej noch sitzen und besprach, wie viel Platz wir auf dem nächsten, Ende der Woche fahrenden Frachter für unser sämtliches Zeug brauchten. Den Transport unserer Schneemobile und der übrigen Ausrüstung zurück in den Süden mussten wir mit der Firma absprechen, Sergej und Schurik würden in Samarga bleiben und die Fracht begleiten.

Als sie alles geklärt hatten, war der Bürgermeister schon zu spät dran für seinen nächsten Termin. Er wirkte überraschend beschäftigt für einen Mann, dessen Hauptfortbewegungsmittel ein Traktor war und der gerade mal 150 Wähler repräsentierte. Im Weggehen bot er uns die Benutzung seiner *banja* für den Abend an. Wenn wir das Angebot annehmen wollten, könne uns jeder im Dorf den Weg zu seinem Haus weisen.

Nach einem schnellen Frühstück hockten Sergej, Schurik und ich uns eng gedrängt auf die Bank des schwarzen Yamaha, während Tolja ein mögliches Riesenfischuhu-Habitat nördlich des Dorfes untersuchen ging. Wir fuhren über denselben Weg wie am Vortag: durch Samarga zur Flussmündung. Eins der Ziele meiner auf fünf Jahre angelegten Studie war herauszufinden, wie und warum Riesenfischuhus ihre Nistbäume aussuchen. Ging es nur um eine passende Höhle oder spielte auch die Vegetation darum herum eine Rolle? Zur Beschreibung der Beschaffenheit von Nistorten und deren Vegetation hatte ich eine standardisierte Methode der wissenschaftlichen Analyse und des Vergleichs gewählt, die ziemlich viele Messungen erforderte. Um zu sehen, ob sie Schwachstellen hatte, wollte ich die Methode an einem Nistbaum ausprobieren und nahm Maßband und anderes Handwerkszeug mit. Schnell fanden wir den Baum. Wir seien am Tag zuvor schon ziemlich nah dran gewesen, meinte Sergej, aber weil er einem Flussarm, der nun nach einem Sturm anders verlief als im letzten Jahr, gefolgt sei, sei er desorientiert gewesen und in die falsche Richtung gelaufen, brachte er zu seiner Entschuldigung vor.

Wenn Baumarten wie die Japanische Pappel, die Mandschurische Ulme und die Chosenia voll ausgewachsen sind und eine Höhe von 20 bis 30 Metern sowie einen Stammdurchmesser von mehr als einem Meter erreicht haben, sind sie 200 bis 300 Jahre alt, und genau das wird ihnen zusammen mit ihrer Größe zum Verhängnis. In Taifunwinden brechen ihnen die Kronen ab, und dann stehen die Stämme wie Schornsteine da. Manchmal knickt nur ein Ast ab, und das weiche Holz innen ist dann ungeschützt und verrottet mit der Zeit, sodass eine Höhlung entsteht, die oft groß genug ist, dass ein Riesenfischuhu hineinkriechen und sich ein bequemes Nest darin bauen kann.

Riesenfischuhus bevorzugen offenbar »Seitenhöhlennester«, also ein Loch seitlich am Stamm, weil sie besseren Schutz vor dem Wetter als sogenannte Schornsteinhöhlen bieten, die Vertiefungen oben auf dem Baumstamm, in denen ein brütender Vogel natürlich viel weniger abgeschirmt ist. Das Weibchen muss fest auf den Eiern sitzen, um sie oder später die Jungen vor Wind, Schnee und Regen zu schützen. So beobachtete Surmatsch einmal, wie ein brütendes Weibchen während eines um sie herum tobenden Schneesturms ungerührt in ihrem Schornsteinnest sitzenblieb, bis aus dem aufgehäuften Schnee nur noch ihr Schwanz herausguckte.

Es gibt natürlich Ausnahmen bei der Nestwahl. An Orten, an denen Riesenfischuhus den Luxus von Nestern in Bäumen lange vergessen haben (oder ihn nie kannten), behelfen sie sich mit anderem. In Magadan, an der nördlichen Küste des Ochotskischen Meeres hat man kürzlich einen jungen Riesenfischuhu aus dem Horst eines Riesenseeadlers hoch oben aus der Astgabelung einer jungen Pappel herauslugen sehen. Und in Japan, wo natürliche Höhlen sehr selten sind, zog ein Paar seine Jungen auf einem Felsvorsprung groß.

Schurik steckte das Maßband und eine kleine digitale Kamera in die Tasche und erklomm den gesuchten Baum, eine Chosenia mit einem Stamm voll guter Kletteräste und reichlich Knubbeln, dessen Spitze in etwa sieben Meter Höhe abgebrochen war. Er maß die Höhle aus und fotografierte sie, während ich andere Messungen vornahm und mir Notizen zum Durchmesser des Nistbaumes und seinem Zustand sowie zur Höhe und Anzahl der benachbarten Bäume machte. Ein offensichtlicher Nachteil unserer Arbeit hier bestand darin, dass noch Winter herrschte, meterhoher Schnee lag und Bäume und Büsche kahl waren. Es war nicht nur schwierig, sich auf Skiern fortzubewegen, sondern etliche meiner Messungen waren nicht genau, zum Beispiel, welchen Schutz das Baumkronendach bot und wie die Sichtbarkeit darunter war. Egal, es war eine gute Übung, zu der ich ungefähr vier Stunden brauchte. Als ich später den Dreh raushatte, brauchte ich etwa eine.

Bei unserer Rückkehr nach Samarga fuhren wir zuerst zu unserem Haus, um Tolja zum Besuch der *banja* des Bürgermeisters abzuholen. Da er noch nicht zurück war, gingen wir ohne ihn. Ein vorbeikommender Eisangler sagte uns tatsächlich, wo wir hinfahren mussten, und unsere Freude war groß, als wir die *banja* schon angeheizt vorfanden. Da in das kleine, niedrige Gebäude mit verrottenden Bodenbrettern nur zwei Leute passten, schwitzte ich genüsslich zuerst, dann waren Sergej und Schurik an der Reihe. Während ich auf sie wartete, lud der Bürgermeister mich ins Haus zum Tee und etwas Süßem ein, und entschuldigte sich sofort darauf, er habe zu tun. Ich nun wieder saß am Tisch einem älteren Mann und einem jungen Mädchen gegenüber, denen ich zwar nicht vorgestellt worden war, die ich aber für den Vater oder Schwiegervater des Bürgermeisters und seine Tochter hielt. Beide von schmächtiger, grauer Gestalt, beäugten sie mich trübsinnig über den Tisch hinweg, auf dem sich Brot und Gläser voll Marmelade, Honig und Zucker häuften. Nach mehreren vergeblichen Versuchen, ein Gespräch anzuleiern, trank ich, wiederholt mir den Nachschwitzschweiß von der Stirn wischend, schweigend meinen Tee und ertrug ihr Starren.

Am nächsten Morgen erfuhren wir, dass Tolja und ich auf der Wladimir Golusenko mitfahren konnten, die am Nachmittag des nächsten Tages ablegen sollte. Wir sollten in Adimi, dem Holzverladehafen ungefähr zwölf Kilometer nördlich die Küste hoch, an Bord gehen. Der Bürgermeister meinte, dass die Straße dorthin passierbar sei. Wenn wir losführen, bevor die Mittagssonne die Fahrbahn in Schlamm verwandelte, sollten wir kein Problem haben. Der Countdown begann. Wir hatten noch 24 Stunden an der Samarga, und in der Zeit wollten wir alle unbedingt weiter nach Riesenfischuhus suchen. Schließlich hatten wir wegen des schmelzenden Eises am letzten Abschnitt des Flusses unsere Suche im Wesentlichen aufgeben müssen. Da wir die Samarga nicht weit hochfahren konnten, ohne auf offenes Wasser zu stoßen, begaben Tolja und ich uns mit einem der Schneemobile in das Gebiet, in dem er am Tag zuvor gesucht hatte. Sergej und Schurik brachen sehr früh zur Mündung der Edinka weiter unten an der Küste auf, wo Sergej im letzten Sommer einen Riesenfischuhu gehört hatte. Als Tolja und ich über Wege quer durch das Tal fuhren, nahm er plötzlich die behandschuhte Hand vom Gas und zeigte auf einen pummeligen braunen Fleck, ungefähr so groß wie ein Adler, gut hundert Meter entfernt zwischen den Bäumen. Es war ein Riesenfischuhu, einer von dem Paar, das an der Samargamündung lebte. Das war seit meiner ersten Sichtung eines Riesenfischuhus im Jahr 2000 das erste Mal, das ich deutlich einen sah.

Tolja fuhr langsamer, damit wir bessere Sicht hatten. Doch in dem Moment, in dem wir das Tempo drosselten, flog der Vogel auf, von uns weg, und verschwand in den kahlen Ästen. Der kurze Anblick freute mich zwar sehr, machte mir aber auch Sorgen. Für mein Projekt war es existenziell wichtig, dass wir Riesenfischuhus einfingen, doch sie wollten sich den Menschen partout nicht zeigen. Wie um alles in der Welt wollten wir einen fangen, wenn wir ihnen nie näher kamen als ein Fußballfeld entfernt?

Bei der Weiterfahrt über die schmalen, flachen Flussarme brach hinter uns regelmäßig das Eis und rutschte ins Wasser. Wäre das meine erste Erfahrung mit Schneemobilen und schmelzendem Eis gewesen, hätte mich das in Angst und Schrecken versetzt, aber das hier empfand ich als bloßes Ärgernis und als nicht halb so schlimm wie die lebensgefährlichen Situationen, die wir oben am Fluss erlebt hatten. Der Wald um uns herum schien ideal für Riesenfischuhus zu sein, aber wir konnten lediglich einen Teil davon untersuchen. Mit nur der einen kurzen Sichtung eines Uhus kehrten wir ins Dorf zurück. Sergej und Schurik hatten überhaupt keine Zeichen gefunden. Sie waren allerdings an einem verhungernden Pferd an der Felsküste südlich von Samarga vorbeigekommen.

»Es lag zuckend auf der Seite, nur noch Knochen, und starb langsam«, berichtete Sergej und wand sich noch bei der Erinnerung. »Wenn ich ein Gewehr gehabt hätte, hätte ich es erschossen.«

10

Die Wladimir Golusenko

Am Morgen des 10. April vibrierte es in unserer Hütte nur so vor guter Energie. Tolja und ich brauchten nicht lange zum Packen; wir schnallten unsere Taschen auf den gelben Schlitten, und Sergej fuhr uns hinauf nach Adimi, abwechselnd über Schneematsch und Schlamm, beides von nicht unähnlicher Beschaffenheit. Wo die Häuser begannen, stand ein riesiges Transportfahrzeug mit laufendem Motor; wir waren an der Grenze zum Holzfällercamp angelangt, Privatfahrzeuge durften hier nicht weiterfahren. Ich kletterte auf den wartenden Laster, und Sergej und Tolja reichten mir die Gepäckstücke hinauf. Da ich Sergej eine Woche später in Ternei sehen würde, verabschiedeten wir uns nur mit Handschlag und kurzem Nicken. Tolja kletterte über die Leiter auf den Lastwagen, schlug auf das Metalldach des Führerhäuschens, für den Fahrer das Zeichen zur Abfahrt, und es ging los. Sergej stand neben dem schlammverkrusteten Schneemobil samt leerem Schlitten und sah uns nach.

Wie eine Grenzstadt im amerikanischen Westen des 19. Jahrhunderts war Adimi eine dichte Ansammlung von Hütten aus frisch geschlagenem Holz entlang einer Hauptstraße mit wadentiefem Schlamm. Auf hastig errichteten Bohlenwegen eilten Beschäftigte der Abholzungsfirma hin und her. Der Lastwagen brachte uns an den Kai, wo Holzfäller, jetzt am Ende ihrer monatelangen Schicht, ihre Siebensachen geschultert, vor einer Gangway anstanden, um an Bord der Wladimir Golusenko zu gehen.

Das Schiff kam mir vor wie eine Kreuzung aus Schlepper und Fähre, es war Baujahr 1977 und gehörte dem Unternehmen seit 1990. An das kleine Vorderdeck schloss sich ein flottes Ruderhaus an, es gab ein großes Achterdeck und unten einen Bereich mit genug Sitzen für einhundert Passagiere. An Bord waren allerdings nur etwa 20 Holzfäller. Die bequemen Sitze waren wie in einem Flugzeug angeordnet, in Reihen, durch zwei Gänge getrennt.

Zum Achterdeck hin gab es eine kleine Cafeteria mit einem Behälter voll stets heißem Wasser für Tee oder Instantkaffee und mehreren Nischen mit Tischen und Bänken. Vorn in einer Ecke des Aufenthaltsraums stand ein Fernseher, aus dem eine Billigsitcom über Leben und Treiben in einem russischen Armeestützpunkt plärrte. Ich versuchte zwar, sie nach Kräften zu ignorieren, bekam aber doch mit, dass es um eine Gruppe gutmütiger, stockdoofer Rekruten ging, die den Diensthabenden, einen massigen Offizier mit ausladender Uniformmütze, in einem fort ganz kirre machten. Mit einer gewissen Regelmäßigkeit sagte er: »*Jo-majo*!« – »Ach, herrje!« – und schlug sich mit der flachen Hand kräftig auf die Stirn.

Da sich die meisten Holzfäller vorn in der Nähe des Fernsehers versammelt hatten, suchte ich mir ein ruhigeres Plätzchen hinten und verteilte einige meiner Sachen auf den Sitzen darum herum, damit ich später genug Platz zum Hinlegen hatte. 17 Stunden auf diesem Schiff würden lang werden. Dann ging ich zurück zum Achterdeck, wo Tolja bereits eifrig fotografierte. Hinter uns schwebten Kamtschatkamöwen in der Luft, Amchitka-Kormorane flogen vom Schiff weg, ganze Eisentengeschwader wippten auf und ab auf den Wellen.

Wie in Agsu stießen Tolja und ich auf reges Interesse bei unseren Mitpassagieren. Adimi war eine isolierte Siedlung, wo jeder jeden kannte. Und plötzlich erschienen wie aus dem Nichts zwei Fremde in ihrer Mitte, der eine klein mit olivfarbener Haut, der alles fotografierte, und der andere groß, mit Vollbart und eindeutig ein Ausländer. Neugierde und Langeweile gewannen bei den Holzfällern, die 17 freie Stunden totschlagen mussten, die Oberhand. Während der gesamten Fahrt kam immer wieder einer zu uns und wollte wissen, wer wir waren und was wir in Samarga gesucht hatten.

Nach fünf Stunden dann gingen Tolja und ich in die Cafeteria, um uns heißes Wasser für unsere Teebeutel zu nehmen und unser mitgebrachtes Essen auszupacken, einen halben Laib ungeschnittenes Brot und in einer schwarzen Plastikeinkaufstüte herumkullernde Wurst. Am übernächsten Tisch verzehrten zwei Männer ihren Proviant. Der eine war schmächtig, der andere riesengroß. Kaum hatten wir in einer Nische Platz genommen, setzten sie sich zu uns.

»Na«, sagte der Riese, der sich als Michail vorstellte, »dann erzählt mal!«

Das folgende Gespräch mit den beiden Männern war sehr nett. Wir erzählten, warum wir auf der Samarga gewesen waren, und erfuhren im Gegenzug, wie sich die Arbeit in dem Abholzungsunternehmen gestaltete. Michail, im weit aufgeknöpften blaugrauen Flanellhemd (sein dichtes Yeti-Brusthaar konnte so ein bisschen Freiheit schnuppern), fuhr einen Holzvollernter und erzählte uns von seinem Entsetzen beim Anblick der riesigen abrasierten Wälder unweit des Dorfs Swetlaja. Russische Firmen gehen eher selektiv vor, in einem Wald werden nur einzelne Bäume gefällt. Doch Anfang der 1990er-Jahre war ein Joint Venture mit der südkoreanischen Firma Hyundai über die Berge auf der Hochebene von Swetlaja hergefallen und hatte sie kahlgeschlagen. Hyundai hatte auch begehrliche Blicke auf das Flusseinzugsgebiet der Bikin geworfen, ein Udehe-Zentrum wie Samarga, aber nach heftigen Protesten der dort lebenden Bevölkerung musste es sich sein Superschnäppchen abschminken. Und als sich nicht lange danach Hyundai und seine russischen Partner gegenseitig der Korruption bezichtigten, war die Partnerschaft in Swetlaja passé.

»Ich bin sicher, hier lässt sich irgendwo ein bisschen Wodka auftreiben«, sagte Michail mit breitem Grinsen. Doch in dem Moment kam ein Besatzungsmitglied mit der Bitte, der Kapitän wolle mit uns sprechen, und ich war heilfroh, einem weiteren Wodkabesäufnis zu entkommen. Auf dem Vorderdeck erzählte uns der Kapitän mit rückhaltloser Begeisterung von seiner Zeit an der Küste von Primorje und nannte uns die Namen von Bergen und Flusstälern, an denen wir, nur einen oder zwei Kilometer entfernt, langsam über die friedlichen Gewässer des Japanischen Meeres vorbeischipperten. Er erwähnte auch die einst hier gelegenen Fischerdörfer, die verschwunden waren, nachdem vor 50 Jahren die Heringsbestände so drastisch abgenommen hatten. Eines, sagte er, mit der Hand darauf deutend, hieß Kants.

»Und dort steht immer noch ein Traktor«, fuhr er wehmütig fort. »Das Einzige, was übrig ist – ein Relikt, das auf einem ehemaligen Feld zwischen den Birken und Espen vor sich hinrostet.«

Wir näherten uns Swetlaja, der Holzarbeitersiedlung an der Küste, die Michail erwähnt hatte. Das Schiff fuhr langsam darauf zu. Das Dorf selbst befand sich am Nordufer des Flusses Swetlaja, gegenüber einem schwarzen, wie ein Messer aus Obsidian ins Japanische Meer stechenden Felsvorsprung im Süden. Hoch oben auf dieser steilen Felsmasse stand, vor dem Hintergrund der untergehenden Sonne, ein Leuchtturm, der auf das Gerippe einer nur noch rudimentär vorhandenen Anlegestelle hinunterblickte. Sie war wahrscheinlich in einem schrecklichen Sturm zerstört worden, jetzt schwappten die Wellen zwischen den herausragenden Überresten und schlugen ohnmächtig gegen das Gestein unter dem Felsvorsprung. Zum Glück war das Meer ruhig – Schiffbruch schien unter widrigen Bedingungen hier unvermeidlich. Weil der Landesteg nicht benutzbar war, wartete die Wladimir Golusenko auf ein aus Richtung des Dorfs auf uns zuschaukelndes kleines Boot mit etwa einem Dutzend Holzfällern, die ebenfalls nach Plastun wollten. Ich blieb beim Kapitän und sah zu, wie sie an Bord kamen, und als wir unsere Fahrt nach Süden fortsetzten, ging ich wieder nach unten. Es wurde dunkel, und ich wollte ein bisschen schlafen.

Jetzt waren etwa 30 Holzfäller an Bord, was ungefähr 70 leere Plätze bedeutete. Meinen fand ich trotzdem von einem total weggetretenen Betrunkenen besetzt, der sich in voller Länge auf meinem Mantel ausstreckte, obwohl ich damit doch extra mein Territorium abgesteckt hatte. Nach einem halbherzigen Versuch, den Burschen zu wecken, verzichtete ich auf mein Eckchen, konnte aber, nun heimatlos, nur dichter in Richtung Fernseher ziehen. Gegen das lautstarke Theater auf dem Bildschirm kamen meine Schaumstoff-Ohrstöpsel nicht an, und siehe da!, der erbitterte Zugführer wiederholte immer noch sein fassungsloses »*Jo-majo*!«. Da ich nach nun neun Stunden Fahrt immer noch nicht schlafen konnte, wanderte ich – allerdings in einem weiten Bogen – um die Cafeteria herum zum Achterdeck. Was in der Cafeteria los war, wusste ich nicht, aber in Anbetracht des angeregten Gebrülls darin wollte ich es auch nicht wissen. Auf dem Achterdeck traf ich Tolja. Es war Mitternacht, und wir waren allein draußen in Dunkelheit und kaltem Wind. Offenbar besitze das Schiff die ganze Kollektion dieser Militärstützpunkt-Sitcom, sagte ich zu ihm. Sie laufe immer noch.

»Hast du nicht gemerkt, dass es immer dieselbe Folge ist?«, flüsterte er. »Seit wir auf dem Schiff sind, lassen sie dieselbe einstündige Sendung in einer Endlosschleife laufen. Warum, glaubst du, bin ich hier draußen?«

Wahrhaftig, *jo-majo*!

Letztendlich ergatterte ich noch ein paar Stunden Nachtruhe, und als ich am frühen Morgen erwachte, sah ich ein mir wohlbekanntes Kap direkt nördlich von Plastun. Das Schiff schob sich in die geschützte Buch hinein, und wir gingen von Bord. Schenja Gischko, ein Bekannter aus Ternei, der uns abholen sollte, wartete, lässig zurückgelehnt, in einem weißen Range Rover, rauchte und hörte elektronische Tanzmusik.

Die Expedition an die Samarga war beendet. Überrascht bemerkte ich, dass ich Ternei vor weniger als zwei Wochen verlassen hatte. Hinter mir lag eine 13-tägige Achterbahnfahrt im Eis und mit diversen Exzentrikern; gefühlt hatten wir mehr Zeit auf die Logistik verwendet als auf das Suchen von Riesenfischuhus. Trotzdem war es für den Anfang nicht schlecht. Feldstudien im Fernen Osten Russlands sind ein ständiges Lavieren zwischen Forschung, lokaler Bevölkerung und Wetter. Etwa eine Woche war Pause für das Team. Tolja und ich würden zusammen auf Sergej warten, der aus Samarga zu uns nach Süden kam. Dann wollten Sergej und ich mit dem zweiten Teil der Erkundungsphase des Fünfjahresprojekts anfangen – in den Einzugsgebieten der Serebrjanka, der Kema, des Amgu und der Maximowka im Rajon Ternei schauen, wo wir Uhus einfangen konnten. In dieser nächsten Phase, einer sechswöchigen Exkursion, wollten wir die Vorarbeiten für unsere Riesenfischuhu-Telemetrie-Untersuchung schaffen.

ZWEITER TEIL

Die Riesenfischuhus im Sichote-Alin-Gebirge

11

Ein uralter Laut

Nach ein paar Tagen in Ternei waren Tolja und ich von den Turbulenzen auf dem Eis und dem Chaos auf der Samarga leidlich erholt. Sergej, der noch dort war, rief hin und wieder an und brachte uns durch die knisternde Leitung brüllend auf den neuesten Stand. Das Versorgungsschiff, das ihn und Schurik nach Süden bringen sollte, fuhr wegen rauer See später, sodass sie fünf Tage länger in der windumtosten Grenzsiedlung bleiben mussten als geplant. Aber schlimmer noch, eine Gruppe Beamter war zu ihnen ins Haus gezogen – schließlich die einzige Unterkunft für Gäste am Ort –, und sie hatten Wodka mitgebracht. Sergej litt Höllenqualen, es gab kein Entrinnen. So lag er einmal bei einem Eisangeltrip zur Flussmündung fix und fertig unter seinem Mantel auf dem Schneemobilschlitten, für sich und seinen Kater Schutz vor der grellen Sonne suchend, während seine härter gesottenen Trinkkumpane um ihn herum fröhlich rauchend ihre Angeln auswarfen.

Dann blieb das Telefon mehrere Tage lang still. Von Surmatsch in Wladiwostok hörten wir schließlich, dass Sergej und Schurik mit einem Holztransporter losgefahren waren, aber für zwei Nächte im Hafen von Swetlaja Zuflucht hatten nehmen müssen. Wie einen Spielball hatten die Wellen der aufgewühlten Küstengewässer das Schiff hin- und hergeworfen, alle hatten sich die Seele aus dem Leib gekotzt, die Ladung hatte sich gelöst und war krachend durch die Gegend geflogen. Nachdem Sergej und Schurik letztendlich in Plastun angekommen waren, waren sie gleich nach Süden in ihr jeweiliges Zuhause gefahren, um mal ordentlich durchzuschnaufen.

Tolja und ich nutzten die unerwartete freie Zeit zur Uhusuche im Serebrjankatal in der Nähe von Ternei. Auf dem Trip an die Samarga hatte ich gelernt, worauf ich achten musste – die Art des Waldes, den silbrigen Schimmer einer hängengebliebenen Feder, Krallenspuren im Schnee am Fluss oder ein wenn auch noch so leises Rufen bei Einbruch der Dämmerung. Außerdem musste ich allmählich eine Liste mit den einzelnen Uhus anlegen, die für meine Telemetriestudie in Frage kamen. Diese Vögel waren dann essenziell wichtig für die dritte und letzte Phase meines Projekts, das für die Erstellung des Schutzplans absolut erforderliche Einfangen und Datensammeln, mit dem ich im nächsten Winter beginnen wollte. Doch ich bezweifelte, dass ich viele Uhus in dem Gebiet um Ternei finden würde. In meinen Peace-Corps-Zeiten hatte ich hier mehrere Jahre Vögel beobachtet und sogar den ortsansässigen Ornithologen bei seinen Erkundungstouren durch den Auenwald im Flusstal der Serebrjanka begleitet. Dieser Lebensraum – Uferwälder voll hoher, wasserliebender Bäume wie Pappeln und Ulmen – war die perfekte Heimat für Fischuhus, doch ich hatte dort nie welche gesehen oder gar gehört. Mehr Glück erhoffte ich mir weiter im Norden in der abgelegenen Gegend von Amgu, wohin ich in ein paar Wochen mit Sergej gehen würde. Sich jetzt hier zumindest umzuschauen war allerdings nicht verkehrt. Etwas Besseres hatte ich ohnehin nicht zu tun, und die Übung konnte ich allemal gebrauchen.

Ich ging hauptsächlich mit Tolja auf Suche, doch manchmal kam auch John Goodrich mit, der Koordinator für die Feldforschung zu dem Tigerprojekt der US-amerikanischen Wildlife Conservation Society mit einem Büro in Ternei. John war damals schon mehr als ein Jahrzehnt in Russland, ich kannte ihn seit sechs Jahren. Er war groß, blond und attraktiv wie eine Actionfigur. Ja, sogar so sehr, dass der Zoo von New York City, die Zentrale der Wildlife Conservation Society, eine Gelenkpuppe nach ihm modellieren ließ, die sie eine Zeit lang zusammen mit einem Feldstecher, Rucksack, Schneeschuhen und einem kleinen Tiger verkaufte, den die Puppe verfolgen konnte.

In dem einfachen Dorfleben in Ternei fühlte sich John pudelwohl und war schon selbst ein wenig zum Russen geworden. Kein Wunder, da er schon so lange in diesem Land lebte. Im Winter trug er die traditionelle Pelzmütze, rasierte sich stets ordentlich und wartete ungeduldig auf den Beginn der Jahreszeiten zum Pilze- und Beerensammeln. Doch aller Wodka in Russland hätte nicht gereicht, das ländliche Amerika ganz aus ihm herauszuspülen. Er hatte nicht nur das Fliegenfischen in Ternei eingeführt, sondern fuhr auch im Sommer mit Wraparound-Sonnenbrille und Tanktop-T-Shirt in seinem Pick-up durch die Stadt, ein Anblick wie auf den Landstraßen des hintersten amerikanischen Westens.

John war unersättlich in seinem Wissensdurst zu Natur und Tierwelt und wollte, auch wenn er Tigerforscher war, unbedingt beim Erkunden der Riesenfischuhus helfen, wenn er die Zeit erübrigen konnte. Also ahmte ich für John in Ermangelung der Aufnahmen von der Samarga an einem Abend Mitte April Riesenfischuhu-Rufe nach, darunter das Viertöneduett und die zwei Töne von einem Einzelvogel, die ich von Sergej gelernt hatte. Mit meinen kruden Rufen hätte ich keinen Riesenfischuhu getäuscht, aber John sollte eine Vorstellung vom Rhythmus und der tiefen Tonlage bekommen – nichts anderes im Wald klang so. Der Ruf der am meisten verbreiteten Eule dort, des Habichtskauzes, hatte drei Töne und war höher, und auch die anderen Eulenarten, die man in der Region hörte – den Uhu, die Halsband-Zwergohreule, die Orient-Zwergohreule, den Falkenkauz, den Raufußkauz, den Gnomenkauz –, riefen in einer höheren Tonlage, und ihre Rufe waren leicht zu identifizieren. Der des Riesenfischuhus war unverwechselbar. Als John einigermaßen wusste, worauf er achten musste, brachen wir auf. Mit Tolja fuhren wir an den Zusammenfluss von Serebrjanka und Tunscha, zehn Kilometer westlich von Ternei. Dort gabelte die Straße sich und folgte jeweils den Flüssen. Für Riesenfischuhus schien das Habitat perfekt, seichte Flussarme und massenhaft hohe Bäume. Und dank der leichten Zugänglichkeit schien es auch perfekt für uns. Wenn wir Glück hatten und Uhus fanden.

Hier anzufangen war ein Leichtes. Im Gegensatz zur Samarga, wo wir erst mal zu dem vereisten Fluss gelangen und uns dann daran entlanghangeln mussten, fuhren wir hier einfach über die parallel zu den Flüssen verlaufenden Schotterstraßen, hielten immer wieder an und horchten nach den typischen Rufen. Zu dicht an den Fluss mussten wir nicht, es war sogar besser, das zu vermeiden, da man vor lauter Rauschen des rasch fließenden Wassers sonst eigentlich nichts hören konnte. John trennte sich an der Brücke von Tolja und mir, weil er etwa fünf Kilometer die Tunscha flussaufwärts weitersuchen wollte. Wir vereinbarten, uns 45 Minuten nach Einbruch der Dunkelheit am Zusammenfluss der beiden Flüsse zu treffen. In Tarnjacke und -hose, eher, weil ich mich den ortsüblichen Gepflogenheiten denn meiner Umgebung anpassen wollte, ging ich in einer Richtung über die Straße, Tolja in die andere. Ich fühlte nach, ob ich meine Handfackel in der Tasche hatte. Sie war zu meinem Schutz – die Bären waren nämlich wieder wach. Als Ausländer durfte ich keine Feuerwaffe tragen, und Bärenspray war schwer oder unmöglich zu finden. Da Handfackeln für Seeleute in Not gedacht sind, bekam man sie in Wladiwostok jedoch überall. Man aktiviert sie wie bengalisches Feuer, indem man an einer Schnur zieht und das darin befindliche Magnesium entzündet. Mehrere Minuten lang lodert und raucht dann lautstark eine einen Meter lange Feuersäule. In den meisten Fällen reicht das aus, gefährlich neugierige Petze oder Tiger zu erschrecken und in die Flucht zu schlagen. Und wenn das nicht klappt, kann man die Fackel auch als Waffe verwenden – wie einst John Goodrich. Auf dem Rücken liegend und festgehalten von einem Tiger, der ihm Löcher in eine Hand knabberte, drückte er mit der anderen dem Tier sein Messer aus Feuer in die Seite. Es rannte weg, und John überlebte.

Ich hatte ungefähr einen halben Kilometer zurückgelegt, da hörte ich das Duett. Es erklang von weiter oben vom Fluss, aus der Richtung, in die ich ging. Ein sehr klar vernehmbarer Viertöneruf aus vielleicht zwei Kilometern Entfernung. Wie angewurzelt blieb ich stehen. Bestimmte Geräusche im Wald – das Bellen eines Rotwilds, ein Gewehrschuss, selbst das Tirillieren eines Singvogels – sind plötzliche, für sich stehende Laute, auf die man sofort aufmerksam wird. Dieses Duett war anders: Gehaucht, tief und Teil eines lebendigen Ganzen, pulsierten die Rufe durch den Wald, verbargen sich zwischen den knarzenden Bäumen und folgten den Windungen des rauschenden Flusses. So klang etwas uralt Archaisches, etwas, das hierhergehörte.

Eine verlässliche Art, ein entferntes Geräusch zu verorten, ist die Triangulation oder Dreieckspeilung, eine einfache Vorgehensweise, zu der man nur ein paar Informationen braucht und genug Zeit, um sie zu sammeln. In diesem Fall brauchte ich ein GPS-Gerät, um festzuhalten, wo ich war, als ich den Uhu hörte; einen Kompass, um zu notieren, aus welcher Richtung das Rufen kam (die sogenannte Peilung), und die Zeit, verschiedene Peilungen vorzunehmen, bevor die Uhus verstummten oder wegflogen. Auf einer Landkarte konnte ich später meine mit dem GPS aufgezeichneten Standorte einzeichnen und mit einem Lineal die Linie jeder einzelnen Peilung nachziehen. Wo sich die Linien kreuzten, war im Allgemeinen die Stelle, von der aus der Uhu gerufen hatte. Generell betrachtet man drei Punkte als mindestens notwendig, damit die gesuchte Stelle in einem Dreieck sitzt, das gebildet wird, wo sich die Peilungslinien kreuzen (deshalb Triangulation).

Ich musste mich sputen. Brütende Riesenfischuhus beginnen mit ihren Wechselgesängen oft am Nest, fliegen dann aber bald zum Jagen fort. Wenn ich drei Peilungen sammeln konnte, hatte ich eine große Chance, den Nistbaum zu finden. Schnell nahm ich eine erste, vermerkte meinen Standort mit dem GPS und lief die Straße hinauf. Nach ein paar hundert Metern blieb ich mit klopfendem Herzen stehen und lauschte. Wieder die Wechselrufe. Erneut nahm ich eine Kompasspeilung vor und meinen GPS-Standort auf, dann rannte ich wieder los. Als ich einen dritten Standort erreichte, hörte ich nichts mehr. Ich spitzte die Ohren, wartete, aber es blieb still im Wald. Allmählich dämmerte mir, dass ich, in all der Zeit in Ternei, in der ich in der Nähe von Riesenfischuhus gewohnt hatte, ihre Anwesenheit gar nicht registriert hatte. Es kam darauf an, zur rechten Zeit unter den richtigen Bedingungen draußen zu sein! Und weil sich die Rufe oft mit anderen Geräuschen mischen, hätte ich sie auch verpassen können, wenn es windig gewesen wäre oder sogar dann, wenn in der Nähe jemand geredet hätte.

Meine zwei Peilungen waren jedoch ermutigend. Je nachdem, wie akkurat sie waren, mochten sie mich zu einem Nistbaum führen. Ich wartete noch ein bisschen auf weitere Rufe, doch als sie ausblieben, ging ich in bester Stimmung über die dunkle Straße zurück; unter meinen Schritten knirschte der Kies. Auch Tolja und John hatten Grund zum Lächeln. Beide berichteten, sie hätten Uhus gehört. Tolja gewiss das Paar an der Serebrjanka, das auch ich gehört hatte, jedenfalls seinen Schilderungen nach zu urteilen, aber John hatte definitiv andere Vögel vernommen. Und zwar aus der entgegengesetzten Richtung. Meine Liste potenzieller Tiere zum Untersuchen war in einer Stunde von null auf vier angewachsen. Auch dass wir Paare gehört hatten, nicht einzelne Tiere, war höchst ermutigend. Ein einzelner Vogel hielt sich vielleicht nur vorübergehend hier auf, doch Paare mochten fest hier leben. Womöglich konnten wir sie nächstes Jahr fangen und untersuchen.

Abends verzeichnete ich meine Peilungen auf einer Karte und gab die Koordinaten, an denen sich die Linien kreuzten, in mein GPS-Gerät ein. Am nächsten Morgen fuhren Tolja und ich über die staubige Straße voller Schlaglöcher wieder zur Serebrjanka und folgten dem grauen Pfeil auf meinem GPS, wo immer er uns hinführen würde. Bald ging es nicht mehr weiter, der schnell fließende Fluss versperrte uns den Weg. So weit waren wir am Abend zuvor allerdings gar nicht gekommen. Wahrscheinlich hatten die Uhus von der anderen Seite des Flusses gerufen. Wir quälten uns in unsere Wathosen und liefen zum hier etwa 30 Meter breiten Hauptarm der Serebrjanka. Sowohl flussaufwärts als auch abwärts war es zum Durchwaten zu tief, hier aber nicht, die Tiefe variierte zwischen knie- und taillenhoch, das klare Wasser rauschte über einen Untergrund aus glatten, faustgroßen Steinen und Kies.

In Primorje kann sogar ein nur knietiefer Fluss Ahnungslose zu der Annahme verleiten, hier kämen sie leicht durch – dabei kann die Strömung der Serebrjanka wie die der Samarga und anderer Küstenflüsse erheblich sein. Auch hier setzte sie uns beim Durchwaten ziemlich zu. Wenn wir an einer Stelle zu lange verharrten, weil wir uns über den richtigen Weg klarwerden mussten, rutschten uns die Kieselsteinchen unter den Füßen weg. Am anderen Ufer gelangten wir in ein Gewirr kleinerer Inseln, umflossen von schmaleren Armen, bewachsen von üppigem Primärwald aus Kiefern, Pappeln und Ulmen, darum herum in den häufiger überschwemmten Bereichen dichte Weiden. Das GPS führte uns zur größten Insel, umschlossen von trägen Achterwässern, eher Sumpf als Fluss, der höher gelegene Teil beherrscht von einem Wald riesiger Pappeln, die aus Gesträuch emporwuchsen, das mit den Resten ihrer vom Wind gefällten Brüder verwachsen war. Mit dem Fernglas suchte ich eine klaffende Höhle nach der anderen in den hohen Bäumen ab; die Anzahl möglicher Nester haute mich fast um. Inmitten der hoch aufgeschossenen krummen Bäume stand eine anmutige Kiefer wie eine Schönheit, umgeben von eingeschüchterten Verehrern. Sie war robust und gesund und hatte einen kräftigen Stamm mit roter Rinde, der oben unter einem immergrünen Rock von Ästen verschwand. Und da an einem Zweig hing eine Riesenfischuhu-Feder und zitterte in der kaum wahrnehmbaren Brise.

Ich winkte Tolja herbei, und fasziniert gingen wir zu dem Baum. Obwohl die dichten Zweige ihn unten vor Regen und Wind hätten schützen müssen, war etwas darunter, das in dem schmelzenden Schnee darum herum kaum zu sehen war. Ein Teppich von kalkweißen Fischuhuexkrementen, vermischt mit jeder Menge Gräten und Knöchelchen. Wir hatten eine Sitzwarte gefunden. Riesenfischuhus sitzen gern in Nadelbäumen wie dieser Kiefer. Wenn sie am Tage schlafen, finden sie hier Schatten und Schutz vor Wind, Schnee und den streitlustigen, streunenden Krähen. Sofort sah ich, dass Riesenfischuhu-Gewölle unverwechselbar ist, eben anders als das graue, würstchenähnliche Hervorgewürgte anderer Eulen. Da diese meist Säugetiere fressen, besteht es aus kleinen, kompakten fellumhüllten Knochenpäckchen. Erbricht aber ein Riesenfischuhu die unverdaulichen Reste seines Beutetiers, gibt es nichts, das die Gräten und Knochen zusammenhält. Spei*ballen* sind es nur dem Namen nach.

Ganz aufgeregt über unseren Fund, gaben Tolja und ich uns die russische High-five-Version, einen männlich-kräftigen Handschlag. Riesenfischuhus benutzen ihre gewohnten Sitzwarten nicht so regelmäßig wie manch andere Eulenart, und eine so gut frequentierte war wirklich eine Seltenheit. Gleichzeitig ein starkes Indiz dafür, dass ein Nistbaum in der Nähe war. Denn wenn das Weibchen brütet, hält sich das Männchen zu seinem Schutz normalerweise nicht weit entfernt auf. Den restlichen Morgen verrenkten wir uns die Hälse nach Höhlen über uns, schön geräumig und in Höhen von zehn bis 15 Metern, und spähten – vergeblich – nach Zeichen eines Nests in einem Baum. Wir waren wirklich auf einen geheimen Ort für diese Riesenfischuhus gestoßen, auf den Flussinseln und in dem Sumpfland gut geschützt vor neugierigen Blicken.

Während der nächsten Tage suchten wir die Täler der Serebrjanka und Tunscha weiter ab. Wir hörten das Paar, das John wahrgenommen hatte, fanden aber einfach keine Spuren, wo sie sich aufgehalten haben mochten. Trotzdem, sie mussten den ganzen Winter hier gewesen sein, denn Riesenfischuhus sind keine Zugvögel. Doch jetzt, da der Schnee schmolz und die Bäume ausschlugen, waren Spuren und Federn immer schwieriger zu erkennen. Nach ein paar weiteren Suchtagen fuhr Tolja zum Fluss Awwakumowka, etwa 200 Kilometer geradewegs nach Süden, wo Surmatsch ein besetztes Fischuhunest mit einem frisch ausgebrüteten Ei gefunden hatte. Surmatsch wollte, dass Tolja das Nest beobachtete, aufzeichnete, wie viel Futter die Eltern dem Jungen brachten, welche Beutetiere sie verfütterten und wann das Junge flügge wurde.

Ich beendete die Woche damit, mit John auf Horchtour zu gehen und ein paar weitere Gegenden nach Lebenszeichen abzusuchen, darunter den Fluss Scheptun, wo Surmatsch und Sergej vor ein paar Jahren ein Nest gefunden hatten. John und ich fanden den Baum auch, eine dicke Pappel, aber sie lag, gewiss in einem Sturm gefällt, darnieder und schon fast verborgen von dem Buschwerk, das seit ihrem Ableben darüber gewuchert war. Fischuhus hörten wir hier indes nicht.

Seit meiner Rückkehr von der Samarga wohnte ich in Ternei bei John. Auf dem Hügel über der Stadt hatte er ein blau und gelb gestrichenes, helles, bequemes Haus mit einem bescheidenen terrassierten Garten darunter. Ich wohnte in seinem Gästezimmer in einem Nebengebäude, das ein bisschen modrig roch und gerade groß genug war, dass ein ziegelsteingemauerter Holzofen, ein niedriges Bücherregal und eine massive Couch hineinpassten, die ich nachts zu einem schiefen Bett auszog. Eine *banja* war angebaut. Von der großen, um einen Apfelbaum herum angelegten Veranda blickte man auf die niedrigen Holzhäuser von Ternei und das Japanische Meer in der Ferne. An warmen Sommerabenden in den vergangenen Jahren war Johns Haus fast zu meinem zweiten Zuhause geworden. Hier hatten wir Bier getrunken, geräucherten Rotlachs gegessen und uns an der spektakulären Aussicht gar nicht sattsehen können. Nicht lange nach Toljas Abreise saßen wir an einem ähnlich angenehmen Abend dort und verspeisten Meeresfrüchte, von dem Sturm an Land gespült, der Sergej und Schurik im Dorf Swetlaja festgehalten hatte. John brachte das Gespräch auf Tolja.

»Weißt du, warum Tolja nicht trinkt?«, fragte er ganz wie nebenbei und schaute mich über den Hals seiner Halbliterflasche Bier neugierig an. Ich verneinte. »Aha«, fuhr er fort. »Er hat mir erzählt, dass er vor Jahren einmal im Altaigebirge war, irgendwelche Verwandten besuchen, und da bei einem Picknick zu viel Wein getrunken hat. Er lag im Gras, und als er in den blauen Himmel über sich schaute, wünschte sich etwas in ihm Regen. Zu seinem Erstaunen fielen die ersten Tropfen. Und als er begriff, dass er Macht über das Wetter hatte, beschloss er, mit dem Trinken aufzuhören, weil er mit dieser gefährlichen Gabe verantwortungsvoll umgehen musste.«

Unsicher, was ich darauf erwidern sollte, schaute ich John an.

»Kaum denkst du, jemand ist doch ganz richtig im Kopf«, sagte John und trank einen Schluck Bier, »da erzählt er dir so was.«

2006 kam der Frühling spät, und die meisten Flüsse, von denen wir erwartet hatten, dass wir sie zumindest in Brustwathosen durchqueren konnten, waren von der Schneeschmelze noch angeschwollen und braun von der mitgeführten Erde. Durchzuwaten war gefährlich. Nach Diskussionen mit Sergej beschlossen wir, ebenfalls nach Süden zu fahren, zu Tolja an die Awwakumowka. Da konnten sich die Flüsse ein bisschen beruhigen, bevor wir nach Amgu fuhren. Erst einmal würde ich mit Tolja das Verhalten der Riesenfischuhus an dem Nest beobachten, außerdem Sergej helfen, weitere im Gebiet der Awwakumowka zu suchen, die wir vielleicht in unsere Telemetriestudie einschließen konnten. Ende April fuhr ich mit dem Bus vier Stunden von Ternei nach Dalnegorsk, wo Sergej lebte. Von da aus ging es in Sergejs Pick-up weiter die Küste hinunter zur Awwakumowka.

12

Ein Riesenfischuhu-Nest

Dalnegorsk ist eine Stadt mit 40 000 Einwohnern, zwischen den steilen Hängen des Rudnajaflusstals gelegen und als Bergarbeiterlager im Jahre 1897 vom Großvater des Schauspielers Yul Brynner gegründet. Stadt, Fluss und Tal hießen bis Anfang der 1970er-Jahre alle Tetjuche, aber mit der Verschlechterung der chinesisch-russischen Beziehungen verpasste man Tausenden von Flüssen, Bergen und Städten allenthalben im südlichen Fernen Osten Russlands kurzerhand neue, nicht aus dem Chinesischen stammende Namen. Als der Forschungsreisende Wladimir Arsenjew und seine Männer 1906 durch das Rudnajatal kamen, waren sie hingerissen von dessen Schönheit; wie gebannt betrachteten sie die schroffen Felswände, die dichten Wälder und die beinahe unvorstellbare Zahl an Lachsen. Leider haben einhundert Jahre Bleiförderung und -schmelze der Pracht sehr geschadet. Die wahnsinnigen Lachswanderungen gehören wegen der Zerstörung der Habitate an den Flüssen sowie der Überfischung der fernen Vergangenheit an, und das Tal ist nur noch ein grotesker Schatten seiner selbst. Einige seiner einst eindrucksvollen Berge sind durch Abtragung der Gipfel (im »Tagebau«) regelrecht enthauptet worden, andere wegen der Mineralienfunde im Inneren ausgeweidet. Auch die Menschen dort litten. Vier Direktoren der Bleischmelzhütte starben nacheinander an Krebs, und auf einem Spielplatz in der Nähe ergab sich bei Bodenproben, dass sie mehr als das 27-Fache des Grenzwerts betrugen, bei dem in den USA eine Sanierung gesetzlich vorgeschrieben wäre. Die Einwohner eines Dorfes im Flusstal der Rudnaja erkranken fast fünfmal so häufig an Krebs wie die Bewohner von Ternei.

Sergej holte mich am Busbahnhof ab, und am nächsten Morgen verließen wir Dalnegorsk. Und zwar im *domik* (dem »kleinen Haus«), einem Toyota

Hilux von Anfang der 1990er-Jahre mit einem spezialangefertigten Camperteil hinten. Das Ganze war einheitlich hellviolett gehalten. Der hintere Bereich, viel Plüsch und brauner Teppichboden, hatte eine Nische mit Bänken und Tisch, wo zwei Personen bequem schlafen konnten. Großartig beheizt werden konnte der Wagen nicht, zur Arbeit im Winter war er eher ungeeignet. Für Uhuerkundungen im Frühling allerdings war er geradezu ideal. Wir konnten arbeiten, bis wir müde wurden, dann parken und schlafen, wo wir wollten. Woanders in der Welt hätte dieses Fahrzeug kaum Aufmerksamkeit erregt, im Inneren Primorjes sehr wohl. Die Leute gafften uns hinterher und Dorfjungen brüllten sich einander zu, sich das schnell anzugucken, bevor wir weg waren.

Nach etwa zwei Stunden Fahrt hielten wir in einem Küstendorf namens Olga und nahmen ein spätes Mittagessen bei Sergejs Bruder Sascha ein, der dort wohnte. Ein kurzes Stück fuhren wir weiter bis nach Wetka, eines der ältesten russischen Dörfer in Primorje, das 1859 von Einwanderern aus Südostrussland besiedelt wurde. Irgendwann in den letzten anderthalb Jahrhunderten seit seiner Gründung ist es Wetka vielleicht gut gegangen, aber seit dieser Ecke der Russischen Föderation zum letzten Mal das Glück gelächelt hat, ist geraume Zeit vergangen. Das Dorf war eine kleine Ansammlung sehr verwahrloster Häuser, umgeben von riesigen Höfen mit allem möglichen Schrott, bewohnt von brummigen Rentnern. Wir bogen von der Hauptstraße ab, holperten einen Berg hinunter und fuhren dann an den verfallenden Resten einer bankrotten sowjetischen Kolchose vorbei, einer der vielen, die die Perestroika nicht überlebt hatten. Auf der anderen Seite davon war die Müllhalde des Dorfes, ein breiter Streifen mit Abfall und zerbrochenen Flaschen, und das alles ergoss sich weiter in den flachen Nebenfluss der Awwakumowka. Wir überquerten sie und sahen etwa 200 Meter vor uns eine Gestalt auf dem Weg. Tolja. Er stand vor seinem Lager, einem Zelt am Rand eines Feldes, das wiederum an einen Auenwald grenzte, neben ihm eine mit einer großen blauen Plane bedeckte kleine Feuergrube. Er war schon seit mehr als einer Woche hier. Nach einer Tasse Tee ging er mit uns über einen Anglerweg zum Nistbaum am Fluss.

Es war eine Chosenia – wie die, die ich an der Mündung der Samarga gesehen hatte, mit tief gefurchter Rinde und Ästen, die sich wie die Arme eines Meerungeheuers wanden und gen Himmel streckten. Tolja zeigte auf die Krümmung, wo der Hauptstamm einmal weitergewachsen war, aber jetzt endete und nur noch der zersplitterte Abbruchrand zu sehen war. Vermutlich war der Baum in einem Sturm abgeknickt, aber an ebender Stelle war nun eine Vertiefung, in der sich die Nesthöhle befand. Ein paar Meter zur Rechten befanden sich auf einem langen Pfahl eine kleine Kamera und ein ultraviolettes Beleuchtungsgerät – Tolja hatte mehrere Weidenstämme entastet und mit Seil zusammengebunden, sodass sie aufrecht standen. Schwarze Kabel schlängelten sich in engen Spiralen daran zu Boden und verschwanden unter einem getarnten kuppelförmigen Aufbau in der Nähe, dem Beobachtungszelt.

Unser Kollege war hier nachtaktiv geworden. Er schlief während des Tages, damit er sich die ganze Nacht still in das Tarnzelt hocken, das Nest beobachten und alles, was passierte, notieren konnte.

»Sie sitzt einfach nur den ganzen Tag da«, sagte er. »Fliegt nicht auf. Starrt nur hinaus.«

»Du meinst, sie sitzt jetzt im Nest?«, flüsterte ich und schaute hoch.

»Natürlich.« Tolja war überrascht, dass ich das nun erst begriff. »Und während wir sprechen, schaut sie uns an.«

Ich nahm mein Fernglas. Nach einem Moment entdeckte ich sie, zuerst nur einen braunen Fleck, das war ihr Rücken, der farblich mit der Rinde um sie herum verschmolz. Alles andere war nicht zu sehen. Doch dann konzentrierte ich meinen Blick auf den dünnen Riss im vorderen Rand der Vertiefung und erblickte ein gelbes Auge, das unverwandt in meins blickte. Der geheimnisvolle Vogel war nur wenige Schritte entfernt, ein halbes Dutzend Meter hoch auf einem Baum. Ich freute mich wahnsinnig. Wieder wurde ich daran erinnert, wie sehr Riesenfischuhus wie ein organischer Teil des Waldes wirken, nicht einfach wie etwas *im* Wald. Das Weibchen war so gut getarnt, dass man kaum unterscheiden konnte, wo der Baum endete und der Vogel begann. Es kam mir surreal vor. Nach all den Mühen der Suche in den unberührten Wäldern an der Samarga und um Ternei stand ich nun hier am Rand eines Dorfmüllplatzes auf einem Anglerpfad, und ein Riesenfischuhu schaute auf mich herab.

Ein paar Tage blieb ich bei Tolja, während Sergej mit dem *domik* am Fluss Sadoga, einem Nebenfluss der Awwakumowka, hochfuhr und dort Uhus suchte. Als ich mein Zelt neben Toljas aufbaute, schlug er vor, dass ich die Nachtwache im Beobachtungszelt übernahm. Ich stimmte begeistert zu, und er nannte mir die Grundregeln des Lebens darin.

»Mach kein Geräusch, und beweg dich so wenig wie möglich«, sagte er feierlich. »Wir wollen ja nicht, dass die Elternvögel wegen uns nicht mehr zu dem Jungen gehen. Wir versuchen, das natürliche Verhalten zu beobachten, nicht das Verhalten, das von der Nähe des Menschen beeinflusst wird. Und verlass das Zelt nicht vor dem Morgen. Wenn du pinkeln musst, nimm eine Flasche.«

Mit diesen Worten wünschte er mir viel Glück. Ich nahm meine Sachen und ging durch den Wald zurück zu dem Zelt, ein Zwei-Personen-Ganzjahreszelt, das etwa ein Dutzend Meter vom Nistbaum entfernt ins Unterholz gezwängt und mit schall- und lichtdämpfendem Stoff und Tarnnetzen bedeckt war, die Tolja genäht hatte. Innen war es zugemüllt mit 12-Volt-Autobatterien, verschiedenen Adaptern und Kabeln und einem kleinen Schwarzweiß-Videomonitor. Ich packte meinen Observierungssnack aus, eine Thermoskanne mit reichlich gesüßtem Tee, Brot und Käse. Als Nächstes schaltete ich den Monitor an, der das Zeltinnere mit sanftem Licht erhellte. Natürlich bewegte ich mich langsam und geräuschlos. Ich hatte eine Heidenangst, das Weibchen zu erschrecken, das im Nest saß und mich bestimmt hatte kommen sehen. Als das Bild auf dem Bildschirm deutlicher wurde, sah ich, dass es an seinem Platz saß, und zwar zu meiner Erleichterung still und anscheinend auch nicht alarmiert. Mit allmählichem Einsetzen der Dämmerung regte es sich, sah offenbar etwas, und ich hörte ein Geräusch im Baum über mir. Vermutlich landete ganz in der Nähe das Männchen. Dieser Verdacht erhärtete sich, als das Weibchen sich aus dem Nest erhob und über einen Ast außer Sichtweite ging. Dann begann direkt über mir der Wechselgesang, tief, voll tönend und laut.

Wie gebannt saß ich da, hörte den Uhus über mir zu und versuchte, mein Herz, das mir in den Ohren hämmerte, zur Ruhe zu bringen. Ich wollte um keinen Preis schlucken oder zucken, vor lauter Angst, die Vögel würden mich hören und dieses spannende Ritual abbrechen. Selbst aus so kurzer

Entfernung klangen die Rufe gedämpft, als riefen sie in Kissen. Der Jungvogel, nun auf dem Bildschirm deutlich erkennbar, sah aus wie ein kleiner grauer Sack Kartoffeln und watschelte kreischend in der breiten, flachen Nesthöhle hin und her. Er wusste, dass Futter kommen würde, aber im Gegensatz zu mir hatte er keine Geduld, sich dieses ganze Gerufe anzuhören.

Das Duett verklang, das Paar war zum Jagen losgeflogen. Die Nacht wurde lang und faszinierend. Bis Mitternacht brachten die Eltern fünfmal Futter zum Nest, jedes Mal angekündigt vom Flappen mächtiger Flügel, die beim Näherkommen der Vögel auf die Äste in den Baumkronen schlugen. Ein Ast brach sogar ab und knallte auf unser Beobachtungszelt. Aber für jemanden mit einer zwei Meter langen Flügelspannweite ist es schwer, nachts in dem Dschungelwirrwarr eines Flusstals Haltung zu bewahren.

Da der Aufnahmewinkel bei jeder Essenslieferung schlecht und das Video unscharf war, konnte ich nicht genau erkennen, was für Futter dem Jungen gebracht wurde und von wem, vom Männchen oder Weibchen. Die erwachsenen Vögel sahen sich doch sehr ähnlich, und wer von beiden mehr von der Fütterung übernahm, wenn überhaupt einer, blieb mir verborgen. Jahre später lernte ich, dass Weibchen viel mehr Weiß im Schwanz haben als Männchen und dass man die Geschlechter gut daran unterscheiden kann. An diesem Abend sah ich immer nur ein erwachsenes Tier, das anflog, auf dem Rand der Nistmulde landete, dem zu ihm hinschlurfenden, quäkenden Nestling Futter gab und wieder wegflog.

Nach der fünften Essenslieferung blieb einer der Elternvögel fast zehn Minuten im Nest, bevor er erneut davonflog, und dann sah ich vier Stunden keinen von beiden mehr. Das Jungtier kreischte in dieser Zwischenzeit unaufhörlich. Allein zwischen halb drei und halb fünf zählte ich 157 dieser gellenden Schreie und notierte sie jedes Mal penibel mit einem Zählstrich.

Im stillen, kalten Morgengrauen verließ ich den Beobachtungsposten und kehrte zu unserem Lager zurück. Das lange erloschene Feuer zeigte an, dass Tolja noch nicht wach war. Ich kroch in mein Zelt, wickelte mich in meinen Schlafsack und schlief schnell ein.

Wenige Stunden später wurde ich von Tolja geweckt, in dessen Stimme etwas derart Dringliches mitschwang, dass ich sofort hellwach war. Ich sprang aus dem Zelt; der Himmel war schwarz, das Land stand in Flammen. Aus etwa 100 Meter Entfernung brodelte Bodenfeuer auf uns zu, angefacht von einer steifen Brise verschlang es das trockene Gras im Süden von uns.

»Nimm einen Eimer!«, brüllte Tolja und rannte zu dem meterbreiten Flussarm zwischen uns und dem Feuer. »Mach alles nass!«

Wir standen in dem flachen Gewässer, schon schmutzig in der Hektik, warfen eine Ladung Wasser nach der anderen auf die rappeltrockenen Pflanzen am anderen Ufer, ein gefundenes Fressen für das Feuer. Die Flussgrenze mussten wir halten. Wenn die Flammen zu uns herüberschlugen, war unser Lager verloren. An manchen Stellen loderten sie mehrere Meter hoch, und wenn sie dem Fluss zu nahe kamen, würden sie wahrscheinlich ohne Weiteres herüberspringen. Schon waren sie nur noch etwa 30 Meter entfernt.

»Hast du Angst?«, brüllte Tolja, ohne mich anzusehen. Unermüdlich schleuderte er, so weit er konnte, das Gemisch aus Wasser und Schlamm hinüber.

»Ja, klar hab ich Angst!«, rief ich. Augenblicke zuvor hatte ich selig geschlafen, und jetzt stand ich in Unterwäsche und Gummistiefeln im Dreck und versuchte, mein Zelt mit einem Eimer vor einem wütenden Feuer zu schützen.

Die Flammen erreichten den Rand unserer nassen Pufferzone und testeten vorsichtig das feuchte Gras und Gestrüpp. Sie leckten und suchten, aber die Pflanzen brannten nicht, unsere Verteidigungslinie hielt. Das Feuer starb ein paar Meter vor dem Fluss einen wenig beeindruckenden Tod, unser beherztes Eingreifen hatte es besiegt.

Ich starrte auf die aschene, schwelende Wiese und fragte Tolja, was hier abgelaufen sei. Er habe gesehen, erwiderte er, wie jemand auf der anderen Seite der Wiese herangefahren sei, einen Moment mit laufendem Motor dort gestanden habe und dann wieder weggefahren sei. Er, Tolja, habe sich überhaupt nichts dabei gedacht, bis er den Rauch gesehen und begriffen habe, was geschah. Im Frühjahr brannten die Dorfbewohner gewohnheitsmäßig ihre Wiesen ab, um dem Boden neue Nährstoffe zuzuführen, neues Wachstum zu fördern und ganz nebenbei noch Zecken zu töten, die das weidende Vieh plagen. Doch ebenso gewohnheitsmäßig überließen sie die Brände sich selbst, und wenn diese, wie das hier der Fall war, auf den Wald übergriffen, konnten sie massiven Schaden anrichten. Ja, wenn dieses Feuer ein paar Wochen später entflammt wäre – wenn das Fischuhu-Junge noch ohne fliegen zu können das Nest verlassen hätte, wäre es leicht in den Flammen umgekommen. Besonders zerstörerisch sind diese Brände im Südwesten Primorjes, wo sie langsam und systematisch die dichten Wälder, das letzte bisschen Lebensraum auf diesem Planeten für die stark vom Aussterben bedrohten Amurleoparden, in eine offene Eichensavanne verwandeln.

Am nächsten Morgen kam Sergej zurück. Geplant war, in ein paar Tagen ohne Tolja (der hierbleiben sollte) zurück nach Ternei zu fahren und dann nach Amgu im Norden. Zuerst aber wollten wir noch weiter an der Awwakumowka suchen. Dazu lauschten wir an der Straße neben dem Fluss nach Riesenfischuhus, ähnlich, wie wir, Tolja, John und ich, es in der Nähe von Ternei gemacht hatten. Ungefähr 20 Kilometer flussaufwärts von Wetka hörten wir welche an einem kleinen Nebenfluss. Sergej und ich durchkämmten den Wald nach Anzeichen eines Nests und verbrachten zwei Nächte in einem Zelt am Fluss. Doch jeden Abend riefen die Vögel von einem anderen Ort. Da sie nicht jedes Jahr brüten, deutete der ständige Ortswechsel darauf hin, dass sie nicht an ein Nest gebunden waren. Wir fanden allerdings einen vermutlich alten Nistbaum und Beweise für eine Sitzwarte nicht weit davon. Wir wären länger an der Stelle geblieben, doch eines Morgens erwachten wir in heftigem Regen, der Fluss trat schon über die Ufer, überschwemmte unsere Zelte, und wir zogen die Awwakumowka flussabwärts, um einen anderen Nebenfluss näher an der Küste zu erkunden, wo Sergej vor ein paar Jahren ein Nest gefunden hatte. Das Nest war leer und der Wald still.

An dem Morgen, an dem Sergej und ich nach Amgu aufbrechen wollten, bat uns Tolja, dass wir ihm vorher noch ein paar frische Vorräte besorgten. Das Dorf Wetka in der Nähe war zu klein und hatte keine Läden, deshalb fuhren Sergej und ich mit dem hellvioletten *domik* nach Permskoje, einem etwas größeren Dorf etwa fünf Kilometer weiter weg, und hielten Ausschau nach Kartoffeln, Eiern und frischem Brot für Tolja. Ich saß hinten, lümmelte mich auf einer der weichen Bänke und schaute durch die getönten, gardinenbehängten Fenster. In Dörfern von der Größe Permskojes gab es zwar oft Läden, aber manchmal hatten sie weder Ladenschilder noch Schaufenster.

Meine Theorie dazu war, dass die Ladenbesitzer der Meinung waren, Ortsansässige, die wirklich etwas brauchten, wüssten schon, wo sie was kaufen konnten. Wir fuhren Permskojes einzige Straße hinauf und hinunter, kein Ladenschild in Sicht. Also hielten wir vor zwei korpulenten Frauen mittleren Alters auf einer Bank, und Sergej rollte das Fenster herunter. Sie sagten uns, wo wir Eier und Kartoffeln bekämen – auf der anderen Seite der Stadt verkaufte eine Frau Waren aus einem Schiffscontainer –, aber beim Brot hatten wir Pech. Offenbar wurden täglich morgens ofenheiße Laibe aus Olga angeliefert, deckten jedoch gerade den Bedarf in Permskoje und waren rasch ausverkauft. Mit dieser Information kletterte Sergej wieder in den *domik*, und wir diskutierten, ob es der Mühe wert war, wegen Toljas Brot bis nach Olga zu fahren. Da klopfte es an die Hintertür des Wagens. Neugierig schauten uns die beiden Frauen von der Bank an.

»Also«, fing eine unsicher an, »wie organisieren Sie das, meine Herren? Machen wir einen Termin aus oder gehen Sie von Tür zu Tür?«

Wir schauten sie verständnislos an. Sergej bat sie höflich um Aufklärung.

»Ihr seid Ärzte, stimmt's?«, meldete sich jetzt die andere Frau zu Wort. »Die Leute hier reden ständig über den violetten Pick-up mit Röntgengeräten … und dass Ärzte gratis Röntgenuntersuchungen für bedürftige Bürger und Bürgerinnen anbieten.«

Ich runzelte die Stirn. In der letzten Woche war Sergej auf der Suche nach potenziellen Uhustellen tatsächlich immer wieder über diese Straße gefahren, und offenbar hatten die Leute in Permskoje haarscharf daraus geschlussfolgert, dass wir ein mobiles Team von freiberuflichen Röntgenexperten waren. Merkwürdig, aber vermutlich auch nicht merkwürdiger als die Wahrheit, was an ihren Gesichtern klar abzulesen war, als Sergej erklärte, wir seien keine Ärzte, sondern Ornithologen, die seltene Eulen suchten. Für Dorfbewohner, die ihre Lebenskraft und ihre Gesundheit in diese Felder und Gemüsegärten steckten und kaum über die Runden kamen, war die Vorstellung, dass Menschen Vögel suchten und das Arbeit nannten, vielleicht bizarrer als ambulante Ärzte mit Röntgenapparat.

Wir kauften Eier und Kartoffeln aus dem Container, fuhren nach Olga, um Brot zu kaufen, und brachten alles zu Tolja. Dann ging es ab gen Norden. Sergej setzte sich ans Steuer, und ich streckte mich auf der bequemen Rückbank aus und schlief. In Dalnegorsk stellten wir den *domik* in Sergejs Garage und nahmen stattdessen seinen anderen roten, aufgemotzten, für die Feldforschung dienlicheren Toyota Hilux; das Bett und die Massen an Ausrüstung waren mit grüner Vinylplane abgedeckt. Der Wagen sah aus wie ein Warlordgefährt und war für die schlechten Straßen und schäumenden Flüsse, die uns im Rajon Ternei erwarteten, hervorragend geeignet. Wir fuhren ja wieder in die Wildnis.

13

Wo es keine Verkehrsschilder mehr gibt

Wir nahmen uns Zeit und hielten immer wieder an, um nach Riesenfischuhus zu horchen. In der Nähe von Ternei, nicht weit von dort, wo John, Tolja und ich schon zwei Paare gehört hatten, hörten Sergej und ich ein drittes, als wir auf einem sogenannten Rückeweg entlang dem Fluss Faata einem entfernten Rufen folgten. Dann fuhren wir über den Berjosowi-Pass auf der einzigen Straße weiter nach Norden. Die Berge waren immer noch von einem katastrophalen Waldbrand verheert, der vor Jahrzehnten hier gewütet hatte und bei dem mehr als 20 000 Hektar eines dichten Primärwaldes aus Korea-Kiefer verbrannt waren, Hügel um Hügel gleichmäßig mit verkohlten, geborstenen, noch stehenden Baumstämmen bedeckt – man hatte das Gefühl, durch ein uraltes Gräberfeld zu fahren, auf dem die Strünke über den toten Wald wachten. Im Winter, wenn ohnehin alles kahl war, sah man die Vernarbungen weniger deutlich, aber in dem optimistischen Grün des Frühlings lastete Trauerstimmung über der kahlen Gebirgslandschaft.

Wir fuhren hinab und überquerten den schmalen, ungestümen Fluss Belimbe, der in Richtung Küste breiter und tiefer wird. Als ich vor ein paar Jahren wieder an der Mündung war, sah ich fassungslos, wie eine Gruppe Wilderer den Fluss abwechselnd mit Kiemennetzen absperrte und mit faustgroßen Enterhaken willkürlich Fische aus dem Wasser riss. Sie waren hinter dem wertvollen Rogen aus den geschwollenen Leibern der Buckellachsweibchen her, die ihre Eier in den flacheren Abschnitten des Flusses ablegen wollten. Dass es ein einziges Tier durch diesen wahren Spießrutenlauf von Netz und Haken schaffte, konnte ich mir nicht vorstellen.

Wir folgten dem Belimbe nur kurz nach Osten, schalteten dann ein paar Gänge herunter und fuhren zum Kema-Pass hoch. Oben teilte sich die verschlammte Straße, und ein kugeldurchsiebtes Schild zeigte geradeaus nach Kema und links nach Amgu. Wir fuhren nach links. Einen Wegweiser sahen wir erst wieder, als wir auf dem Rückweg nach Süden erneut an diesem vorbeikamen. In dem sich nun nördlich von hier über Hunderte Kilometer bis zum Verladehafen von Swetlaja erstreckenden Labyrinth von Holztransportstraßen gab kein Schild mehr an, welche Abzweigung zu welch seltenen isolierten Siedlungen oder Holzfällerlagern oder einfach nur in Sackgassen führte. So wie man in Permskoje keine Ladenschilder brauchte, setzte man hier offenbar voraus, dass jeder wusste, was er tat, wenn er sich auf diese Straßen und Wege wagte.

Bei der Fahrt hinab in Richtung der Tekunscha verlangsamte Sergej das Tempo, bog ab und fuhr in Gesträuch – dachte ich jedenfalls, aber dann sah ich, dass es ein längst überwachsener Rückeweg war. Wir ruckelten darüber wie durch eine Autowaschanlage, Äste mit trockenen Blättern schlugen, massierten und kratzten den Wagen von vorn bis hinten ordentlich ab. An einer Lichtung, der ehemaligen Verladestelle, hielten wir an und parkten. Es war kurz vor Einbruch der Dunkelheit: perfekt, um nach Riesenfischuhus zu horchen, aber es ging ein kräftiger Wind, und wir konnten nichts hören.

Im Schein der Taschenlampen bauten wir unsere Zelte auf und kochten uns auf meinem Campingkocher rasch Wasser für ein wenig befriedigendes Abendessen, Marke »Business Lunch«, eine trockene Fertigmahlzeit aus Kartoffelbreipulver und ein paar angegrauten Stückchen Rindfleisch. Der junge Start-up-Typ auf der Verpackung wirkte angesichts seiner Portion weit begeisterter als wir. Wir ertränkten das Ganze in scharfer vietnamesischer Sauce und verzehrten es schweigend. Vor vier Jahren hatte Sergej hier in der Nähe ein Nest gefunden, vermutlich nur 300 Meter von unserem Lager entfernt, und wir wollten es beim ersten Morgenlicht suchen. Wenn das Paar trotz der großen Nähe zur Straße noch da war, war es perfekt für unsere Telemetriestudie.

Das hohe Gras war noch nass vom Tau, als wir am nächsten Morgen über einen Weg, über den man einst die Stämme geschoben hatte und der immer nur provisorisch, aber jetzt überwachsen war, zum Fluss gingen. Sergej vorneweg. Obwohl er oft die GPS-Koordinaten von relevanten Riesenfischuhu-

Stellen wie Nistbäumen oder Jagdgebieten notierte, benutzte er sein GPS selten, um sie wiederzufinden. Seine Begründung hatte etwas für sich. Das Habitat von Riesenfischuhus lerne man am besten verstehen mit Gefühl und indem man an Flüssen entlang und durch den Wald laufe. Wenn man es wirklich eilig habe, dann klar, solle man das GPS benutzen, aber routinemäßig in ein batteriebetriebenes Kästchen zu starren statt sein Augenmerk auf die reale Umgebung zu richten, verleite einen allzu leicht dazu, wichtige Einzelheiten zu übersehen. Sergej führte uns flussaufwärts, hielt an einem breiten flachen Ufer mit glattgespülten Kieseln an und spähte in den Wald.

»Wenn du ganz genau hinschaust«, sagte er, beugte sich zur Seite und kniff die Augen zusammen, »kannst du die Höhle von hier aus sehen.«

Etwa 40 Meter vom Flussufer entfernt stach eine fast 20 Meter hohe Ulme aus den Weiden ringsum heraus. Ungefähr auf der Hälfte teilte sich der Stamm, die eine Hälfte wuchs weiter hoch und bildete eine belaubte Krone aus, während an der anderen der Stamm abgebrochen und eine Vertiefung entstanden war. Dort befand sich die Nisthöhle des Tekunscha-Paares.

Wie die anderen Nester, die ich bisher gesehen hatte, war es ein Schornsteinhöhlennest. Ob die Vögel es benutzten oder nicht, konnte man jedoch nicht richtig erkennen. Durchs Fernglas sah ich keines der verräterischen Zeichen, die zu suchen ich gelernt hatte, wie Daunenfedern, die in der Nähe des Nests an der Rinde festhingen, oder frische Krallenspuren eines Elternvogels am Rand der Nesthöhle. Sergej meinte, wenn das Paar brütete, sei das Weibchen jetzt nestfest und das Männchen halte nicht weit von hier versteckt Wache. Wir müssten Letzteres nur dazu bringen, sich zu erkennen zu geben. Also bewegten wir uns ein Stück von dem lärmenden Fluss weg auf den Baum zu und setzten uns auf einen umgestürzten Stamm im Unterholz. Der grüne Pflanzenbewuchs um uns herum war geradezu erstickend dicht.

Sergej begann die Schreie nachzuahmen, die ich von dem Nestling in der Nähe von Wetka gehört hatte, ein bettelndes Kreischen, das manchmal auch erwachsene Vögel ausstoßen. Dazu drückte mein Gefährte Luft durch die Zähne und erzeugte ein heiseres, tiefer werdendes Pfeifen. Offenbar so überzeugend, dass wir fast sofort eine Antwort bekamen. Von unten am Fluss rief das Paar laut, aber das Duett war konfus und schlecht synchronisiert. Es verriet die Aufregung der Vögel. Wir indes wussten nun, dass das

Revier weiterhin besetzt war, aber das hier lebende Paar nicht brütete. Sonst wäre das Weibchen in dem Nest über uns gewesen.

Die Vögel waren erbost. Hatte doch gerade ein unbekannter Riesenfischuhu aus der Umgebung ihres Nistbaums gerufen, dem Zentrum ihres Reviers. Plötzlich schwankte eine Fichte über unseren Köpfen, ein schwerer Riesenfischuhu hatte sich in ihrer Krone niedergelassen. Der Reihenfolge in dem nun folgenden Wechselgesang nach zu urteilen, war es das Männchen. Auch das Weibchen war näher gekommen, aber es blieb verborgen. Beide waren in höchster Erregung und wollten den Eindringling unbedingt aufstöbern. Sergej rührte sich nicht, grinste, und weiterhin im Unterholz für sie nicht sichtbar pfiff er noch einmal, um die Feindseligkeiten ein wenig anzustacheln. Da flog das Männchen zu einem horizontalen Ast des Nistbaums uns gegenüber und suchte wie ein feuersprühender Drache mit seinen gelben Augen den Boden ab. Alles an diesem rachedurstigen Vogel war beeindruckend. Mit dem gelblich braunen Brustgefieder, durchzogen von dunkleren Querstreifen, sah er wie eine Verlängerung des Baums aus, eine pralle, lebendig gewordene Auswölbung. Wenn er rief, schwoll der weiße Fleck an seiner Kehle an, und seine eigentlich lustigen, hochgestellten zerzausten riesigen Ohrenbüschel wackelten mit jeder Bewegung.

Plötzlich hielt aus dem azurblauen Himmel ein Taigabussard mit angelegten Flügeln im Sturzflug auf den Riesenfischuhu zu und schwenkte erst kurz vor dem Zusammenstoß ab. Der Uhu duckte sich, drehte den Kopf und sah dem wegfliegenden Bussard hinterher. Dabei entdeckte er als Nächstes eine auf ihn zukommende Aaskrähe und wich ihr aus. Ich war perplex. Da hatten wir die Riesenfischuhus aus ihrem Versteck gelockt, und ihre Rufe hatten die Aufmerksamkeit des Bussards und der Krähe erregt, die abwechselnd Angriffe auf einen von ihnen flogen. Wahrscheinlich hatten beide Angreifer Nester in der Nähe und verwechselten den Riesenfischuhu mit dem gemeinen Uhu, der sowohl Krähen als auch Bussarde tötet und frisst. Und nun gingen beide, sonst Todfeinde, eine prekäre Allianz ein, um ihren gemeinsamen Feind zu vertreiben. So etwas hatte ich noch nie gesehen. Unser Vogel war hin- und hergerissen. Sollte er erst nach dem eingedrungenen Uhu auf dem Boden suchen oder die Attacken von oben abwehren? Die Dinge liefen aus dem Ruder, begriffen Sergej und ich, und um die Situation zu deeskalieren, war Rückzug angesagt. Wir gingen ins Lager. Trotzdem blieb das Paar von der Tekunscha in heller Aufregung und hörte erst nach mehreren Stunden auf zu schreien.

Wir allerdings hatten vorerst alle Antworten, die wir hier brauchten. Das Revier war besetzt, das Paar brütete nicht und wanderte auf unsere Liste für mögliche Fänge. Jetzt hatten wir sechs: zwei im Flussgebiet der Awwakumowka in der Nähe von Olga, drei im Flussgebiet der Serebrjanka bei Ternei und dieses Paar an der Kema. Nach dem Mittagessen packten wir unsere Sachen und kehrten auf die Landstraße zurück, die der Kema gen Norden folgte.

Weit fuhren wir nicht mehr, kaum 20 Kilometer, dann erreichten wir unseren nächsten Haltepunkt. Ein kleines Tal auf der anderen Seite des Flusses hatte Sergej schon immer nach Riesenfischuhus erkunden wollen, aber nie die Zeit dazu gehabt. Jetzt war die Gelegenheit da. Wir zogen unsere bis zur Brust reichenden Wathosen an und überquerten den 50 Meter breiten Fluss mithilfe dicker Stangen, um nicht in der Strömung das Gleichgewicht zu verlieren. Ähnlich wie in der Situation mit Tolja an der Serebrjanka vor ein paar Wochen duldete auch dieser Fluss kein Innehalten, nahm einen unter nassen Beschuss, wann immer man anhielt, und hinter uns flussabwärts bildeten sich Strudel. Der erfahrenere Sergej ging mir voraus, zeigte auf die flachste und sicherste Route und rief mir Anweisungen zu. Am anderen Ufer zogen wir unsere Wathosen aus. Wir wollten sie bei unserer Suche im Wald nicht mitschleppen und hierlassen. Ehrlich gesagt, hatte sie auch jeder Dieb verdient, der diesen bedrohlichen Fluss durchquerte, um sie zu stehlen. Wir hatten aber sowieso den ganzen Tag kaum ein anderes Auto gesehen – viele Leute waren auf diesen Straßen nicht unterwegs –, und die wenigen Fahrzeuge, die wir gesehen hatten, waren meist Holztransporter.

Wir stießen gleich auf einen schmalen Pfad durch einen dunklen Wald mit jungen Tannen und Fichten. Sergej war enttäuscht – Riesenfischuhu-Habitat war das nicht. Vor uns erspähten wir eine kleine Lichtung mit einer Jagdhütte. Da sie augenscheinlich seit einiger Zeit unbenutzt war, waren wir überrascht, als eine Hauskatze vom Dachvorsprung sprang, eine langhaarige Tigerkatze mit schmutzigem verfilztem Fell, die uns verzweifelt und traurig anschrie. Wahrscheinlich hatte sie Hunger, aber wir hatten nichts zum Fressen über den Fluss mitgebracht. Jäger hielten sich oft Katzen in den Jagdhütten, damit diese die Zahl der Hantavirus übertragenden Nagetiere klein hielten, die durch die Holzwände und löchrigen Böden kamen. Leider ließen sie die Katzen am Ende der Saison oft zurück, und man fand Katzenkadaver in leeren Hütten. Diese bettelnde Katze nun auf den Fersen, gingen wir an der Hütte vorbei und stellten fest, dass sich das Tal noch mehr verengte und die Bäume in dem Nadelholzwald immer dichter wuchsen, bis es keinen Unterbewuchs mehr gab, sondern nur noch ein weiches Bett duftender Nadeln. Hier brauchten wir nicht weiter zu suchen. Wir bogen von dem Pfad zur anderen Seite des Tals ab und gingen wieder zum Fluss Kema. Die Katze folgte uns. Sergej verfluchte den Jäger, der sie hiergelassen hatte, und warf Stöckchen, um sie zurück zur Hütte zu treiben. Als sie verstand, was er wollte, wurde ihr eindringliches Klagen verzweifelter und schmerzlicher. In einigem Abstand ging sie ungefähr einen Kilometer weit hinter uns her, wir sahen sie nicht, hörten sie aber. Schließlich waren wir so nah am Fluss, dass dessen Getöse ihr flehentliches Schreien übertönte. Ohne uns noch einmal umzusehen, wateten wir zurück.

Bald ging es den eindrucksvollsten Bergpass auf unserem Weg nach Norden hoch, den Amgu-Pass. Die vielen scharfen Spitzkehren erforderten unsere volle Aufmerksamkeit. Erlaubte sich ein Fahrer eine Sicht auf das Bergpanorama ringsum, riskierte er, von dem unbefestigten Straßenrand abzukommen oder frontal in einen entgegenkommenden Holztransporter zu krachen, den er wegen der vielen Kurven nicht rechtzeitig gesehen hatte. Wieder am Fuß des Passes stieß die Straße auf die Amgu und folgte ihrem Mittellauf durch einen üppigen Mischwald. Bei genauerem Hinsehen sah ich, wie aufgewühlt und braun der Fluss schäumte. Um dem zu entgehen, hatten wir doch unsere Fahrt nach Amgu so spät anberaumt, und irgendwann nächste Woche wollten wir auch den Fluss mit dem Hilux in der Nähe der Mündung durchqueren, um Riesenfischuhus zu suchen. Ich fragte Sergej, wie unsere Chancen auf eine sichere Durchfahrt wohl stünden.

»Kein Problem«, erwiderte er und tat meine Besorgnis entschieden ab. »Ich kenne in Amgu einen Typen mit einem Traktor. Wenn der Wasserstand zu hoch ist, lassen wir uns von ihm hinüberschleppen. Das geht schon klar.«

Obwohl wir das Dorf Amgu abends noch erreichen wollten, hielten wir bei Anbruch der Dämmerung erst noch 16 Kilometer vorher am Zusammenfluss der Amgu und der Scha-Mi an, einem ihrer Nebenflüsse. Hier hörte Sergej schon seit Jahren ein Riesenfischuhu-Paar. Unzählige Tage und Nächte hatte er nach dem Nest gesucht, aber nur Schweiß und Enttäuschung geerntet. Nun wollte er das unbedingt zu einem Abschluss bringen und hören, ob sie wohl heute Abend rufen würden. An der matschigen holprigen Straße, die die Scha-Mi hinaufführte, hieß er mich aussteigen. Den verbleibenden Weg zu einem verlassenen Dorf ganz oben wollte Sergej so weit hochfahren wie möglich, eine Weile lang horchen und dann zurückfahren. Ich sollte den Weg hochlaufen und die Ohren spitzen, bis wir uns trafen.

Ich schlenderte ruhig durch das schwächer werdende Licht, freute mich an dem lauen Abend und hörte das tiefer werdende Trillern einer Schwirrnachtigall, das quietschfidele Glucken einer Orient-Zwergohreule und sogar mehrmals hintereinander das energische Rufen eines Falkenkauzes. Aber Riesenfischuhus? Fehlanzeige. Ich war etwa zwei Kilometer gelaufen, da sah ich Sergejs Auto vor mir auf der anderen Seite eines niedrigen Flussübergangs geparkt, wo das Wasser gerade mal so über den Kiesgrund plätscherte. Und dann erblickte ich ihn selbst, rauchend, schweigend. Auch er hatte keine Uhus gehört.

Dann zeigte er auf das dunkle Flusswasser und meinte, ich solle mal die Temperatur fühlen. Misstrauisch stippte ich den Finger hinein – es war warm, obwohl die Temperatur fast am Gefrierpunkt hätte sein müssen. An dieser Stelle, erzählte Sergej mir, stieg Radon aus dem Boden in den Fluss und erwärmte ihn. Radon – am bekanntesten vielleicht als karzinogenes, geruchloses Gas, das auf der ganzen Welt im Grundgebirge lauert – entsteht auf natürliche Weise, wenn radioaktive Stoffe strahlen. Es entfleucht durch Gesteinsspalten in die Atmosphäre. Oder wie hier in den Fluss. Weshalb er im Winter im Umkreis der Stelle nicht gefriert und Riesenfischuhus hier überleben können, weil sie offenes Wasser zum Jagen haben. Viele Flüsse in diesem Teil Primorjes würden von Radon erwärmt, sagte Sergej – unsere Aussichten, Riesenfischuhus zu finden, standen also gut.

Wir kletterten in den Hilux und fuhren zurück auf die Hauptstraße Richtung Amgu. Ein Freund von Sergej, Wowa Wolkow, hatte uns dort für die Zeit unseres Aufenthalts ein Zimmer in seinem Haus angeboten. Die Scha-Mi floss so dicht an der Stadt vorbei, dass wir gut von dort aus pendeln konnten. Bald erreichten wir die von niedrigen Zäunen umgebenen ersten Häuser und fuhren bergab ins Zentrum von Amgu. Es gab keine Straßenlaternen, alles war dunkel. Sergej hielt vor einem der wenigen Häuser an, in denen noch Licht im Fenster brannte.

Trotz der späten Stunde reparierte Wowa Wolkow hinter einem Tor vor seinem Haus im Licht eines Scheinwerfers einen Wagen, offenbar einen Lebensmitteltransporter. Als Sergej und ich durch den schmiedeeisernen Zaun auf den Hof traten, strahlte der kugelrunde kleine Mann Sergej an und kam mit ausgestrecktem rechten Arm, aber schlaff herunterhängender Hand herbeigeeilt – die russische Geste, wenn die Hand für einen Handschlag zu schmutzig ist. Nacheinander packten Sergej und ich Wowa am Unterarm und schüttelten ihn heftig. Wowa, dessen Familienname Wolkow sich vom russischen *wolk* (»Wolf«) herleitet, war Mitte 40 und freundlich, fluchte allerdings, als würde er dafür bezahlt. Er führte uns nach drinnen, wo er sich an dem in die Wand neben der Tür genagelten Wasserspender die Hände wusch, und Sergej begrüßte Alla, Wowas Frau, und stellte mich vor. Sie war vielleicht zehn Jahre älter als Wowa, genauso kugelrund und stand ihm in puncto Mundwerk, wie ich bald lernte, in nichts nach. Die beiden baten uns zu Tisch und begannen aufzufahren, was Küche und Keller zu bieten hatten. Für diese Schlacht war ich nun gar nicht vorbereitet. Nach Platten mit Rotwildkoteletts, Seetangsalat und frischem Brot kam eine geballte Ladung gekochter Kartoffeln samt einer Pfanne mit sechs frisch gebratenen Eiern und randvollen Schalen mit Lachssuppe. Die Wolkows nahmen das Essen sehr ernst, und wenn sie erst einmal zu kochen begannen, gab es kein Halten mehr. Proteste, man sei satt, wurden ignoriert oder gleich verlacht und mit einem weiteren Gang gekontert. Die Russen sind berühmt für ihre Gastfreundschaft am Küchentisch, aber so etwas wie bei den Wolkows hatte ich noch nie erlebt.

Wowa holte eine Flasche Wodka. Diese bis zum letzten Tropfen leerzutrinken war als Zeichen der sozialen Verbundenheit unter engen Freunden nicht zwingend notwendig, und bei ein paar Gläschen erfuhren wir ein wenig voneinander. Wowa war in der Sowjetunion Berufsjäger gewesen, vom

Staat bezahlt wie die Jäger und Trapper von Agsu. Obwohl er immer noch ein Jagdrevier oben am Fluss Scherbatowka hatte, Land, auf dem er und sein Vater jahrzehntelang gejagt hatten und wir Riesenfischuhus suchen wollten, verbrachte er nicht mehr so viel Zeit im Wald, wie er wollte. Er war nun hauptsächlich im Handel tätig – er und Alla besaßen einen der drei oder vier Läden im Dorf. Alla war für das Geschäft zuständig, während Wowa Mädchen für alles war, von Bauarbeiten bis zum Anwerfen des Generators bei den in Amgu häufigen Stromausfällen. Seine wichtigste und zeitraubendste Rolle war aber bei Weitem, den Laden mit Nachschub zu versorgen. Dazu musste er alle sechs Wochen mit dem Lastwagen nach Ussurijsk fahren; für die fast 1200 Kilometer hin und zurück auf weitestgehend furchtbarer Straße brauchte er vier Tage.

Wowa fragte uns nach unseren Plänen, und Sergej sagte, wir wollten mit einer einwöchigen Erkundung der Einzugsgebiete der Flüsse Amgu und Scherbatowka auf der Westseite mit der Riesenfischuhu-Suche beginnen und weiter im Norden an den Einzugsgebieten der Flüsse Saijon und Maximowka damit fortfahren. Da wir die Amgu in der Nähe der Mündung überqueren mussten, um zur Scherbatowka zu gelangen, erkundigte er sich nach den Wasserverhältnissen. Schlagartig wurde mir klar, Wowa war der Freund mit dem Traktor, den er so angepriesen hatte, falls sich die Strömung des Flusses für den Pick-up als zu heftig erweisen würde.

Wowa wand sich. »Ziemlich schlimm. Neulich hat jemand versucht, den Fluss mit dem Traktor zu durchqueren, und die Strömung hat ihn umgehauen.«

Wir beschlossen, erst mal wie geplant von der Stadt aus zu arbeiten, nach Norden in die Gebiete der Saijon und der Maximowka zu fahren und erst dann die Durchquerung der Amgu zu riskieren. Fast eine ganze Woche untersuchten wir das Gebiet an der Scha-Mi und entdeckten dort auch beträchtliche Mengen an Riesenfischuhu-Spuren, von einer in der Mauser abgefallenen Primärfeder, so lang wie mein Unterarm, bis zu einer unglaublichen Sitzwarte, unter der Dutzende von Gewöllen mit Fischgräten und Froschknochen lagen. Trotzdem und obwohl wir das Paar jeden Abend rufen hörten – das Zentrum ihres Reviers, den Nistbaum, fanden wir einfach nicht. Nachdem die Vögel in der ersten Nacht von der anderen Seite der Amgu gerufen hatten, gegenüber dem Zusammenfluss mit der Scha-Mi, zogen wir am nächsten Abend unsere Wathosen an und nahmen ein übles Durchqueren des Flusses bei Nacht auf uns, nur um sie dann weit oben an der Scha-Mi zu vernehmen. Als sie am dritten Abend von dem Berghang zwischen diesen beiden Orten riefen, gaben wir endgültig auf und sahen es ein: Sie brüteten dieses Jahr nicht, waren aber nicht willens, uns zu ihrem Nest zu führen. Als positiv konnten wir nur verbuchen, dass wir auf dem abendlichen mutlosen Rückweg ins Dorf noch ein Paar aus dem Tal des Flusses Kudja rufen hörten, auf der anderen Seite der Amgu. Dort nachzuforschen hatten wir keine Zeit mehr, aber die Entdeckung bedeutete, dass wir jetzt bei acht Paaren zum möglichen Einfangen im nächsten Jahr waren. Mitte Mai packten wir unsere Siebensachen in den roten Hilux, fuhren bei der Bäckerei vorbei, holten uns ein paar Laibe noch warmes Brot und rissen schon auf dem Weg nach Norden zu den Flüssen Saijon und Maximowka dicke Stücke aus der knusprigen Kruste.

14

Man muss auch mal banal die Straße nehmen

Der Fluss Saijon befindet sich ungefähr 20 Kilometer nördlich von Amgu. Mit dem Hilux fuhren wir über die einsame Straße, die dorthin führte. Vorbei an der einzigen Tankstelle im Umkreis von Hunderten von Kilometern und am Hauptsitz des Abholzungsunternehmens, einer Anlage von mehreren einstöckigen Gebäuden mit cremefarbener Plastikverschalung und rötlich braunen Dächern auf dem Berg über der Tsunamizone. Die ordentlichen Häuser stachen aus dieser Grenzstadt hervor wie eine künstliche Rose aus Dornengestrüpp. Von dort verlief die Straße an dem breiten Sandstrand an der Nordseite der Bucht von Amgu entlang, einer ebenen Fläche mit einzelnen sich im ständigen Küstenwind landeinwärts biegenden Sträuchern und übersät von grauem Schwemmholz und allem möglichen verwitterten Treibgut von Schiffen. Nach einem niedrigen Pass mit Fichten und Tannen teilte sich die Straße. Die im besseren Zustand führte nach Nordwesten zu einem zum Abholzen freigegebenen Gebiet, dem Altgläubigendorf Ust-Sobolewka und der Holzfällerstadt Swetlaja. Die andere verlief 18 Kilometer weiter nach Nordwesten, nach Maximowka, wo gerade mal 150 Menschen an der Mündung des Flusses gleichen Namens wohnten. Im Winter fuhren Ortsansässige oft über den gefrorenen Fluss oder über gefrorenes Sumpfland zu dem Dorf – das war viel schneller –, aber den größten Teil des Jahres mussten Autofahrer ganz banal die Straße nehmen. Wir bogen in die Straße nach Maximowka ein und hielten bald vor einer heißen Radonquelle.

Im Gegensatz zu der heißen »Quelle« an der Scha-Mi, die bloß ein Flussabschnitt mit warmem Wasser war, wo das Radongas in den kalten Fluss sickerte, war diese hier vollständig freigelegt und mit Holz umkleidet worden, sodass ein hüfthohes kleines Becken in der Erde entstanden war.

Vielerorts glaubt man – besonders in den früheren sowjetischen Unionsrepubliken –, dass man Heilung für eine Reihe Krankheiten findet, von hohem Blutdruck über Diabetes bis zu Unfruchtbarkeit, wenn das radioaktive Radon im Wasser gelöst ist und man sich davon bestrahlen lässt. Über der Grube mit warmem Wasser hier erhob sich ein massives russisch-orthodoxes Holzkreuz, und ein paar Schritte entfernt hatte man eine kleine Blockhütte errichtet.

Beim Näherfahren sahen wir daneben einen zerbeulten weißen Personenwagen gehobener Klasse ohne Nummernschild. So weit hier im Norden waren wenige Fahrzeuge ordnungsgemäß angemeldet. Die Mühe machte sich niemand, denn Polizisten, die auf Einhaltung der Gesetze pochten, gab es nicht. Die nächste Polizeiwache war in Ternei. Aufmerksam geworden durch unser Motorengeräusch, kroch eine spindeldürre Gestalt träge aus dem radonversetzten Wasser. Wir hielten an und gingen zu dem Mann, um ihn zu begrüßen. Er schwankte.

»Wer zum Teufel seid ihr denn?«, schlurte er, tropfnass, nackt. Ortsansässige stellten sich manchmal schützend vor ihre Naturreichtümer, und jeder kannte im Grunde auch jeden. Wir aber waren Fremde, ja, mehr noch, Großkotze mit Nummernschildern.

»Ornithologen«, erwiderte Sergej und beäugte das nasse, radongeborene Geschöpf. »Wissen Sie, was ein Riesenfischuhu ist? Haben Sie schon mal einen gesehen oder gehört?«

Der Mann schaute uns unsicher an; die Antwort und die Gegenfrage schienen ihn noch ein bisschen mehr aus dem Gleichgewicht zu bringen. Dann warf er einen Seitenblick auf den Hilux, und der blieb an dem »AC« des Nummernschildes hängen, den Buchstaben für Dalnegorsk. Bei amtlich registrierten Fahrzeugen kann man an der Buchstabenkombination ablesen, in welchem Bezirk sie zugelassen sind.

»*Semljak!*«, rief der Mann, denn er hatte Sergej als Sohn seiner Heimatstadt erkannt. Und gemäß einem ungeschriebenen Gesetz, dass der Dresscode beim Umarmen von Fremden zumindest Unterwäsche erforderte, wurschtelte er sich hastig in Boxershorts, packte Sergej beim Nacken und drückte grinsend dessen Stirn an seine. Dann ergoss sich ein veritabler Wortschwall über uns, über seine Kindheit in Dalnegorsk und allerlei Miss-

und Beinaheerfolge, die zu seinem Exodus in das Dorf Maximowka geführt hatten, wo er als Holzfäller arbeitete. Während er und Sergej über gemeinsame Bekannte redeten, fiel sein benebelter Blick zum ersten Mal auf mich.

»Und wer ist der Stumme da?«, erkundigte sich dieser hauptsächlich immer noch nackte, nasse Herr bei Sergej und betrachtete mich, wie ich bärtig im Tarnanzug mit verschränkten Armen und einem am Gürtel hängenden langen Messer dastand. »Dein Bodyguard?«

Die Erfahrung hatte mich gelehrt, dass Schweigen bei der Begegnung mit Fremden am besten war, besonders mit Betrunkenen, denn die Reaktion auf Fremde äußerte sich meist in dem Wunsch nach gemeinsamem Wodkakonsum, der eine langwierige Erkundung kultureller Unterschiede abkürzte. Diesbezüglich hatte ich zur Genüge meine Pflicht getan und wollte mich freiwillig nicht schon wieder so verbrüdern. Sergej, der die Gefahr natürlich auch witterte, erwiderte, nein, ich sei nicht sein Bodyguard, und lenkte das Gespräch zurück auf diese und jene Familie, wer wohin gezogen und wer an was gestorben war. Schließlich zog der Mann Hemd und Hose an, stieg in sein Auto und fuhr davon, selbstverständlich nicht, ohne Sergej eindringlich zu bitten, einer Vielzahl von Dalnegorskern Grüße auszurichten.

Wir gingen zur Saijon, wo Sergej normalerweise auf einem breiten Kieselufer an einer scharfen Biegung des Flusses mit einem tiefen Loch campte, einer verlässlich guten Stelle zum Angeln. Sie war ungefähr einen halben Kilometer von einem Fischuhu-Nistbaum entfernt, dem ersten, den er – irgendwann in den 1990ern – entdeckt hatte. Weil es noch zu früh war, nach Rufen zu horchen, gingen wir erst mal den Baum suchen. Das untere Saijontal unterschied sich von den meisten Fischuhuhabitaten, die ich bisher gesehen hatte. Die Landschaft war im Wesentlichen offen und nass, mehr Sumpf als Wald, mit Lärchen und grasbewachsenen Buckeln in der Talmitte und Laubbäumen, die sich bis dicht an den schmalen Lauf des fließenden Wassers drängten. Die spärliche Vegetation bot wenig Deckung für dort sitzende Riesenfischuhus – bestimmt wurden sie hier regelmäßig von Krähen belästigt. An der Saijon sei im Zweiten Weltkrieg ein Arbeitslager für politische Gefangene gewesen, erzählte Sergej, trotz des dichten Riedgrases finde man immer noch menschliche Knochen.

Bald waren wir am Nistbaum, nur ein paar Meter vom Flussufer entfernt. Das Nest selbst war leer und zeigte auch keine Anzeichen kürzlichen Gebrauchs. Die Höhlung in der Chosenia war kaum geschützt und auch überraschend niedrig, nur vier Meter über dem Boden, und der Rand zerfiel, es war mehr ein Podest als eine Mulde. Wahrscheinlich hatte das Paar, das hier gelebt hatte, woanders etwas Besseres gefunden. Auf dem Rückweg zum Hilux meinte Sergej, ich hätte nun so viel gelernt, dass ich allein ein Nest suchen könne. Seit zwei Monaten hätten wir eng zusammengearbeitet, und es werde mir guttun, den Wald auf mich allein gestellt zu erkunden, ohne mich auf sein Wissen und seine Erfahrung zu stützen. Das wollte ich natürlich gern ausprobieren. Unser Lager befand sich am Zusammentreffen zweier schmaler Flusstäler, dem der Saijon und dem der Seselewka, ich entschied mich dafür, zunächst an der Saijon entlangzulaufen, und packte meinen Rucksack mit ausreichend Proviant und der üblichen Thermoskanne mit heißem Wasser für Tee. Sergej wiederum erbot sich, die Dichte der Riesenfischuhu-Beutepopulation zu testen, ein schlecht verschleierter, aber ernsthaft vorgebrachter Euphemismus fürs Angeln. Er wünschte mir viel Glück und kramte Angelrute und -kasten aus dem Hilux hervor.

Ich war zurück, noch ehe er den Haken mit dem Köder bestückt hatte.

»Gefunden!«

»So schnell?« Sergej war erstaunt, aber stolz wie ein Vater auf seinen Sohn.

Ich war in nordwestlicher Richtung das Tal hochgegangen und nicht mehr als 60 Meter vom Lager entfernt zum Stumpf einer riesigen Japanischen Pappel gekommen. Der Baum war wahrscheinlich gefällt worden, weil man in der Nähe damit eine Brücke gebaut hatte, und obwohl ich nicht sicher sagen konnte, ob in dem Baum eine Höhle gewesen war, war er gewiss groß und alt genug für ein Fischuhunest gewesen. Ich stellte mich auf den Stumpf und sah eine andere hohe Pappel und durchs Fernglas am Rand einer Schornsteinhöhle klebende Riesenfischuhu-Daunenfedern. Schon nach flüchtiger Suche näher am Baum entdeckte ich auch Gewölle. Weitere Beweise brauchte ich nicht. Ich nahm die GPS-Koordinaten und ging zum Lager zurück. Länger als 20 Minuten war ich nicht weg gewesen.

Obwohl wir zwei Nächte im Gebiet der Saijon blieben, hörten wir die Riesenfischuhus nicht. Die frischen Federn an dem neu entdeckten Nistbaum und in der Nähe deuteten darauf hin, dass das Paar vielleicht zu brüten versucht hatte, aber wir fanden keine Spuren von Jungtieren. Am 21. Mai brachen wir unser Lager ab und fuhren weiter zu unserem nördlichsten Ziel, dem Fluss Maximowka. Lange wollten wir dort nicht bleiben, sondern nur kurz die Losewka, einen Nebenfluss der Maximowka aufsuchen, wo Sergej 2001 einen Nistbaum gefunden hatte. Dann wollten wir in den Süden zurückkehren. Doch die Uhus hatten andere Pläne für uns.

Die Straße von unserem Lager an der Saijon führte über eine Terrasse über dem Flusstal bis zum Oberlauf. Dort kamen steile Abhänge mit Kiefern immer näher, bis wir das Einzugsgebiet der Maximowka erreichten, wo das Tal sich auf der anderen Seite weitete und wir wieder freier atmen konnten. Eine lange einspurige Holzbrücke spannte sich hoch über den Fluss von einem Felshang zum anderen. Die Maximowka ist gut 100 Kilometer lang und entspringt in einer steilen felsigen Schlucht mit Nadelhölzern und Sumpfland, in dem Elche, Schwarzwild und Moschustiere leben. Das Tal bleibt für den größten Teil seines Verlaufs eng, weitet sich aber dann um diese Brücke plötzlich wie eine Trompetenblume, und der Fluss teilt sich in mehrere Arme und fließt noch 16 Kilometer nach Osten bis ins Japanische Meer.

Wir fuhren über die Brücke und dann auf eine Holztransportstraße, die dem Nordufer der Maximowka folgte. Dabei kamen wir an unendlich vielen Rückewegen vorbei, gerade breit genug für die Holzerntemaschinen. Die Wege schnitten von der Straße ab in den Wald wie vom Schaft abstehende Fahnen einer Feder. Sergej war perplex. Als er das letzte Mal 2001 hier gewesen war, hatte es nur die Hauptstraße gegeben. Die Holzindustrie war wirklich auf dem Vormarsch.

Nach etwa 20 Kilometern näherten wir uns der Losewka und begannen, uns nach einem Lagerplatz umzusehen. Eine Seitenstraße fing vielversprechend an, endete aber nach etwa 50 Metern. Da wurde sie nämlich von der Maximowka verschluckt, tauchte aber heil und gesund, wenn auch nutzlos, am anderen Ufer wieder auf. In den 30 Metern brausenden tiefen Wassers dazwischen befanden sich die zersplitterten Reste einer Brücke, die allem Anschein nach bis vor Kurzem noch gestanden hatte, aber die Sackgasse bot uns einen hervorragenden Zugang zum Wasser. Auch dachte Sergej, es sei ziemlich nahe an dem Nistbaum, den wir suchten, und wir schlugen unser Zelt auf.

Nachdem das erledigt war und wir uns noch kurz gestärkt hatten, zogen wir los, um das Nest des Losewka-Paares zu inspizieren. Sergej war ja seit fünf Jahren nicht hier gewesen und jetzt neugierig zu sehen, ob es noch bewohnt war. Wir gingen nach Osten, durch einen vom vielen Hochwasser verwüsteten Laubwald. Gräser aus dem Untergehölz bogen sich flussabwärts, und an den niedrigen Ästen hing trauriger Unrat wie verblichene Weihnachtsbaumgirlanden. Heraus kamen wir an einer riesigen, grasbewachsenen Lichtung, etwa 700 Meter lang und 250 Meter breit.

In der Mitte dieser Fläche, eingebettet in die hellgrünen Frühlingsgräser und gesäumt von einem Waldbeet mit Eschen, Espen und Pappeln, standen ein einzelnes graues Haus und ein verfallener Schuppen, zur Hälfte noch von den Resten eines Zauns umgeben. Eine Gruppe Kirschbäume direkt dahinter blühte rosafarben. Das Hauptgebäude war groß, kunstvoll erbaut mit Balken in Sattelkerbenbauart und hatte ein Giebeldach, aber es war überall chaotisch ausgebessert. Sergej bestätigte, dass es schon lange dort stand.

Es waren die letzten Zeugnisse des Dorfes Ulun-ga, einer Altgläubigensiedlung, die in den 1930er-Jahren von der Sowjetregierung liquidiert wurde. Nördlich von Amgu gab es sogar einmal mindestens 35 Ansiedlungen der Altgläubigen, fünfmal so viele Dörfer wie heute in der Gegend. Die Altgläubigen waren vor der zaristischen Unterdrückung nach Primorje geflüchtet und hatten auch nicht die Absicht, vor einem Teufel wie Josef Stalin und seinen Kollektivierungsplänen niederzuknien. Es gab Unruhen, einige wurden hingerichtet und Hunderte verhaftet, ins Gefängnis geworfen oder deportiert.

In den 1950er-Jahren waren von den Altgläubigensiedlungen nur noch leere Plätze wie dieser hier übrig. Dickes, fettes Gras wuchs auf der mit Blut und Holzkohleresten der verbrannten Häuser gedüngten Erde. Dieses letzte Haus, Zeuge einer gewalttätigen Vergangenheit, habe den Altgläubigen als Schule gedient, sagte Sergej. Warum es stehen geblieben sei, wisse keiner. Seit 2006 fungierte es als Jagdhütte für Sinkowski, einen einäugigen Jäger aus Maximowka.

Wir liefen am Rand der Wiese entlang bis zur Mündung der schmalen Losewka in die Maximowka. Es war Sergejs ursprünglicher Orientierungspunkt zum Auffinden des Nistbaums. Beim Laufen durch den Wald stießen wir immer wieder auf Rückewege. Dieses Netz von Holztransportwegen verwirrte Sergej und desorientierte ihn. Da wir keine GPS-Koordinaten für den Nistbaum hatten, war die Suche natürlich besonders kompliziert. Doch als Sergej zuletzt hier gewesen war, war die Technologie in Russland nicht so ohne Weiteres verfügbar. Er dachte auch, er werde rein intuitiv zu dem Baum zurückfinden. Fast zwei Stunden lang, und bald klebrig von der zunehmenden Feuchtigkeit, kämpften wir uns schwitzend durch hüfthohe Farne unter dem dichten dunklen Blätterdach des üppig grünen Waldes. Einmal scheuchten wir einen Sperber auf, einen schlaksigen Greifvogel, der panisch durch die Äste taumelte, bevor er den freien Raum über der Losewka erreichte und dort als grauer horizontaler Strich verschwand. Sergej führte uns offenbar immer wieder zum selben Stück Wald, aber dort war nichts, das einem Riesenfischuhu-Nistbaum ähnelte. Dann sahen wir den Baumstumpf.

»Job twoju mat!«, fluchte Sergej, und weil es so obszön ist, übersetze ich es nicht. »Sie haben ihn gefällt.«

Wir standen über einem enormen Baumstumpf und starrten mit den Farnen den sauber abgeschlagenen Rand an, als stünden wir in einer Menschenmenge, die die Szene einer Fahrerflucht begafft. Immer wieder fällten Holzunternehmen für Brückenbauten große, eher marode, kommerziell wertlose Bäume wie Pappeln und Ulmen. Es war leichter, eine Brücke zu bauen, indem man ein paar sehr hohe Bäume über einen Fluss legte als ein paar Dutzend weniger hohe, und hohle Stellen konnten als natürliche Durchlässe für das Wasser dienen. Der Nistbaum war wahrscheinlich in den etwa ein Dutzend Brücken verbaut, an denen wir auf dem Weg bis hierher vorbeigekommen waren, vielleicht sogar in der weggespülten nahe unserem Lager. Da die Flüsse an der Küste Primorjes regelmäßig über die Ufer traten, verlor man stets Brücken an die unersättlichen Fluten, und der Bedarf an hohen Bäumen nahm nie ab. Und weil sich die meisten Straßen und alle potenziellen Riesenfischuhu-Nistbäume dicht an den Flüssen befanden, waren die Waldgiganten naheliegende Opfer für Holzfäller, die schnell eine Brücke zurechtzimmern wollten. Systematisch wurden Nistbäume – auch potenzielle – aus dem Wald geholt und ein ohnehin schon seltenes landschaftliches Merkmal vernichtet. Für Riesenfischuhus wurde es dadurch noch schwieriger, einen Ort zu finden, wo sie eine Familie aufziehen konnten. Es dauerte Hunderte von Jahren, bis ein Baum groß genug für sie zum Nisten wurde. Was würden die Vögel tun, wenn alle hohen Bäume weg waren?

Ohne ein Nest, das wir für unsere Arbeit heranziehen konnten, kehrten wir enttäuscht ins Lager zurück. Wir hatten eigentlich nur eine Nacht hier bleiben wollen, aber wenn wir überhaupt etwas über die Riesenfischuhus an der Losewka erfahren wollten, dann klar, mussten wir wieder ganz von vorn anfangen.

Spät am nächsten Tag saß ich mit Kopfhörern in meinem Zelt und überprüfte meine Kenntnisse heimischer Vogelstimmen mit einer Aufnahme von Stimmen, die ich für meine Masterarbeit über Singvögel aufgenommen hatte. Plötzlich fiel ein Schatten auf mein Zelt. Ich stellte den Rekorder ab und begriff, dass Sergej schon die ganze Zeit über mir stand und rief. Ich zog den Reißverschluss des Zelts auf und schaute hinaus.

»Jon, ich glaube, die Kacke ist schon am Dampfen! Hörst du es?« Absolut verzweifelt, das Gesicht rot vom Rennen, von der Wathose tropfte das Maximowkawasser, kam er vom Fluss, wo er gewissenhaft »die Dichte der Riesenfischuhu-Beutepopulation gemessen hatte«. Ich lauschte. Das rhythmische Dröhnen schwerer Maschinen hatte ich vor lauter Vogelgezwitscher nicht gehört.

»Wir müssen hier weg. Jetzt!«, brüllte Sergej. Verständnislos sah ich zu, wie er im Affentempo sein Zelt abbaute, die Stangen gar nicht erst herausholte, sondern das Zelt so, wie es war, mit Schlafsack und Isomatte darin hinten in den Pick-up warf.

»Beweg dich, Herrgott noch mal!«, brüllte er. »Oder willst du hier für die nächsten Monate festsitzen? So lange brauchen wir nämlich, um uns hier rauszugraben. Wir sind abgeschnitten!«

Ich hatte keinen blassen Schimmer, wovon er redete, aber seine untypische Aufregung trieb mich zum Handeln. Wir räumten unseren Platz leer und rasten keine fünf Minuten später die Straße hinunter.

Die letzten 500 Meter zwischen uns und der Gabelung zur Losewka verliefen geradeaus, und jetzt verstand ich, warum Sergej in Panik geraten war. Vor uns häufte ein Bulldozer einen scheußlichen Haufen Erde mitten auf die Fahrbahn und versperrte uns den Weg. Sergej drückte auf die Hupe und schaltete das Warnblinklicht an. Später erzählte er mir, dass er, nur ab und zu vom Rattern eines Dieselmotors gestört, frohgemut im Fluss geangelt, aber nicht weiter auf den Krach geachtet habe, da er wusste, dass in der Gegend Holzfäller zugange waren. Dann jedoch merkte er, dass der Lärm offenbar genau von dort kam, wo sich die Straße gabelte, und sofort danach fiel ihm ein, dass die Unternehmen die löbliche und seltene Angewohnheit hatten, den Zugang zu den unbenutzten Holzabfuhrstraßen zu blockieren, damit Wilddiebe sie nicht nachts benutzten und Rotwild, Schwarzwild und sogar Tiger schossen. Kaum hatte Sergej begriffen, was da wohl gerade passierte, rannte er zurück zu unserem Lager.

Der Planierraupenfahrer hielt bei seiner Arbeit inne und starrte uns die Zigarette im Mundwinkel überrascht an. Aus einem weißen Toyota Land Cruiser mit laufendem Motor stiegen drei Männer und schauten ebenso überrascht drein.

»Was zum Teufel habt ihr da hinten gemacht?«, wollte der Älteste wissen. Er war weißhaarig, klein und sicher Mitte 60. Dann sah er Sergej. »Ach! Ornithologen!«, stieß er aus. »Ne Weile her. Wie geht's euren Eulen?«

Es war Alexander Schulikin, der Generaldirektor der hiesigen Abholzungsfirma. Sergej hatte ihn bei seinem letzten Aufenthalt an der Maximowka 2001 kennengelernt. Schulikin ließ die Sperren errichten, weil er und sein Sohn Nikolai selbst zur Jagd gingen, Land in der Nähe besaßen und somit die Anzahl von Rot- und Schwarzwild durchaus hochhalten wollten. Der Bulldozer hatte gerade erst mit der Blockadearbeit angefangen, aber jetzt räumte er einen Weg frei, und wir konnten auf die andere Seite der niedrigen Sperre fahren, von wo aus wir zusahen, wie die Maschine wieder ihr Werk verrichtete. Sie riss zwei jeweils drei Meter breite und einen Meter tiefe Längsgruben in die Straße und häufte das ausgehobene, mit Steinen vermischte Erdreich dazwischen auf.

»Wir haben nicht mal eine Schaufel im Wagen«, sagte Sergej, lehnte sich aus dem Fenster und rauchte eine Zigarette, während wir noch ein bisschen weiter zuguckten. »Wir hätten eine Woche gebraucht, um uns freizuschaufeln.« (In den folgenden Jahren sollte Sergej immer eine oder zwei Schaufeln dabei haben.) Zum Schluss erhob sich ein steiler Erdhügel etwa sieben Meter hoch, ein unüberwindbares Hindernis für jedes Auto. Wären wir eine Stunde später hier gewesen, hätten wir nichts tun können, der Bulldozer wäre nicht mehr da gewesen, und wir hätten festgesessen.

Unserem glücklichen Entkommen zum Trotz war ich beeindruckt: Straßensperren waren eindeutig ein wirksames Abschreckungsmittel gegen Wilderer. Jeder, der hier illegal jagen wollte, würde vor dieser Berme haltmachen und vermutlich zugänglicheres Terrain aufsuchen. Die Ländereien hinter der Absperrung wurden de facto zum Naturschutzgebiet. Theoretisch und vom Gesetz her war jedes Abholzungsunternehmen verpflichtet, eine Straße abzusperren, wenn es in einem Gebiet seine Arbeit beendet hatte, aber Lücken in der Wald- und Forstgesetzgebung der Russischen Föderation führten dazu, dass es nur wenige taten.

Plötzlich obdachlos, aber noch nicht fertig mit der Erkundung der Losewka, fuhren wir die Holztransportstraße an der Losewka hoch und fanden ein flaches, freies Fleckchen zum Zelten direkt am Flussufer. Ich ging Wasser zum Teekochen holen, und Sergej begann mit der Zubereitung des Mittagessens. Als Erstes holte er dazu seine Kühlbox aus dem Auto, eine mit Aluminium ausgekleidete, hellblaue 45-Liter-Box, die, davon war er überzeugt, magische Kräfte besaß. Zu Beginn des Frühlings hatte sie wunderbar funktioniert, doch jetzt in den sommerlich warmen Temperaturen mit der einhergehenden Feuchtigkeit vermochte sie die verderblichen Nahrungsmittel, die wir darin »kühlten«, eigentlich kaum mehr vorm Verschimmeln zu bewahren. Sergej jedoch hielt stur an seiner Meinung fest, dass wir in dieser Box mit den übernatürlichen Kräften Fleisch und Käse ohne Kühlung ewig und drei Tage aufbewahren konnten.

Es stellte sich heraus, dass wir unser Lager ziemlich nahe an dem der Holzfäller aufgeschlagen hatten, und der Wachmann, den ich von der Straßensperre wiedererkannte, blieb auf dem Rückweg von dort bei uns stehen. Ein mächtiger Bursche mit braunen Haaren, braunen Augen, flotter amerikanischer Kappe und dem Namen Pascha. Er ging vorsichtig, die Knie versagten nach gewiss über sechzig Jahren langsam den Dienst. Wir baten ihn, sich zum Essen und Teetrinken zu uns zu setzen. Er war extrem gelassen, vielleicht zu sehr, ich musste an einen Bären denken, den man gerade aus dem Winterschlaf geweckt hat. Sein letzter Aufenthalt in Ternei, erzählte er, liege viele Jahre zurück. Er sei wegen der Abklärung schon länger anhaltender Gesundheitsbeschwerden mit dem Hubschrauber dorthin geflogen und habe sich von dem diensthabenden, aber alkoholisierten Arzt überreden lassen, sich den Blinddarm herausnehmen zu lassen.

»Als er hinausging, flüsterten mir die Schwestern eindringlich zu, ich sei verrückt. Ich solle abhauen, bevor er mich umbrächte, aber ich war ja nun einmal da. Also operierte er mich, und deshalb hab ich die hier.« Er zog sein Flanellhemd hoch und zeigte uns eine riesige Narbe. »Na, zumindest eine Sache weniger, um die ich mir Sorgen machen muss.«

Sergej inspizierte, was wir zu essen hatten. Er fischte eine lange Wurst aus der Kühlbox, hielt sie mit spitzen Fingern in die Höhe und begutachtete sie ein wenig naserümpfend. Pascha schaute skeptisch zu. Als Sergej befand, die Wurst sei zum menschlichen Verzehr geeignet, und den Schimmel mit warmem Wasser abgerubbelt hatte, meldete sich Pascha zu Wort.

»Ich glaube nicht, dass man die Wurst noch essen kann«, protestierte der Mann, der es zuließ, dass ein betrunkener Arzt ihm den Blinddarm herausnahm, obwohl keine medizinischen Gründe dafür vorlagen. »Die ist wahrscheinlich schlecht.«

Das tat Sergej ab. »Völlig in Ordnung. Wir haben eine Kühlbox.« Und zeigte auf das blaue Wunder, das zum Lüften sperrangelweit aufstand und dessen silberner Rand in der heißen Nachmittagssonne glänzte.

An dem Abend und am nächsten Morgen gingen wir durch das dichte Unterholz des Losewkatals. Dabei schielte ich immer zu Sergej hinüber, weil ich wissen wollte, ob die Wurst, die er gegessen hatte und ich nicht, ihm Probleme bereitete. Er ließ sich nichts anmerken. Ich hatte abends von weiter unten am Fluss, näher an der Maximowka, einen einzelnen Riesenfischuhu rufen hören, und Sergej hatte morgens in der Nähe der Mündung einen schlafenden aufgescheucht. Deshalb beschlossen wir am nächsten Tag, unser Lager am Oberlauf der Losewka abzubrechen, näher zur Maximowka zu ziehen und unsere Bemühungen dort zu konzentrieren.

Wir wählten eine freie Stelle direkt am Ufer der Maximowka, ungefähr zwei Kilometer flussabwärts von unserem vorherigen Lager an der kaputten Brücke. An den kahlen Stellen von alten Lagerfeuern sah ich, dass Angler aus dem Dorf Maximowka vermutlich hier häufige Gäste waren.

Nach einem abendlichen Imbiss wollten wir gerade losgehen, um nach Uhus zu horchen, als plötzlich direkt gegenüber von uns am anderen Ufer des Flusses ein Duett erklang. Das war fantastisch! Wenn ein Vogel eines ortsständigen Paares stirbt, bleibt normalerweise der überlebende am Ort und lockt durch Rufe einen neuen Partner oder eine neue Partnerin an. Wir hatten uns Sorgen gemacht, dass unser kürzlich entdeckter einzelner Vogel bedeutete, dass sein Partner gestorben war. Aber nein – sie waren beide gesund und munter. Da der Fluss für ein Durchwaten hier bei Weitem zu tief war und zu schnell floss, kamen wir nicht näher heran. Wir setzten uns hin und lauschten zufrieden. Plötzlich hob Sergej den Finger und drehte den Kopf, sodass sein rechtes Ohr nach flussabwärts gerichtet war.

»Hast du das gehört?«, fragte er.

Ich konnte nur den Fluss hören und die Uhus, die von gegenüber riefen.

»Nicht die. Leiser und weiter unten am Fluss. Noch ein Paar!«

Sergej sprang auf und saß im nächsten Moment im Hilux. Der Fluss verhinderte, dass wir uns den Vögeln auf der anderen Seite der Maximowka nähern konnten, aber wenn flussabwärts welche waren, hatten wir eine Chance, sie zu finden.

Matsch spritzte nur so hinter uns weg, als wir zurück zur Hauptholztransportstraße rasten, von da an waren es dann Dreck und Kieselsteinchen. Nach 400 Metern stellte Sergej den Motor ab. Ich war immer noch ein wenig skeptisch, ob er überhaupt etwas gehört hatte, aber er versicherte mir, dass alle meine Zweifel verfliegen würden, sobald wir weiter vom Fluss entfernt und näher am Ursprung der Rufe seien.

Er hatte recht. Gleich nachdem das Paar oben an der Losewka seinen Wechselgesang beendet hatte, antwortete ein zweites Paar weiter unten mit seinem. Zwei Paare auf einmal! Die Vögel waren am Rand ihrer Territorien, und wie Grenzwachen zweier sich befehdender Länder riefen sie einander zu: Wehe, ihr kommt rüber! Wir fuhren mit dem Auto ungefähr einen halben Kilometer näher, wo die Straße um einen kleinen Hügel führte, und warteten, doch außer dem jetzt leiseren Duett des ersten Paars hörten wir nichts. Wir warteten noch ein bisschen länger, nichts. Sergej wurde ungeduldig und spielte seinen Trumpf aus, den Schrei des Riesenfischuhu-Jungvogels. Da explodierten die Bäume. Das Paar saß über uns im dichten Blätterdach. Wie das Paar, das wir in seinem Revier an der Tekunscha aufgehetzt hatten, war es außer sich vor Wut und flog erregt von Baum zu Baum. Es war schon gereizt wegen des Rufduells mit dem Paar von der Losewka, aber jetzt war ein einzelner Vogel tief in sein Territorium eingedrungen, und das würde es keineswegs dulden.

Wir beobachteten bis nach Einbruch der Dunkelheit, wie sich die gefiederten Golems über uns echauffierten, und fuhren dann zu unserem Zelt zurück, zufrieden mit der Wendung, die der Tag noch genommen hatte.

Am nächsten Morgen fuhren wir wieder dorthin, wo wir am Vorabend die Uhus aufgestört hatten, und suchten ein paar Stunden das Flusstal nach einem Nest ab, ohne Erfolg. Nachmittags bliesen wir Sergejs Gummiboot auf und kämpften uns durch die Strömung der Maximowka ans andere Ufer, wo in der Nähe des ehemaligen Dorfes Ulunga die Uhus am Vorabend gerufen hatten. Aus unseren Karten war ersichtlich, dass die Insel, von der aus sie das getan hatten, länglich war und von Westen nach Osten verlief, der Hauptlauf der Maximowka ihre Nord- und Ostseite und ein kleinerer Nebenfluss die West- und Südseite bildeten. Die Insel war ungefähr eineinhalb Kilometer lang und halb so breit. Wir testeten unsere Funksprechgeräte und trennten uns. Sergej wollte auf der nördlichen Hälfte herumwandern, sich bei Anbruch der Dämmerung an die westliche Uferböschung setzen und dort darauf warten, dass die Vögel anfingen zu rufen.

Die östliche Hälfte der Insel fiel also in meine Zuständigkeit. Ich ging quer durch das in seiner urzeitlichen Schönheit atemberaubende Überschwemmungsgebiet. Hoch erhoben sich die Pappeln, Ulmen und Kiefern und bildeten ein dichtes Blätterdach; mit den Füßen steckten sie im grünen Unterholz verborgen, um sie herum sprudelten Bäche und Teiche, in denen es von Masu-Lachsen, Japanischen Saiblingen und Lenoks wimmelte. Überall gab es Hufabdrücke, meist von Schwarzwild. Ich kam an seiner Losung und seinen Spuren vorbei, außerdem klebten lange, an der Spitze gespleißte

Borsten an verharzten Kiefernstämmen. Ich sah Rehwild, ein Zobel und das Gerippe eines Habichtskauzes, der wahrscheinlich von einem Bergadler erlegt worden war, denn in den Überresten steckte eine Adlerfeder. Was für eine makabre Visitenkarte! Der Bergadler ist ein riesiger Greifvogel, der die Region Primorje irgendwann in den 1980er-Jahren in aller Stille von Japan aus besiedelt hat.

Ich folgte einem schmalen Bach zum Rand der Insel auf der Südseite, wo ich, wie erwartet, auf den an einem steilen Hang entlangfließenden Flussarm stieß. Da es gleich zu dämmern anfangen würde, suchte ich mir ein ruhiges Fleckchen auf einem bequemen Baumstamm nahe der Stelle, wo der Bach in den Flussarm floss, setzte mich dort hin und wartete. An diesem wunderschönen Abend saß ich nun also in einem Frühlingswald, atmete die kühle, duftende Luft und lauschte den Rufen einer Graunachtschwalbe, die klangen, als schneide jemand im Eiltempo eine Salatgurke. Plötzlich hatte ich das Gefühl, dass etwas am Flussarm entlang auf mich zulief; bei jedem Schritt schwappte es und knirschte auf den lockeren Steinchen. Sergej konnte es nicht sein, er saß sicher schon mit gespitzten Ohren an der Böschung im Westen. Lange blieb ich nicht im Ungewissen – ein massiger Keiler zockelte in Sicht, seine gebogenen weißen Hauer hoben sich deutlich von dem schwarzen Fell ab. Mit angehaltenem Atem beobachtete ich ihn. Er ging langsam am Wasser entlang, einmal nicht weiter als 20 Meter von mir entfernt, dann verschwand er flussabwärts. Ich atmete auf. Keiler sind zwar normalerweise nicht aggressiv, aber wenn man sie provoziert, können sie extrem gefährlich werden. Man weiß, dass große Tiere wie das hier Tiger mit ihren Hauern tödlich verletzt haben, und wenn sie angeschossen werden, flüchten sie nicht, sondern greifen an und töten manchmal Jäger, bevor diese überhaupt nachladen können. John Goodrich erzählte mir einmal ein besonders gruseliges Beispiel von einem Keiler, der zuerst den Jäger tötete, der ihn angeschossen hatte, und dann dessen Beine fraß.

Ich war gerade erst wieder in Wartehypnose versunken, da knisterte das Funksprechgerät, und ich zuckte zusammen.

»Festhalten, sie kommen!«, schrie Sergej.

»Wie bitte?«, fragte ich verwirrt.

»Geh in Deckung, Bruder! Da braust direkt was auf dich zu!«, brüllte er. Aber in seiner Stimme schwang ein Lachen mit.

Einen Augenblick später hörte ich es. Lärm schwoll wellenartig durch den Wald, Pflanzen raschelten, Zweige knackten, es quiekste. Ich stand auf und suchte blitzschnell Schutz hinter einem Baum, als ein Sturmgeschwader von Wildschweinen, die Hälfte Frischlinge, auf der anderen Seite des Baches durch das Gesträuch brach und vorbeirannte. Hinterher erzählte mir Sergej, dass eine Rotte von einem Dutzend Keilern bis auf zehn Meter an der Stelle vorbeigekommen war, wo er saß, er aber nicht widerstehen konnte und sie anbrüllte wie ein Bär. Da rannten sie panisch los und zufällig genau in die Richtung, in der ich saß – was Sergej natürlich wusste.

Als die Windschweine vorbei waren, wurde ich wieder ruhiger. 30 Minuten lang rührte und regte sich nichts, und die Dunkelheit setzte ein. Da knisterte das Funkgerät erneut, und Sergej flüsterte: »Jon, ich hab was. Wie schnell kannst du hier sein?«

Ich stellte meine Stirnlampe an und kämpfte mich etwa 300 Meter durch Wald und Gestrüpp an dem Nebenfluss entlang. Beim Näherkommen erkannte ich seinen Standort an dem Taschenlampenlicht auf dem Hügel, und beim Nochnäherkommen an seinem Gesicht, dass er verwirrt war.

»Ich habe einen Riesenfischuhu kreischen gehört und war sicher, dass ich in der Nähe eines Nests war«, erzählte er. »Da habe ich dich kontaktiert. Als ich mich an ihn heranschlich, sah ich da oben die Silhouette eines erwachsenen Vogels.« Er deutete in die Richtung. »Er kam von der anderen Seite des Flusses angeflogen, und als ich mich bewegte, flog er wieder zurück. Aber hier ist nichts. Nichts, das für einen Nistbaum auch nur annähernd groß genug wäre. Ich dachte, sie machten dieses Kreischgeräusch nur am Nest …«

Über den dunklen Fluss begaben wir uns zurück zum Lager.

Auch am nächsten Tag suchten wir auf der Insel wieder stundenlang intensiv nach dem Nest, aber wir hatten kein Glück. Dieser Ort wurde ganz gewiss von Riesenfischuhus frequentiert, aber vielleicht nur zum Jagen, nicht zum Nisten. Wir mussten auch die Funktion des Schreis neu bewerten, denn offenkundig war er nicht ausschließlich an den Nistort gebunden. Mit zunehmender Erfahrung lernten wir, dass die Vögel den kreischenden Ruf auch immer dann ausstießen, wenn sie um Futter bettelten, ob am Nest oder anderswo. Im Nachhinein vermutete ich, dass Sergej einen zwei Jahre alten Jungvogel gesehen und gehört hatte, der zwar schon so groß war, dass man seine Silhouette für die eines erwachsenen Tieres halten mochte, der aber noch nicht selbstständig jagen konnte und nach seinen Eltern gerufen hatte.

Nachts regnete es, und uns lief die Zeit davon. Ich musste in ein paar Wochen zurück in die Vereinigten Staaten und Sergej etliches zu Hause erledigen. Klar war anscheinend, dass das Paar an der Losewka in diesem Jahr nicht brütete, und ohne ein Nest, das die Vögel an einen Ort band, hatten wir nur eine geringe Chance, sie zu finden. Aber wir wussten nun mit Sicherheit, dass sie dort lebten, und das genügte fürs Erste. Wir setzten das Paar von der Losewka und das unbekannte Paar von weiter unten am Fluss auf unsere Liste für potenzielle Einfangkandidaten im nächsten Jahr und fanden, es sei an der Zeit, dass wir nach Amgu zurückkehrten. Nur mussten wir erst noch an einer Stelle hier im Norden suchen, am Fluss Scherbatowka, danach würden wir nach Ternei und an andere Orte mit zivilisatorischen Errungenschaften wie Polizei und Straßenschildern zurückkehren. Die Saison für die Feldforschung neigte sich ihrem Ende zu.

15

Reißende Fluten

Ohne weitere Zwischenfälle erreichten wir Amgu, unser Pick-up trug eine Blende aus braunem Schlamm, hochgeworfen aus den oft nicht sichtbaren Schlaglöchern in der holprigen, unbefestigten, noch regennassen Straße. Wir überprüften den Wasserstand der Amgu, sahen, dass er während unserer eineinhalbwöchigen Abwesenheit auf ein akzeptables Niveau gesunken war, und Sergej hatte keine Bedenken, mit dem Hilux durchzufahren. Erst mal aber pausierten wir am Ufer, guckten dem flachen Wasser beim heiteren Plätschern über die glatten Steine auf dem Flussbett zu und legten unsere nächsten Schritte fest. Mehrere Tage wollten wir auf der anderen Seite des Flusses das Revier des Paars von der Scherbatowka erkunden. Es lebte nicht weit von einer von Wowa Wolkows Jagdhütten, das war sehr bequem. Da wir wussten, dass er gern mitsuchen wollte, fuhren wir zu ihm nach Hause am anderen Ende der Stadt, um ihn abzuholen, bevor wir den Fluss überquerten.

Sergej und ich gingen durch den dunklen Vorflur in die Küche, wo wir auf eine so bizarre Szene stießen, dass ich einen Moment lang ganz vergaß, warum wir hier waren. Der Küchentisch verschwand förmlich unter einem Berg fein gehacktem Fisch, der nur geringfügig kleiner wurde durch das Wirken der drallen Alla, die das blasse Fischfleisch zu kleinen Kugeln formte, auf Teigscheiben packte und das Ganze zu kompakten Taschen zusammendrückte. Diese Fischpelmeni, ähnlich Knödeln oder Ravioli, wurden wie diese auch in Wasser gekocht. Mich erstaunte einfach die schiere Menge, und ich fragte Alla, woher sie den Fisch hätte.

»Wowa hat heute Morgen an der Küste bei der Flussmündung Taimen gefangen«, sagte sie ganz sachlich, doch ein bisschen müde; ihre Schürze und Arme waren voller Mehl.

Ich war beeindruckt. »Wie viele hat er gefangen?«, fragte ich.

Sie betrachtete mich noch müder. »Taimen«, wiederholte sie, aber diesmal mit Betonung auf der Endung, damit ich hörte, dass sie den Singular meinte. »Einen Fisch.«

Ich sah mir den Fischberg vor mir noch einmal genauer an. Der konnte eigentlich nicht von einem einzigen Tier, egal, welches es sein mochte, kommen, geschweige denn von einem einzigen Fisch. Alla spürte meine Skepsis, bückte sich und holte den größten Fischkopf, den ich je in natura gesehen hatte, aus einer Plastiktüte auf dem Boden. Sie hielt ihn hoch und wiederholte: »Ein Fisch.«

Der Sachalin-Taimen gehört zu den größten Lachsfischen der Welt, sie werden bis zu zwei Meter lang und bis zu 50 Kilogramm schwer und sind, hauptsächlich wegen Überfischung, stark bedroht. Nur wenige Monate bevor Wowa diesen Fisch in sein Boot hievte, waren sie unter Artenschutz gestellt worden. 2010 wurde ein Naturschutzgebiet am Fluss Koppi, gleich nördlich der Samarga in der benachbarten Region Chabarowsk, zum Teil deshalb als solches ausgewiesen, weil man die Laichgründe des Taimen schützen wollte.

Wowa war begeistert, Sergej und mich auf unserem Trip zu begleiten. In Windeseile packte er die notwendigen Siebensachen in einen Rucksack. Die reichlichen Gläser mit den schon gekochten Fischpelmeni, die Alla uns mitgab, wurden in den nächsten Tagen unsere Hauptnahrungsquelle. Damals hatte ich keine Ahnung, dass die Sachalin-Taimen stark bedroht waren, sonst hätte ich sie nicht gegessen. Mir wäre es vorgekommen, als verspeiste ich Riesenfischuhus oder Amurtiger. Ich glaube, Wowa wusste auch nicht, dass sie mittlerweile geschützt waren. Seine Jägerehre hätte es gar nicht zugelassen, sie dann zu fangen. Aber bis Informationen wie die zum Artenschutz von einer Seite des riesigen Landes zur andern durchsickern, dauert es seine Zeit.

Auch Wowas Vater, ein älterer Herr namens Waleri, der vor seiner Verrentung beim Grenzschutz gearbeitet hatte, war in der Küche. Er saß stumm auf einem niedrigen Hocker neben dem Holzherd und leistete Alla Gesellschaft beim Kochen. Als ich meine Stiefel anzog und mich immer noch über den Taimen wunderte, fragte ich den alten Herrn leichthin, ob er mit Wowa schon mal vor der Küste fischen ging. Da lachte er laut, schlug sich auf die Knie und rief: »Auf *das* Wasser geh ich nie mehr!« Bevor ich nach einer Erklärung fragen konnte, schoben mich Sergej und Wowa zur Tür hinaus.

Als wir die Amgu dort erreichten, wo wir sie überqueren wollten, sagte Wowa, hier sei eigentlich eine Brücke und bis vor einem Monat auch eine gewesen, aber das Hochwasser habe sie ins Japanische Meer gespült – Frühjahrshausputz. Weil das Holzfällerunternehmen allerdings Vorbereitungen zur Abholzung an der Scherbatowka weiter oben treffe, eines flachen, vielarmigen Flusses, der wiederum ein paar Dutzend Meter flussabwärts von unserer Durchquerungsstelle in die Amgu mündete, werde man sicher in naher Zukunft eine neue Brücke errichten. Bis dahin musste man durchs Wasser fahren.

Der erste Abschnitt der Straße auf der anderen Uferseite der Scherbatowka war in gutem Zustand. Sergej sagte, das sei das Ende der alten Straße von Ternei bis hierher, die nur im Winter passierbar gewesen sei, wenn die Flussmündungen und Sumpfgebiete zugefroren seien, und bis in die 1990er-Jahre sei sie sogar der einzige Zugang über Land nach Amgu gewesen. Jetzt, da der das ganze Jahr über bestehe – wir konnten das bestätigen –, sei die Küstenstraße nicht mehr so beliebt und werde nur noch von Holzfällern, Wilderern und Wowa auf dem Weg zu seiner Jagdhütte benutzt.

Nachdem sich auf der anderen Seite einer kleinen Brücke die Straße geteilt hatte, erreichten wir sie. Eine klassische russische Jagdhütte, niedrig, acht Balken hoch, mit soliden Schwalbenschwanzverbindungen an den Ecken und einem offenen Giebeldach, unter dem man Dinge unterbringen konnte, auf einer Lichtung mit wild wucherndem Gras, unter einer hohen Fichte. Sergej, der mittlerweile zugegeben hatte, dass seine Kühlbox vielleicht doch keine Wunder wirkte, ging mit unseren frischen Vorräten an Fleisch und Käse und ein paar Dosen Bier, die wir in der Stadt erstanden hatten, hinunter zum Fluss. Dort verstaute er alles in einem Aluminiumtopf, stellte den ins flache Wasser und beschwerte ihn mit einem mächtigen Stein, damit er nicht weggeschwemmt würde. Wowa und ich brachten unser Bettzeug in die Hütte, ich ein wenig geduckt, denn die Tür ging mir nur bis zur Schulter.

Wie in vielen Waldhütten hier waren die Wände mit Nägeln gespickt, an denen man Säcke mit Reis, Salz und sonstigem Essbaren aufhängen konnte. Eine Vorsichtsmaßnahme, mit der man lange haltbare Vorräte außer Reichweite der Nager hielt, die natürlich die Jagdhütte auch ihr Zuhause nannten. Die Decke war niedrig und rußschwarz. Als Sergej zurückkam, stellte Wowa zum Mittagessen ein Glas mit Fischpelmeni auf den Tisch, öffnete es, nickte uns zu und gab jedem eine Gabel.

Kurz nach unserer Abfahrt aus der Stadt hatte es angefangen zu nieseln, doch jetzt fiel der Regen rasch und gleichmäßig in dicken Tropfen. Deshalb gingen wir nach dem Mittagessen in Regenkleidung etwa einen Kilometer das Tal hinauf, dann ein kurzes Stück quer zum Fluss hin, das Riesenfischuhu-Nest zu inspizieren. Der Wald bestand hier hauptsächlich aus Nadelholzbäumen. Nach ungefähr 30 Minuten war ich bis zu den Knien klatschnass. Klar, nachdem ich mich zwei Monate lang durch Borstige Taigawurzeln geschlagen hatte, eine in diesen Wäldern überall anzutreffende teuflisch stachlige Pflanze, waren nicht nur meine Beine übersät mit eingewachsenen entzündeten Dornen, sondern auch meine teure Regenausrüstung durchlässig wie ein Sieb. Bei einem kurzen Blick auf meine russischen Kollegen sah ich, dass auch ihre grauen Baumwoll-Polyester-Tarnanzüge von oben bis unten durchnässt waren und an ihnen klebten.

Der Unterschied zwischen ihnen und mir bestand nur darin, dass sie keinerlei Illusionen hinsichtlich der Wasserundurchlässigkeit ihrer Kleidung hegten. Ja, sie machten sich häufig lustig über das Tollste, Neueste an Ultraleichtbekleidung, das ich jedes Jahr mitbrachte, um das zu ersetzen, was in den Wäldern von Primorje im Jahr zuvor zerfetzt worden war. Die Outfits waren vielleicht für die breiten, gepflegten Wege in den nordamerikanischen Nationalparks geeignet, hier zu überleben hatten sie kaum eine Chance.

Sergej hob den Arm und bedeutete uns, dass wir nahe am Nistbaum waren und leise sein sollten, dann kam der Baumkoloss zwischen den Tannen in Sicht. Es war eine Pappel, und sie maß beeindruckende 17 Meter vom Boden bis zur Spitze – so ein hohes Nest hatte ich noch nie gesehen. Da Sergej schon vor etlichen Jahren hier gewesen war, wussten wir nicht, ob es noch bewohnt war. Auf die übliche Weise nachschauen konnte er nicht, denn da die Äste erst in gut zehn Metern Höhe anfingen, konnte er nicht mal so einfach hochkraxeln. Manchmal benutzte er Klettersporen, um zu einem Nest zu gelangen, scharfe Stacheln, wie sie Baumpfleger und Freileitungsmonteure benutzen, um auf Bäume oder Telefonmasten zu steigen. Doch das war hier keine Option. Die dicke Rinde dieser morschen Pappel war zu locker und bot keinen sicheren Halt.

Wir zogen uns ungefähr 50 Meter zurück und blieben in der Hoffnung, ein Duett oder einen Schrei aus der Nesthöhle zu vernehmen, bis in die Dunkelheit. Aber außer dem Surroundsound der auf die Blätter klatschenden lärmenden Regentropfen vernahmen wir nichts. Bei dem heftigen Niederschlag würden die Vögel wahrscheinlich nicht rufen, und selbst wenn doch, würde es in den Hintergrundgeräuschen untergehen. Wir wanderten zurück zur Hütte, aßen Fischpelmeni zu Abend und legten uns schlafen. Wowa und Sergej quetschten sich in eines der beiden Betten, ich bekam das andere.

Als wir am nächsten Morgen erwachten, regnete es immer noch, doch bei einem Frühstück mit kalten Fischpelmeni und heißem Instantkaffee machten wir unseren Tagesplan. Da wir nun wussten, wo der Nistbaum war, wollten wir als Nächstes herausfinden, wo das Paar jagte. Wowa sollte mit dem Hilux ins obere Tal fahren und Sergej und mich ungefähr sechs Kilometer flussaufwärts von der Jagdhütte absetzen. Ich wollte den Fluss durchqueren und die andere Talseite erkunden, mich flussabwärts hinunterbewegen, bis ich ungefähr gegenüber der Jagdhütte war, deren Standort ich in meinem GPS gespeichert hatte. Quer durch das Flusstal würde ich dann hinübergehen. Sergej wollte dem Hauptlauf folgen und es mir gleichtun. Wowa wiederum wollte in seiner zweiten Hütte weiter oben im Tal, wo die Straße längst zu Ende war, ein paar Reparaturen erledigen.

Nachdem ich ausgestiegen war, ging ich einen steilen Hang hinunter ins Tal und durch das flache Wasser zum anderen Ufer. Der Hauptlauf der Scherbatowka schien immer nur hüfthoch zu sein, und es dauerte nicht lange, bis ich einen Abschnitt fand, den ich in meiner Hüftwathose durchqueren konnte. Sollte mir das Flusswasser ruhig in die Hosen schwappen – ich hatte mich darauf eingestellt, dass ich an diesem Tag ordentlich nass geregnet wurde. Auf der anderen Seite folgte ich einem sumpfigen Flussarm, der weitgehend überwachsen und von umgefallenen Bäumen verstopft war. Meine Laune hob sich: Das fließende Wasser mit den gar nicht mal so kleinen Fischen war potenzielles Jagdgebiet für Riesenfischuhus.

Ich wanderte am Ufer entlang, suchte die Bäume nach Federn ab und den Boden nach Gewölle. Der Wald war eine interessante Mischung aus vorwiegend Laubbäumen und immer wieder Nadelholzdickichten. Gerade war ich an einem solchen Dickicht vorbeigekommen, als mir Fellklumpen auffielen, dann ein paar Knochen, ein Schädel, die Überreste eines Rehs, einiges davon im Wasser, das meiste am Ufer des Flussarms verstreut, am Fuß des Talhangs. Beim Näherkommen sah ich kalkweißen Vogelkot – sehr viel davon – und dachte zuerst an einen Seeadler, den Greifvogel, der sich meines Wissens am ehesten an einem Rehkadaver im Norden Primorjes gütlich tat. Im Winter gab es auch Riesenseeadler, aber seltener. Als ich aufschaute, um zu sehen, wie ein Seeadler durch dieses dichte Blätterdach kommen konnte, entdeckte ich plötzlich einen senkrechten moosigen Ast, verklebt mit Uhudaunenfedern. Direkt über dem Rehskelett. Beim genaueren Absuchen des Bodens sah ich Riesenfischuhu-Federn zwischen den Knochen. Der Uhu hatte natürlich nicht das Reh erlegt – das war so gut wie unmöglich –, aber er hatte sich an dem Imbisswagen, der hier unten parkte, zweifellos verköstigt. Ich fotografierte die Stelle, sammelte was von dem Gewölle ein, speicherte die GPS-Koordinaten und ging, motiviert von dem stärker werdenden Regen, zurück zur Hütte.

Bei meiner Ankunft dort dämmerte es bereits. Ich war durchnässt und froh, dass Wowa schon da war. Durch die offene Tür der Hütte wehte mir die Wärme des Holzofens entgegen. In dem rußschwarzen Kessel auf einem flachen Stein neben dem Ofen war kochendes Wasser zum Teebereiten. Wowa hatte nicht viel zu erzählen, nur dass er einen Keiler gesehen hatte. Sergej war noch nicht da, aber der Tisch war zum Abendessen gedeckt; drei Gabeln, ein noch verbliebenes Glas mit Fischpelmeni und eine Flasche Mayonnaise. Ich hängte meine Klamotten zum Trocknen an die Nägel neben Wowas, und wir warteten. Der dichte Regen pladderte hartnäckig weiter. Gerade als Wowa die Kerze auf dem Tisch anzündete, kam Sergej herein. Triefend. Besorgt erzählte er, das Wasser in der Scherbatowka steige definitiv und unsere Vorräte an Fleisch, Käse und Bier in dem Topf seien weggespült worden.

Während wir die Pelmeni bis auf die letzten Reste verputzten, musste ich an die merkwürdige Antwort von Wowas Vater Waleri denken, ihn bringe man nie mehr aufs Meer. Ich fragte Wowa danach.

»Ja, das war was!«, hub Wowa an, lehnte sich zurück, verdrehte die Augen zur Decke wie jemand, der sich an etwas weit Entferntes, aber Wichtiges erinnern will. In der Hütte war es warm, Schatten spielten in dem sanften Licht der einen Kerze, und der Regen trommelte ebenmäßig aufs Dach. Nur manchmal kam ein heftiger Schwall herunter, wenn die Fichte am Haus schwankte und das Wasser, das sich auf ihren Ästen gesammelt hatte, herniederplatschte. Drinnen zischte es, wenn von unserer trocknenden Kleidung Tropfen auf den heißen Holzofen fielen. Sergej lächelte und legte sich aufs Bett. Augenscheinlich kannte er die Geschichte schon, hatte aber nichts dagegen, sie noch einmal anzuhören.

Anfang der 1970er-Jahre brachte Waleri einen Freund mit seinem Fischerboot in das etwa 30 Kilometer von Amgu entfernte Dorf Maximowka, das zwar selbst heute noch schwer über Land zu erreichen ist, auf dem Seeweg an der Küste entlang mit dem Motorboot aber im Nu. Waleri war auf dem Rückweg und fast zu Hause – er sah schon sein Dorf –, da streikte der Motor. Vergeblich versuchte er ihn wieder anzuwerfen und dann voller Panik mit seinem einzigen Ruder an Land zu paddeln. Aber die Strömung war zu stark und zog ihn immer weiter von der Küste weg. Hilflos musste der arme Mann erleben, wie sie sich immer mehr entfernte und er schließlich – o Graus! – nur das wogende, stumme offene Meer um sich hatte. Er hatte ein ganz kleines bisschen was zu essen und ein wenig Trinkwasser dabei, außerdem ein Gewehr mit ein paar Patronen. Der Essensvorrat war am zweiten Tag aufgebraucht. Die Patronen bald auch, denn er verballerte sie auf Möwen, traf nur eine und konnte dann den im Wasser treibenden Vogel wegen der Strömung nicht einmal herausfischen. Am dritten Tag auf See sah er ein Schiff. Er brüllte und winkte mit dem Ruder. Die Mannschaft bemerkte ihn und änderte den Kurs. Er dachte, er sei gerettet, aber als das große Schiff neben ihm war, schaute ein amüsierter russischer Seemann zu dem sonnenverbrannten Wahnsinnigen in seinem ramponierten Ruderboot mitten im Japanischen Meer herunter und fragte: »Was zum Teufel machst du denn hier draußen?«

Heiser, weil er so dehydriert war, erwiderte Wowas Vater: »Die Strömung hat mich rausgetrieben.«

»Dann soll die Strömung dich auch wieder reintreiben«, entgegnete der russische Seemann lachend, und das Schiff fuhr davon. Dass man den fassungslosen Schiffbrüchigen dem sicheren Tod überließ, war sonnenklar.

Am vierten Tag erwachte Waleri davon, dass er im Hafen von Amgu anlegte und seine Frau rief, er solle an Land kommen. Im nächsten Moment merkte er, dass er halb aus dem Schiff hing, sich immer noch mitten auf hoher See in einer Sinnestäuschung befand und fast ertrunken wäre. Endlose Stunden lang kämpfte er gegen das Delirium an. Am fünften Tag hilflos auf dem Meer treibend wurde er von einem russischen Schiff in der La-Pérouse-Straße aufgefischt.

»In der La-Pérouse-Straße?« Das haute mich vom Hocker. Die Meerenge liegt 350 Kilometer östlich von Amgu.

Ohne auf meinen Ausruf zu reagieren, fuhr Wowa fort, das Schiff habe Waleri mit nach Nachodka, einem Hafen im Süden Primorjes nicht weit von Wladiwostok genommen. Dort stellten seine Retter auf Grundlage seiner Beschreibung fest, welches Schiff ihm nicht geholfen hatte. Was für eine Strafe die Mannschaft bekam, weil sie einen Sowjetbürger nicht vor dem nassen Tod gerettet hatte, wusste Wowa nicht, aber sie war bestimmt gepfeffert. Die Behörden hörten sich Waleris Geschichte voller Mitgefühl an und baten dann höflich um seinen Pass, mit dem er sich ausweisen konnte.

»Meinen Pass?«, erwiderte er ungläubig. »Ich bin ins Boot gestiegen, um meinen Kumpel nach Maximowka zu bringen. Wozu brauche ich da einen Pass?«

»Weil Sie in Nachodka sind«, konterten die Behörden. »Und Sie wollen, dass wir Sie nach Amgu gehen lassen ..., ein sensibler Grenzschutzstandort. Und dazu müssen Sie sich ausweisen.«

Angesichts der Kommunikationswege damals dauerte es zwei Wochen, bis Waleris Identität bestätigt war und er zurück nach Hause kam. Bis dahin war er seit fast einem Monat verschwunden. Seine Familie hatte eine Totenfeier abgehalten, seinen Verlust betrauert und begonnen, sich damit abzufinden. Als Waleri sich beim Grenzschutz zur Arbeit zurückmeldete, sagten ihm seine Vorgesetzten ärgerlich, es wäre für sie besser gewesen, wenn er wirklich auf See verschwunden wäre, denn dass sein Metallboot fünf Tage unentdeckt im Japanischen Meer getrieben hatte, verriet ihre Inkompetenz. Schließlich war ihr Auftrag, unbekannte Schiffe – vielleicht Spione – auf dem Meer zu entdecken und abzufangen. Das Hauptquartier in Wladiwostok hatte sie für dieses peinliche Versagen gehörig heruntergeputzt.

Wowa hielt inne und seufzte, dann schloss er seine Geschichte mit den Worten: »Mein Vater machte einen Nachmittagsausflug die Küste hinauf und verbrachte den nächsten Monat in der Hölle. Deshalb: Nein, aufs Meer geht er nicht mehr.«

Die ganze Nacht pladderte der Regen weiter. Sergej kam von einem morgendlichen eiligen Lauf zur Toilette zurück, schüttelte das Wasser aus seiner Jacke und verkündete, die Chancen, dass wir hier hängenblieben, stünden ziemlich gut. Der Pegel des Flusses sei geradezu exponentiell gestiegen, die Brücke über den schmalen Bach neben der Hütte, über die wir vor zwei Tagen gefahren waren, weggespült. Er zündete sich eine Zigarette an und stellte sich an die Tür, damit der Rauch nach draußen abzog.

»Es besteht eine geringe Möglichkeit, hier wegzukommen. Vielleicht aber auch schon nicht mehr. Jedenfalls sollten wir sie nutzen. Sonst müssen wir hierbleiben, bis der Wasserstand wieder gesunken ist, was eine ganze Woche dauern kann.« Pause. »Wir müssen *jetzt* los.«

Mittlerweile hatte ich gelernt: Wenn Sergej »Wir müssen *jetzt* los« sagte, dann mussten wir wirklich los. Wir packten alles in den Hilux und fuhren in Richtung Stadt zurück. Der Fluss, der die Wassermassen nicht mehr aufnehmen konnte, trat schon über die Ufer und floss mindestens einen Kilometer die Straße hinunter, bevor er wieder in sein Bett fand. Drei Brücken auf dem Weg waren weggeschwemmt worden, was bei zwei Stellen kein Problem war, aber bei der dritten mussten wir alle drei bis zur Hüfte ins Wasser. Mit roten Gesichtern schoben und zogen wir an einem verhakten Baumstamm, der das Wasser so hoch gestaut hatte, dass wir mit dem Truck nicht sicher durchfahren konnten.

Nach diesen Erfahrungen war ich dann nicht verwundert, als wir die Furt über die Amgu erreichten. Verglichen mit nur wenigen Tagen zuvor, war sie nicht mehr wiederzuerkennen. Damals war der Hilux durch den klaren, flachen, wadenhohen Fluss geglitten, jetzt strömten schmutzig trübe, gewiss mehr als hüfthohe reißende Fluten hierher. Für mich war die Sache klar, wir waren zu spät und steckten fest. Sergej konnte den Hilux unmöglich in diesen brodelnden Hexenkessel steuern. Aber er und Wowa berieten sich ausführlich, gestikulierten und zeigten mit den Armen nach oben, hinüber und hinunter, als entwürfen sie einen Schlachtplan. Dann öffnete Wowa, mir unerklärlicherweise, die Motorhaube, während Sergej im Handschuhfach wühlte und eine Rolle Packband hervorholte. Die beiden entfernten den Saugschlauch vom Luftfilter und klebten ihn oben an der offenen Motorhaube fest. So wollten sie augenscheinlich verhindern, dass der Dieselmotor bei der geplanten Querung voll Wasser lief und auf halbem Wege absoff. Wowa, noch in seiner Wathose, lief etwa 40 Meter am Fluss entlang aufwärts, ging dann in die Strömung und ließ sich mit Seitwärtsschritten vom Wasser diagonal die 50 Meter über den Fluss schieben. In der Nähe von dort, wo die Straße weiterging, kam er heraus. Ich stieß einen Stoßseufzer aus, erleichtert, dass er es geschafft hatte, und er streckte die Daumen hoch, alles in Ordnung! Ich verstand nun überhaupt nichts mehr. Die Strömung war schnell und das Wasser bestimmt eineinhalb Meter tief – es ging Wowa ja fast bis zur Brust –, und trotzdem wollten wir versuchen, es zu durchqueren? Das erschien mir noch wahnsinniger als der Ritt über die *naleds* in der Samarga.

Sergej und ich stiegen in den Pick-up. Da die Motorhaube offenstand, damit der Luftansaugschlauch trocken blieb, war die Sicht versperrt, und Sergej rollte sein Seitenfenster herunter und lehnte sich, so weit es ging, hinaus, ohne aber das Steuer loszulassen. Er wendete in drei Zügen und fuhr rückwärts das Ufer dort hoch, wo Wowa hergegangen war, bis der uns vom anderen Ufer bedeutete anzuhalten. Dann wedelte er wiederholt nach einem bestimmten Muster wie ein Matrose mit Signalflaggen und bedeutete uns, in welchem Winkel wir in den Fluss fahren sollten. Und los!

Die absurde Szene lief wie in Zeitlupe ab. Der Fluss schob uns vor sich her, das Wasser sickerte durch die Türen. Sergej, immer noch halb aus dem Fahrerfenster hängend, damit er überhaupt eine Idee hatte, woher wir fuhren, riss das Steuer wiederholt hin und her, fluchte bei dem vergeblichen Versuch, Kurs zu halten und uns an Land zu steuern. Der Hilux holperte über das Flussbett – das heißt, wir schwammen die meiste Zeit, und dann war das Steuer so wirkungsvoll wie ein kaputtes Steuerruder. Meine Knöchel waren weiß, weil ich mich so fest an die Fensterkurbel klammerte. Um meine Füße schwappte das Wasser. Doch dann gewannen die Räder Bodenhaftung. Irgendwie hatten wir den tiefsten Abschnitt des Flusses im wahrsten Sinne des Wortes umschifft. Aus dem Hilux strömte das Wasser wie aus einem hochgehievten Schiffswrack, und er kam genau da an Land, wo Wowa uns hingeleitet hatte. Sergej lächelte, als habe er gewusst, dass das passieren *würde*, und Wowa lachte, als sei er überrascht, dass es passiert *war*. Ich sprang aus dem Wagen, noch unter Schock, dass die Durchquerung nicht in einer Katastrophe geendet hatte, und begab mich in gehörigen Sicherheitsabstand zum Fluss, bevor der sich das mit unserer Durchfahrt noch mal anders überlegte.

Die Feldforschungssaison 2006 war zu Ende.

Ich wollte zur Nachbesprechung mit Sergej Surmatsch nach Wladiwostok, dann Mitte Juni in ein Flugzeug steigen und den Pazifischen Ozean über Seoul und Seattle überqueren und dann weiter heim nach Minnesota. Ich hatte viel vor für den Sommer. Seit fast vier Jahren war ich mit einer Frau zusammen. Karen und ich hatten uns in Primorje als Kollegen beim Peace Corps kennengelernt. Nun wollten wir unsere Hochzeit im August planen. Danach wollte ich an der Universität von Minnesota all das lernen, was ich brauchte, um einen Schutzplan für den Riesenfischuhu zu erstellen. Dazu gehörte auch, alle Literatur zum Fangen von Greifvögeln zu durchkämmen, derer ich habhaft werden konnte, und alle maßgeblichen Spezialisten zu befragen, um die nächste Feldforschungssaison vorzubereiten. Im dritten Monat des Fünfjahresprojekts war es bereits eine faszinierende Reise, die an den Rändern der menschlichen Zivilisation verlief und bei der neue Entdeckungen zu einer mysteriösen Eule ans Tageslicht kommen würden. In den letzten Wochen hatten Sergej und ich 13 Riesenfischuhu-Territorien gefunden, auf die wir uns mit dem Einfangen konzentrieren konnten. In den meisten hatten wir Uhus rufen gehört, aber wichtig waren die vier Stellen mit den Nistbäumen. Wenn im nächsten Winter der erste Schnee gefallen war und die Flüsse zufroren, würde ich nach Primorje zurückkehren und wieder gemeinsam mit Sergej sehen, wie viele Vögel wir fangen konnten.

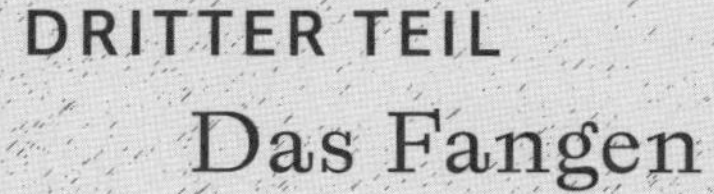

DRITTER TEIL
Das Fangen

16

Vorbereitungen zum Fangen

Ende Januar 2007 traf ich mich mit Sergej Awdejuk an Sergej Surmatschs Arbeitsplatz, dem Institut für Biologie und Bodenwissenschaften in Wladiwostok. Sergej A., neuer Haarschnitt, frisch gewienerte Schuhe und sauber rasiertes Gesicht, strotzte wie üblich vor Selbstbewusstsein. Wir betraten das vierstöckige verblichene Backsteingebäude aus glorreichen Sowjetzeiten und warteten auf den Aufzug. Eine Frau verkaufte in der unbeleuchteten Vorhalle Backwaren und wollte nach einem kurzen Blick von uns wissen, ob wir Installateure seien. Sergej verneinte und erstand ein Gebäckstück. Dann öffneten sich Türen aus Kunstholz zu einer engen, sargähnlichen Fahrstuhlkabine, der Aufzug stöhnte sich an Kabeln von fragwürdigem Zustand nach oben und bettelte, solange wir ihm ausgeliefert waren, um Instandsetzung. Durch einen nackten grauen Flur gelangten wir in Surmatschs kleines Büro.

Wir planten die letzten Einzelheiten unserer bevorstehenden Feldforschungssaison, unseren ersten Versuch, Riesenfischuhus zu fangen, mithin die absolut entscheidende Phase unseres Projekts. Grob hatten wir umrissen, wo wir in den nächsten Jahren Uhus fangen wollten – in den Gebieten um Ternei und Amgu –, und mehr als ein Dutzend Stellen festgelegt. Wir wollten so viele Vögel wie möglich fangen und sie mit Sendern ausstatten, um ihre Bewegungen zu verfolgen. Einmalaktionen waren das nicht. Die Arbeit im Feld besteht oft aus der ständigen Wiederholung schwieriger oder unangenehmer Tätigkeiten, denn man muss so lange hartnäckig an einer Frage dranbleiben, bis die Antwort sich endlich herausschält. War ein Uhu besendert, mussten wir das Revier mehrere Jahre lang regelmäßig aufsuchen, Daten sammeln und zum Schluss den Vogel erneut einfangen, um ihm den Sender wieder abzunehmen. Nach ein, zwei Jahren Datensammeln, also im Besitz erster Informationen über die Bewegungen der Tiere, wollten wir deren Habitate daraufhin untersuchen, was es dort, wo sie nisteten oder jagten, an Besonderheiten gab. Dass wir immer noch nicht genau wussten, wo genau das war, machte nichts, mit der Zeit und der nötigen Beharrlichkeit würden wir es herausfinden.

Bei Tee und Pralinen diskutierten Surmatsch, Sergej und ich unsere Pläne für die kommende Arbeitsphase. Das Tempo in diesem Jahr würde sehr anders sein als 2006. Wir würden nämlich langsam und methodischer vorgehen, da wir keine Riesenfischuhu-Territorien suchen, sondern unsere Fangfähigkeiten in einer Region, in Ternei, vervollkommnen wollten. Im letzten Jahr hatten wir dort die höchste Dichte an Uhus gefunden, logisch, dass wir dort begannen. Wir mussten uns mit den Vögeln in den Revieren an der Serebrjanka, der Tunscha und der Faata vertraut machen und wenigstens eine Stelle finden, wo sie jagten, weil sie natürlich dort am besten einzufangen waren. Von Ternei aus mit unserem Unterfangen zu starten war insofern bequem, als wir ein warmes Bett unter einem trockenen Dach im Sichote-Alin-Forschungszentrum der Wildlife Conservation Society haben würden, nur 20 Kilometer von allen Stellen entfernt, die wir aufsuchen wollten.

Surmatsch, der wegen anderer Verpflichtungen wieder nicht dabei sein konnte, erzählte uns anschaulich von seinen Erfahrungen beim Fangen verschiedener Vogelarten und den Schwierigkeiten, denen wir uns gegenübersehen würden. Er hatte die liebenswürdige Angewohnheit, Kraftausdrücke zu flüstern, statt sie in normaler Lautstärke zu äußern. Wenn er auch nicht viel fluchte, so stürzten seine Sätze, wenn er besonders engagiert bei der Sache war, doch plötzlich ab und stiegen mit landestypischer Abruptheit wieder an, und ich musste an einen jagenden Turmfalken denken.

In der Sommerpause hatte ich mich mit dem in Kalifornien ansässigen Pete Bloom beraten, einem Spezialisten im Greifvogelfangen, sowie die wissenschaftliche Literatur nach den geeignetsten Fallen zum Riesenfischuhu-Fangen durchforstet. Es gab Auswahlmöglichkeiten zuhauf. Die Menschen fangen seit Jahrhunderten, wenn nicht Jahrtausenden Greifvögel. Ich las von lang erprobten Hilfsmitteln wie der Bal-Chatri-Falle, zuerst in Indien entwickelt, die wie eine Hummerfalle aussieht und mit vielen feinen Schlingen bedeckt ist. Als Köder sitzt innen ein lebendiger Vogel oder ein kleines

Nagetier. Wenn der Greifvogel auf der Falle landet und versucht, ihn zu schnappen, verfängt er sich in den Schlingen. Eine Grubenfalle wiederum ist ein gutes Beispiel dafür, was manche Leute auf sich nehmen, um einen Vogel in die Hand zu bekommen. Wenn Forscher Aasfresser wie Geier oder Kondore fangen wollen, verstecken sie sich in einem ausgehobenen mannsgroßen Loch, legen eine tote Kuh (oder einen anderen Tierkadaver) daneben und warten manchmal nur ein, zwei Schritte von dem stinkenden Ding entfernt stundenlang, bis der Vogel, den sie fangen wollen, zum Fressen kommt. Dann fahren sie mit den Händen aus der Dunkelheit hervor und packen das überraschte Tier bei den Beinen.

Beim Greifvögelfangen kommen viele Faktoren ins Spiel, das mussten wir auch bei den Riesenfischuhus bedenken. Manche Arten sind leichter anzulocken als andere, aber es gibt auch je nach Geschlecht, Jahreszeit, Alter und körperlicher Verfassung individuelle Unterschiede innerhalb der einzelnen Arten. Ein jüngerer Habicht ist zum Beispiel noch naiv und nicht misstrauisch bei Fallen, und ein satter Adler ist schwerer zu erwischen als ein hungriger. In der wissenschaftlichen Literatur fand ich nicht viel zum Riesenfischuhu-Fangen. In den meisten der wenigen Berichte über gefangene Vögel in Russland handelte es sich um solche, die getötet worden waren. In historischen Aufzeichnungen las ich, wie die Udehe Riesenfischuhus jagten, weil sie das Fleisch aßen, oder wie Wissenschaftler sie abschossen, um sie in Museumsschaukästen auszustellen.

Es gab nur eine Ausnahme. Vor ein paar Jahren war Sergej im Oblast Amur gewesen, fast eintausend Kilometer nordwestlich von Ternei und, wie allgemein angenommen, kein Verbreitungsgebiet der Riesenfischuhus. Und doch fand er dort Spuren von welchen, und da er wusste, niemand würde ihm glauben, baute er eine Klappfalle, nicht unähnlich einer Bal-Chatri-Falle, und stellte sie dorthin, wo er die Spuren gesehen hatte. Die Falle war primitiv: zu einer Kuppel zusammengesteckte frische junge Weidenzweige, mit Fischernetzen bedeckt und aufgehalten von einem Stock, der mit einem Stolperdraht verbunden war und umkippte, wenn ein Vogel daran rührte. Simpel, wie man sie in einem Cartoon sehen würde, aber der Uhu fiel darauf herein. Nach ein paar Tagen hatte Sergej seinen Vogel. Zum Beweis knipste er ein paar Fotos und ließ ihn wieder frei.

Die detailliertesten Berichte, die ich über das Fangen und Freilassen von Riesenfischuhus fand, waren aus Japan. Dort hatte man sehr junge Tiere mit Netzen gefangen, aber zum Einfangen erwachsener Tiere fand ich einfach nichts. Für unser Projekt konnten wir aber keine Jungtiere gebrauchen – deren territoriales Verhalten ist noch nicht festgelegt und deshalb nicht verwertbar wie das der erwachsenen. Auf meine E-Mails an japanische Riesenfischuhu-Biologen mit der Bitte um Rat, wie man erwachsene Tiere fängt, bekam ich nie eine Antwort. Augenscheinlich wollten sie keine Informationen über diese stark gefährdeten Vögel herausgeben, besonders keine Einzelheiten, wie man sie fand und einfing. Das lag vielleicht an ihren Erfahrungen mit übereifrigen Vogelbeobachtern und Tierfotografen in Japan, die bei ihren Bemühungen um immer bessere Bilder versehentlich Riesenfischuhu-Nester zerstört oder die Vögel sonst wie gestresst hatten. Da ich mir wiederum als unbekannter Promotionsstudent in der Riesenfischuhu-Community noch keinen Namen gemacht hatte, war ich aus ihrer Sicht nur ein Nobody, der die Impertinenz besaß, sie nach ihren bestgehüteten Geheimnissen zu fragen. Ohne sachdienliche Informationen und ohne jede Ahnung, wie misstrauisch die Vögel gegenüber verschiedenen Fallen sein würden, waren Sergej und ich auf uns allein gestellt und mussten durch Trial and Error lernen. Ein bisschen willkürlich beschlossen wir, dass wir im ersten Jahr das Einfangen von vier Riesenfischuhus als Erfolg verbuchen würden.

Von entscheidender Wichtigkeit für die Studie war das halbe Dutzend Sender, das ich mitgebracht hatte. Die kleinen Geräte sahen aus wie AA-Batterien mit einer 30 Zentimeter langen Antenne. Man setzte sie den Uhus wie kleine Rucksäcke auf, schlang die Befestigungsbänder jeweils um die Flügel, und damit auch wirklich alles gut saß ein schmales Band über das Brustbein. Wenn die Sender jede Sekunde ein unhörbares Funksignal abgaben, das wir mit einem speziellen Empfänger hören konnten, wollten wir uns mittels Triangulation dem Standort eines Uhus nähern, also mit dem Prinzip aus dem Jahr zuvor, als ich Nistbäume mit Kompasspeilung der Vogelrufe gesucht hatte. Nur würden wir uns jetzt nicht an den Rufen der Uhus orientieren, sondern am Funksignal. Wenn wir Ortungsdaten von einer Anzahl Uhus über mehrere Jahre zusammentrugen, würden wir ein Verständnis dafür entwickeln, welche Arten von Habitat Riesenfischuhus bevorzugten und welche sie mieden. Durch Analyse dieses Verhaltens, also der Wahl der Jagd- und Nistorte, können die Biologen die verschiedenen Habitate oder andere Naturgegebenheiten wie etwa Reichtum an Beute nach Wichtigkeit einstufen, mithin ein besseres Verständnis für die ökologischen Erfordernisse der untersuchten Art entwickeln. Wir wissen natürlich schon, dass Riesenfischuhus wegen ihrer Ernährung auf Flüsse angewiesen sind, aber können sie in jedem Fluss Beute machen? Müssen Wasserläufe (oder sogar nur Abschnitte darin), in denen sie jagen, eine bestimmte Breite, Tiefe oder Bodenbeschaffenheit haben? Und wo nisten die Vögel? Braucht es zu einem Niststandort mehr als einen großen Baum, oder muss der Wald ringsum noch andere Charakteristika aufweisen, wie zum Beispiel einen bestimmten Anteil an Nadelbäumen oder eine bestimmte Entfernung zum nächsten Dorf? Wenn wir eine Anzahl Vögel besendert und wiederkehrende Verhaltensmuster gefunden hatten, bekamen wir valide Daten für ihre Habitatwahl, und die sind ein fundamentaler Bestandteil eines jeden Schutzprogramms. Sie würden den Grundpfeiler für unser Projekt bilden.

In der letzten Feldsaison hatten wir eine Reihe hinderlicher Umstände festgestellt. Der erste war das Wetter. Wir wussten, dass der Winter zum Einfangen der Tiere die beste Zeit war, weil man sie dann am leichtesten fand und sie nicht so viele Jagdgebiete zur Auswahl hatten. Gleichzeitig hatten wir an der Samarga am eigenen Leibe erfahren, wie unberechenbar die Jahreszeit war. Winterstürme konnten uns in unserer Mobilität und beim Fallenstellen behindern, und immer drohte die Gefahr, dass der Frühling begann, besonders im März. Ein anderes Problem war persönlicher Art. Außer Sergej konnte es sich keiner in Surmatschs Team leisten, zwei Monate am Stück in den Wäldern zu verbringen. Sie hatten andere Jobs, oder zu Hause wartete die Familie. Jedes Jahr würden ein oder zwei neue Feldassistenten dabei sein, alle mit ihren jeweiligen Stärken und Schwächen. Was aber unsere gesamten Entscheidungen beeinflusste, war unser Budget. Das war für dieses Projekt durch das begrenzt, was ich an Fördermitteln eintreiben konnte, und die Technologie, die wir benutzten, war teuer. Wir konnten nicht einfach jedem Uhu, den wir sahen, einen Sender verpassen;

wir mussten planvoll vorgehen. Zum Beispiel: Je nachdem, wie viele Sender wir hatten, war es nach dem Fangen eines Vogels vielleicht sinnvoller, das Lager abzubrechen und zu einem anderen Territorium umzuziehen, statt dazubleiben und zu versuchen, den Partner oder die Partnerin des Tieres zu fangen. Soweit wir Riesenfischuhu-Bewegungen verstanden, waren zwei Uhus mit Sendern aus verschiedenen Revieren besser als zwei aus demselben. Wir begannen die Arbeitssaison 2007 zwar mit einer Strategie, wussten aber, dass die sich, wie bei der Arbeit im Feld üblich, jederzeit ändern konnte. Wir mussten flexibel und bereit sein, wichtige Entscheidungen ad hoc zu treffen.

Sergej und ich verließen Wladiwostok am Vormittag und trafen nach stundenlanger Fahrt durch Dunkelheit, Berge und Wald um Mitternacht in Ternei ein. Sergej saß am Steuer des roten Hilux, im Schlepptau den Anhänger mit dem schwarzen Yamaha-Schneemobil, das wir an der Samarga benutzt hatten. Ich freute mich, dass er den Hilux in der Zwischenzeit umgerüstet hatte, das Luftansaugrohr war jetzt aus flexiblem Material. Klebeband und offene Kofferräume bei zukünftigen Durchquerungen tiefer Flüsse gehörten hoffentlich der Vergangenheit an.

Das Sichote-Alin-Forschungszentrum in Ternei war ein dreistöckiges Holzgebäude oben auf einem Hügel mit einem atemberaubenden Panoramablick auf die Stadt, das Japanische Meer und die Sichote-Alin-Berge. Das Zentrum wurde von dem schon einmal erwähnten Dale Miquelle von der Wildlife Conservation Society geleitet, der seit 1992 in Primorje war, meines Wissens so lange wie kein anderer Amerikaner. Dale hatte Sergej und mich eingeladen, im Zentrum zu wohnen, wann immer es nötig war. Nach einer erholsamen Nacht verließen Sergej und ich, begierig, endlich anzufangen, Ternei früh am nächsten Morgen. Es herrschten circa minus 25 Grad, und als wir vorsichtig die steile, holprig eisglatte Straße ins Stadtzentrum hinunterfuhren, ließ die aus dem Japanischen Meer neugeborene Sonne die weißen, aus den Ziegelsteinschornsteinen aufsteigenden Rauchsäulen leuchten. Wir fuhren aus Ternei hinaus, ungefähr zehn Kilometer nach Westen, und folgten der Serebrjanka bis dorthin, wo ich im vergangenen Frühjahr Uhus hatte rufen hören. Am Straßenrand stellten wir das Auto ab und gingen unter den kahlen Eichen- und Birkenwipfeln bis zu dem Band aus festem Eis, der Serebrjanka. Als wir darüber liefen, bemerkte ich, dass sie fast komplett zugefroren war. Wir kamen nur an einer Handvoll offener Abschnitte mit fließendem Wasser vorbei, und da manche davon lediglich ein paar Meter lang und breit waren, hatte das hier lebende Uhupaar nur wenige Alternativen zum Jagen, und wir wussten schnell, wo wir am besten unsere Fallen aufstellen sollten. Nachdem wir das Gelände erkundet hatten, kehrten wir zum Truck zurück, wo Sergej mit Flusswasser Tee kochte, wir unsere Erfolgsaussichten erörterten und auf die Dämmerung warteten. Die Uhus belohnten uns mit einem Duett. Nun würde alles ganz leicht gehen.

Wieder in Ternei bauten wir unsere Fallen. Die erste, die Sergej und ich ausprobieren wollten, war ein sogenannter Schlingenteppich. Eine einfache Falle, mit der schon die verschiedensten Greifvögel überlistet wurden. Sie besteht aus einem rechteckigen robusten Edelstahlgewebe, bedeckt von mehreren Dutzend großer Schlingen aus Angelschnur, die aufrecht auf dem Gewebe stehen wie Blumen mit großen Blütenblättern. Man legt Schlingenteppiche dort aus, wo voraussichtlich ein Vogel landet oder herläuft, und wenn er mit den Füßen in die fast unsichtbaren Angelschnurschlingen tritt, weicht er instinktiv mit einem Ruck zurück und zieht sie dabei fest. An dem Schlingenteppich ist mit einem Seil lose ein Gewicht mit einer Feder befestigt, das einen Widerstand bildet, wenn der Vogel wegfliegen will. Die Schlingen sind aber so geknotet, dass sie aufgehen, wenn der Vogel sehr fest zieht. Mit dieser Vorsichtsmaßnahme soll verhindert werden, dass er sich durch Unterbinden der Blutzirkulation an den Zehen verletzt. Es bedeutet andererseits, dass man einen gefangenen Vogel nicht zu lange in dem Schlingenteppich lassen darf, denn sonst entkommt er doch noch.

So erpicht wir darauf waren, unsere Fallen zu stellen – über Ternei wütete ein Schneesturm, ähnlich heftig wie der im Winter zuvor, als ich auf den Hubschrauber nach Agsu hatte warten müssen. Am Ende lagen rund 70 Zentimeter Schnee. Auf dem Bergkamm mit dem Forschungszentrum, in dem wir uns verkrochen hatten, versank man bis zur Taille darin. Kein Wetter zum Vogelfangen, denn die Fallen würden zugeschneit werden. Sergej und ich blieben schön zu Haus, fabrizierten Schlingenteppiche, tranken Bier, schwitzten in der *banja* und sahen den Schneeflocken beim Fallen zu.

Als es aufklarte, kehrten wir zur Serebrjanka zurück und entdeckten zu unserer Enttäuschung, dass die Ufer völlig unberührt waren. Es gab keinerlei Anzeichen, dass die Uhus nach dem Sturm an den vermuteten Stellen gejagt hatten. Konnten sie in dem tiefen Neuschnee am Ufer nicht gut landen und waren zu einer anderen Stelle in ihrem Revier weitergewandert? Ich hatte von einem Riesenfischuhu-Paar in Japan gelesen, das drei Kilometer von seinem Nest entfernt jagte, und vielleicht war das hier auch der Fall. Sergej schlug vor, es so zu machen wie die Udehe. Wir hatten von den Leuten in Agsu gehört, dass die Udehe die Uhus jagten, indem sie einen Baumstamm zerhackten, einen Stumpf mit einer Bügelfalle aus Metall oben drauf versahen und ins flache Wasser legten. Die Uhus wurden von diesem neuen Ansitz zum Jagen angezogen und landeten auf dem fatalen Ding. Wir wollten sie natürlich nicht essen, sondern nur fangen. Sergej sägte also mit der Kettensäge fünf Baumstümpfe zurecht und legte sie ins flache Flusswasser. Ich häufte Schnee darauf. Wer immer dort landete, würde eine Spur hinterlassen. Als wir die Stümpfe zwei Tage später kontrollierten, sahen wir dann auch mit Begeisterung auf vier von ihnen Abdrücke. Jetzt konnte es losgehen.

17

Fast gefangen

Alles lief gut. Binnen einer Woche nach unserer Ankunft in Ternei hatten wir die Stelle gefunden, an der ein Riesenfischuhu-Paar jagte, Fallen gebaut und waren jetzt auf dem Weg zur Serebrjanka, um Vögel zu fangen. Auf dem Rücksitz des Hilux lagen fein säuberlich ein paar Schlingenteppiche, auf der Ladefläche die Campingausrüstung. Als wir mit den Fallen durch den Wald zu den offenen Stellen im Fluss gingen, wo wir die Uhus zu fangen gedachten, blieben vorwitzige Nylonschlingen an Weidenästen hängen, aber dann legten wir kleinere Schlingenteppiche über Baumstümpfe und die etwa einen Meter langen, größeren ans Flussufer, wo die Uhus bereits gelandet waren. An jeder Falle befand sich ein Sender, der ein Funksignal zu unserem Empfänger senden würde, wenn sich etwas regte. Dann würden wir so schnell wie möglich auf Skiern von unserem Lager zu der Stelle flitzen.

Wichtig war eine gute Tarnung der Fallen. Wir wussten nicht, wie die Uhus reagieren würden, wenn sie zu ihrem Lieblingsjagdloch flogen und feststellten, dass etwas anders war. Bei Kojoten oder Füchsen müssen die Fallensteller zum Beispiel die einzelnen Teile abkochen, Handschuhe tragen und dürfen in der Umgebung auch sonst keinen Menschengeruch hinterlassen. Andernfalls nähern sich die Tiere einer Falle nicht. Wir hatten solche Angst, die Uhus zu warnen, dass wir wie Banditen, die in einem Western vor dem Suchtrupp fliehen, mit den Fallen zu den Fangstellen durch den Fluss liefen, um bloß keine Spuren im Schnee zu hinterlassen. Und da wir auch befürchteten, dass die Uhus eher zögerten zu jagen, wenn wir unser Lager in Sicht- oder Hörweite aufschlugen, bauten wir unser Zelt etwa einen viertel Kilometer entfernt vom Fluss auf und legten in dem Pflanzengewirr im Überschwemmungsgebiet Skiloipen an, verschoben Stämme und schnitten, wo nötig, Äste weg, damit wir bloß schnell zu den Fallen kamen, wenn Eile geboten war.

Als am ersten Fangtag das Licht schwand, sammelten wir Holz und entzündeten ein Feuer. Unsere Nervosität war mit Händen greifbar. Wir taten ja jetzt einen entscheidenden Schritt. Alles Bisherige, die Suche nach Nestern und Jagdstellen, war Sergejs Domäne gewesen. Er machte dergleichen seit einem Jahrzehnt und war ein guter Lehrer. Nun betraten wir aber beide Neuland. Fangen war die große Unbekannte. Würden die Uhus auf unsere Tricks hereinfallen? Wie würde ein Vogel reagieren, wenn er gefangen war? Greifvogelschnäbel waren scharf und konnten wahrscheinlich ohne große Mühe Angelschnüre durchknipsen. Würde ein Uhu das verstehen und sich sofort befreien? Oder würde er in Panik geraten und sich immer weiter verheddern?

Für uns unsichtbare Funkwellen wirbelten durch die Winternacht und das Knistern aus dem Empfänger machte uns noch angespannter. Immer wieder knallten und zischten Störgeräusche, und Sergej und ich, an solche Laute nicht gewöhnt, zuckten jedes Mal zusammen, waren aber bereit, denn wir rechneten jede Minute damit, dass sich der Sender meldete. Er tat es nicht. Schließlich wurde uns zu kalt, und wir zogen uns in unsere kuscheligen Daunenschlafsäcke im Zelt zurück. Um den Empfänger nicht zu überhören, teilten wir uns die Nacht in Dreistundenwachen auf. Ich übernahm die erste. Still lag ich da, presste das Gerät an meine Brust, damit die Batterien sich in der Kälte nicht entluden, und versuchte, der seltsamen Musik, die dieses Radio spielte, etwas abzugewinnen. Selbst als ich mit Ruhen an der Reihe war, schlief ich nicht gleich ein. Die Temperatur ging auf minus 30 Grad zu, und zwischen uns und der Luft draußen war nur eine dünne Schicht Kunststoff. Bei der kleinsten Bewegung regnete es im Zelt gefrorene Atemluft in Form feinster Eissplitter.

Vier Nächte lang ging das so. Niemand besuchte unsere Fangstellen. Jeden Morgen kontrollierten wir die Schlingenteppiche, friemelten daran herum und versuchten, sie noch besser auszulegen. Jeden Abend hörten wir die Uhus rufen. Warum verschmähten sie unsere Fallen? Wir hatten damit gerechnet, dass das Fangen schwierig werden würde, aber an die zusätzlichen Stressfaktoren ständige Kälte und unregelmäßiger Schlaf hatten wir nicht gedacht. Am Tage konnte man nicht fangen, und wir wollten die Vögel auch nicht durch Herumstapfen in ihren Wäldern stören. Um aber nicht untätig herumzulungern, suchten wir tagsüber in einem Territorium in der Nähe nach Uhuspuren und kehrten abends zur Serebrjanka zurück. In einem Dreieck am Zusammenfluss der Tunscha und der Faata etwa zehn Kilometer nordöstlich von unserem Fanggebiet war ein üppiger Auenwald, und da Sergej und ich im letzten Frühjahr ein Paar in der Nähe eines Holzfällerlagers dort gehört hatten, liefen wir jetzt durch diesen hellen Mischwald und suchten Spuren an offenen Wasserabschnitten in der Faata. Und fühlten uns dann doch nützlich. Unsere Fallenstellversuche mochten erst einmal fruchtlos sein, aber wir konnten wenigstens zukünftige Fangstellen erforschen. Da ich nun auch genug Erfahrung im Uhusuchen hatte, gingen Sergej und ich jetzt immer getrennt los und verabredeten jeweils, wann wir uns am Wagen wieder treffen wollten: normalerweise kurz vor der anbrechenden Dämmerung. Zurück im Lager hockten wir uns dann ins eiskalte Zelt und warteten schweigend auf unsere Uhus – wie Liebhaber am Telefon, die Höllenqualen leiden, weil es einfach nicht klingeln will.

Als wir den zweiten Tag die Faata absuchten, kam ich an ein kurzes Stück offenes Wasser. Hier, wo der Fluss nicht mehr als vier Meter breit und 20 Zentimeter tief war, fand ich Riesenfischuhu-Spuren. Ich war begeistert. Auf einer beschneiten Eisplatte am Flussufer entlang waren alte und neue charakteristische *K*-Abdrücke großzügig verstreut. Eindeutig eine wichtige Jagdstelle. Vor Erleichterung lächelnd machte ich Fotos und nahm die Koordinaten mit meinem GPS auf. Wir kamen doch voran! Das hier würde eine zukünftige Fangstelle sein.

Als ich mich ein paar Stunden später mit Sergej traf, erzählte ich ihm die Neuigkeiten, und wir tauschten uns über unsere Erlebnisse aus. Er hatte einen Mann namens Anatolij kennengelernt, der nur einen halben Kilometer von dort allein in einer Jagdhütte lebte, wo ich die Riesenfischuhu-Spuren gefunden hatte.

»Er kam mir ganz nett vor«, hub Sergej an, fuhr dann aber zögernd fort: »Wenn auch ein bisschen ... seltsam. Er hat einen irren Blick, aber ich glaube, er ist harmlos. Er hat gesagt, wir könnten bei ihm unterkommen, wenn wir wollten.«

Eine geheizte Hütte war allemal besser als Wintercamping, aber ich war skeptisch. Die Wälder im russischen Fernen Osten sind übersät mit Einsiedlern, und manche sind aus eher dubiosen Gründen dort: Kriminelle, die sich der Justiz entziehen, Leute, die sich vor Kriminellen verstecken, und Kriminelle, die anderen Kriminellen aus dem Weg gehen wollen. Einen Menschen im Wald zu treffen, war oft eher ungut. Das war schon vor hundert Jahren so, als Wladimir Arsenjew zum Wald bemerkte: »Es sind die Begegnungen mit Menschen ... die am unangenehmsten sind.«

Sergej hatte Dienst, als uns um ungefähr ein Uhr nachts am 24. Februar das regelmäßige Piepsen von einer Falle in Aufregung versetzte. Einer unserer Sender war aktiviert worden – an dem Schlingenteppich flussabwärts am weitesten vom Lager entfernt. Wir stürzten aus dem Zelt, kämpften uns in der Dunkelheit in unsere tiefgefrorenen steifen Wathosen und stürmten auf Skiern in den Wald, die Umgebung nur von den Stirnlampen erhellt. Sergej verschwand vor mir. Obwohl wir unsere Wege präpariert hatten, wanden sie sich trotzdem um Bäume, über Baumstämme und durch Bäche, und so geschmeidig wie Sergej auf den glatten Brettern war ich nicht. Im Wald war es mucksmäuschenstill, ich hörte nur mein schweres Atmen und das Gleiten der Skier. Die immer wieder blitzartig beleuchteten Baumstämme zogen mit quälender Langsamkeit an mir vorbei. Der ganze Trip dauerte nur ein paar Minuten, doch mir kam es viel länger vor. Als ich am Fluss ankam, war Sergej schon im Wasser und schaute nach Zeichen am Ufer, ob sich dort jemand freigekämpft hatte. Ich sah Riesenfischuhu-Spuren und einen ramponierten Schlingenteppich mit kaputten Schlingen. Wir waren zu spät.

Ich betrachtete die Szene genauer. Wir hatten ein kleines Holzscheit als Gewicht benutzt, das ich im Schnee versteckt hatte, damit die Uhus es nicht sehen konnten, und wahrscheinlich war das der Fehler, der für das Versagen der Falle verantwortlich war. Der Schnee um das Holz war hart geworden, und es wirkte jetzt wie ein Firnanker. Als also der Uhu wegzufliegen versuchte, blieb dieser Anker fest am Platz, anstatt über den Boden zu schleifen, um den Vogel an der Flucht zu hindern. Wegen des Widerstands konnte der Uhu die Schlingen so fest zusammenziehen, dass sich der Knoten löste. Lange konnte er nicht gefangen gewesen sein, nur so lange, wie wir gebraucht hatten, um zum Fluss zu kommen, aber wir hatten keine Ahnung, welchen Einfluss der Stress des kurzen Gefangenseins auf ihn haben mochte. Dieser

Uhu hatte eine Woche gebraucht, sich überhaupt nur zu zeigen – nun, da er die Gefahr kannte, wie lange würde es dauern, bis er wiederkam? Wir beschlossen, die Fangversuche an der Serebrjanka erst einmal zu unterbrechen und uns der Faata zuzuwenden. Da hatten wir wenigstens Uhus, die keine Fallen erwarteten, und wir selbst vielleicht sogar einen warmen Schlafplatz. Wir räumten unsere Fallen zusammen und bauten unser Lager ab, kuppelten den Anhänger mit dem Schneemobil an den Hilux, fuhren zu Anatolijs Hütte und hofften, dass seine Einladung noch galt.

18

Der Eremit

Wir kehrten zur vereisten Hauptstraße zurück und fuhren durch das Tal der Tunscha zu Anatolijs Jagdhütte. Trotz des Eises war die Straße in besserem Zustand als meist sonst im Jahr, vor allem kaum holprig, denn der Schnee füllte die Schlaglöcher aus. Nach zehn Minuten bogen wir in eine Holztransportstraße ein, die uns durch die Flussniederung führte und durch Primärwälder aus Kiefern, durchsetzt mit hohen Pappeln, Ulmen und Chosenien, alles vielversprechendes, gutes Riesenfischuhu-Habitat. Nach wenigen Minuten passierten wir den Zusammenfluss von Tunscha und Faata, ließen den Wald hinter uns und gelangten auf eine Lichtung mit einer einzigen Hütte samt Räucherkammer und baufälliger, nicht nutzbarer Pagode, die auf die Tunscha hinabschaute.

Anatolij war 57 und wirklich seltsam. Seit einem Jahrzehnt lebte er allein in den Wäldern. Die Hütte hatte einst zu einer Wasserkraftanlage an der Tunscha gehört, die Ternei im Zweiten Weltkrieg mit Strom versorgt und offenbar bis Ende der 1980er-Jahre als sowjetisches Jugendlager gedient hatte. Jetzt waren nur noch ein paar bröckelnde, wie verwitterte Felsen aus dem Fluss ragende Betonpfeiler übrig, einige verrostende Maschinenteile und die Zweizimmerhütte des Hausmeisters, nun Anatolijs Heim. Bestimmt hatte er es »besetzt«.

Mittelgroß und von mittlerem Körperbau, wurde er langsam kahl, hatte aber Koteletten, die angriffslustig bis zur Wangenmitte krochen, und trug sein langes Haar zu einem dünnen Pferdeschwanz gebunden. Er hatte etwas Zwergenhaftes, ein bisschen was von einem Kobold, besonders wenn er seine spitze Wintermütze trug. Zudem lächelte und lachte er gern und herzlich und war bestimmt ein sanfter, gastfreundlicher Zeitgenosse. Als wir uns die Hand gaben, merkte ich, dass ihm ein Großteil seines kleinen Fingers fehlte.

Um das Äußere der Hütte hatte sich offensichtlich in den letzten Jahren niemand mehr gekümmert. An den mehr wettergeschützten Stellen sah man, dass die Bretter einmal einen grünen Anstrich gehabt hatten. Der Schornstein war in schlechtem Zustand, etliche von den obersten Ziegelsteinen waren locker oder fehlten. Hinter einem Vorraum, der die Kälte abpuffern half, ging es durch eine Tür in die Küche mit gelb verfärbten Wänden (sicher vom Nikotin) und rußverschmutzter Decke. Ein großer Holzofen aus Ziegelstein mit Rissen und abgeschlagenen Ecken beherrschte den Raum. Es war warm und duftete nach brennendem Holz. Ein schmaler Tisch mit blumengemusterter Decke, darauf Geschirrstapel, Kerosinlampe und Schachteln mit Zucker und Teebeuteln, stand auf der anderen Seite der Küche unter einem Fenster, das gegen die Kälte mit dickem Plastik geschützt war. Hinter dem Tisch in der anderen Ecke lag eine kurze Matratze auf einem Metallfeder-Bettgestell unter einem zweiten, gleichfalls plastikverkleideten Fenster, und zwischen dem Bett und der anderen Seite des Ofens kam man durch einen Türrahmen in einen zweiten Raum. Im Winter beschränkte sich Anatolij hauptsächlich auf die Küche und hängte zur Isolation eine Wolldecke in den Türrahmen. Für uns hatte er die Decke zur Seite geschoben. Es standen zwei Betten zu beiden Seiten des Raums, der Tisch dazwischen war vollgestapelt mit Essenskonservenkisten.

Es war schwer zu sagen, wie sich die Bürde der Einsamkeit auf Anatolijs Psyche auswirkte oder wie viel emotionalen Ballast er von vornherein mit in den Wald gebracht hatte, aber Spleens, die hatte der Mann: Am ersten Morgen fragte er mich zum Beispiel, ob mich nachts, wie ihn manchmal, Gnome an den Füßen gekitzelt hätten. Ich verneinte. Beim Frühstück erfuhr ich ein bisschen mehr von ihm, aber dazu, warum er allein im Wald in den Ruinen eines aufgegebenen Wasserkraftwerks lebte, hielt er sich bedeckt. Für jemanden in seiner Lage war er für ein Überleben im Winter überraschend schlecht gerüstet. Die einzigen Spuren, die aus der Hütte führten, waren zwei Wege im Schnee, der eine zur Toilette und der andere zum Fluss, wo Anatolij Wasser holte und manchmal an einem ins dicke Eis gehackten Loch angelte. Er hatte sich aus Brettern ein Paar Skier gebastelt, aber sie waren schwer und klobig und deshalb nicht sehr nützlich. Im Herbst angelte er Buckellachse am Fluss, räucherte und verkaufte sie manchmal an Terneier Bekannte, die ihn besuchten. In den wärmeren Monaten schloss er sich gelegentlich einer Gruppe Feuerholzsammler an, sodass er genug für den Winter hatte und etwas zusätzliches Geld für Essen. Ein paar Jahre lang hatte er versucht, in einem Garten Gemüse anzubauen, doch dann musste er sich den plündernden Wildschweinen geschlagen geben. Er bot uns an, für uns zu kochen, wenn wir das Essen stellten.

Obwohl wir nicht erfuhren, warum sich unser Gastgeber ursprünglich von der Welt isoliert hatte, erzählte er uns im Vertrauen, er bleibe im Tunscha-Tal wegen eines Tempels aus dem achten Jahrhundert aus der Periode des Balhae-Reichs. Er hatte ihn bei der Erkundung des am nächsten liegenden Berggipfels entdeckt und behauptete, er sehe nachts manchmal dort Licht, und wenn man an dem Tempel stehe und ein Freund auf dem nächsten Gipfel, könne man einander deutlich hören und kleine Gegenstände teleportieren. Anatolij wusste nicht, was der Geist des Berges von ihm wollte, aber es hatte etwas mit dem Tempel zu tun. Also blieb er im Tal darunter und wartete geduldig darauf, dass sich ihm Sinn und Zweck seines Lebens offenbarten.

Mit neuem Elan – neuer Ort, neuer Beginn – begannen Sergej und ich sofort mit der Suche nach Plätzen zum Fallenstellen. Wir waren wieder in unserem Element. Auf Skiern fuhren wir 300 Meter die zugefrorene Tunscha hinauf bis zum Zusammenfluss mit der Faata, der wir dann durch den Wald folgten, weil sie weder tief noch zugefroren war. Wie in Amgu gab es womöglich eine Radonquelle in der Nähe, sodass die Temperatur des Wassers immer kurz über dem Gefrierpunkt blieb. Nach weiteren 300 Metern erreichten wir die Biegung, an der ich in der Vorwoche die Uhuspuren entdeckt hatte. Es gab sogar noch frischere, und überglücklich platzierten wir eine Anzahl getarnte Baumklötze nicht nur dort, sondern auch an einigen anderen, für Riesenfischuhus bestimmt günstigen Stellen weiter flussabwärts. Nach dem Stolperstart an der Serebrjanka gingen wir jetzt doch deutlich beflügelter an die Sache, war mein Eindruck.

Aber nach drei Tagen waren unsere Fallen immer noch unberührt. Nachts lauschten wir auf die Sender – wobei auch Anatolij Schichten übernahm, damit wir ein wenig Extraschlaf bekamen –, und am Tage suchten wir weitere Jagdgebiete sowohl der Uhus von der Faata als auch von dem Paar an der Tunscha, dessen Revier im Süden an das des Paars von der Faata grenzte, von Anatolijs Hütte aus flussabwärts. Letzteres hatte John Goodrich im Vorjahr gehört.

Ein solch dichtes Primärwald-Untergehölz wie an der Tunscha hatte ich noch nie erlebt. Gebückt, die Augen zusammengekniffen, damit mir kein widerspenstiger Zweig hineinschlug, kämpfte ich mich durch schier undurchdringliches Gesträuch. Schließlich wurde mir klar, dass ich besser und schneller vorankam, wenn ich zu Fuß ging anstatt auf Skiern, mit denen ich doch immer wieder hängenblieb. Obwohl körperlich anstrengender, war es kathartisch. Selbstzweifel zerrten nämlich mittlerweile fast so sehr an mir wie das eng verhedderte Gezweig an meiner Kleidung. Doch die Stille, die frische Luft, die körperliche Verausgabung sowie die Aufregung, Uhuspuren zu suchen und zu finden, brachten mir wieder zu Bewusstsein, dass die Arbeit voranging, obwohl wir noch keinen Vogel gefangen hatten. In wenigen Tagen hatten wir immerhin zwei Jagdarreale des Tunscha-Paars gefunden, und eines war zum Fangen ideal: eine weite Biegung im Fluss zwischen Teichen, in denen sich das Wasser nur knapp über das kieselige Flussbett schob.

Eines Morgens um halb acht, nach einer weiteren unruhigen Nacht, in der uns die knisternden Funkwellen narrten und verhöhnten, drehte ich den Empfänger ab und mich selbst zwecks einer weiteren Runde Schlaf noch einmal um. Kurz danach hörte ich, wie Anatolij Sergej im Nachbarraum verkündete, er werde *blintschiki*, kleine Blini, zum Frühstück machen. Eine seiner Macken war es, ein einzelnes Wort in regelmäßigen Abständen endlos zu wiederholen. Während der nächsten Stunde, während er Mehl und Eier verquirlte und die Pfanne erhitzte, hörte ich jede Minute sein mantraartiges »*blintschiki ... blintschiki ... blintschiki*«. Schließlich stand ich auf und machte mir mit kochendem Wasser eine Tasse Instantkaffee.

»Was gib's heute, Anatolij?«, fragte Sergej und schaute mich mit einem Pokerface an.

»Blintschiki«, kam die selbstvergessene, fröhliche Antwort.

Als ich meinen Kaffee ausgetrunken und mir den Bauch mit warmen »*blintschiki*« vollgeschlagen hatte, schnallte ich mir die Skier unter und stapfte zur Faata, um unsere Fallen zu checken und zu sehen, ob vielleicht in der Nähe ein Vogel gelandet war. Der Gang nördlich an der Tunscha entlang war wahrhaft glorios, der Fluss von Felszungen gesäumt, es gab tiefe Teiche, seichte Stellen und Stromschnellen. Die Schönheit um mich herum lenkte mich ein wenig von den Misslichkeiten der fehlgeschlagenen Fangversuche ab. Nach zwei Wochen nächtlichen Schlafmangels hatten wir nichts vorzuweisen als einen einzigen entfleuchten Riesenfischuhu an der Serebrjanka. Ich schaute an mir herunter. Von den körperlichen Anstrengungen und dem psychischen Druck hatte ich abgenommen, meine Hosen schlotterten und ich musste sie mit einem Stück Seil als Gürtel zusammenhalten; mein Bart war ein einziger Wildwuchs, meine Kleidung schmutzig, meine Haut an den unbedeckten Stellen vom stundenlangen Wandern am Fluss verbrannt, weil der Schnee die UV-Strahlen natürlich ganz besonders gut reflektierte.

Als ich die letzte Biegung der Faata vor der Stelle mit den Fallen umrundete, sah ich gerade noch, wie etwas Braunes vom Wasser auffuhr und dann im Tiefflug von mir wegflog. Ich eilte zum Ort des Geschehens und fand zu meiner abgrundtiefen Enttäuschung kaputte Schlingen vor, aus denen sich offenbar wieder ein Riesenfischuhu freigezerrt hatte. Ich hatte den Empfänger um sieben Uhr dreißig, als es dämmerte, abgestellt, also hatte sich dieser Vogel danach hier verfangen, irgendwann in den letzten eineinhalb Stunden. Während ich versucht hatte weiterzuschlafen, Anatolijs »*blintschiki*«-Gesinge gelauscht und mich gefragt hatte, was wir falsch machten, hatte ein Riesenfischuhu mit der Falle gerungen und sich schließlich selbst befreit.

Wieder in der Jagdhütte, verzehrten wir still und nachdenklich unseren Lunch. Anatolij versuchte, uns mit der Idee aufzumuntern, dass die Uhus spürten, wie angespannt und nervös wir seien. Wir müssten nur unsere Einstellung ändern und uns entspannen, dann würden sie sich bereitwillig fangen lassen und unser Problem sei gelöst. Kommentarlos tranken wir unseren Tee.

Sergej begann an der Effektivität der Schlingenteppiche zu zweifeln. Ich fand diese Fallen aber absolut in Ordnung und wollte erst einmal daran festhalten. Meiner Meinung nach resultierten die Schwierigkeiten aus unserer dilettantischen Vorgehensweise, auch wenn wir mit jedem Fehlschlag kleine Verbesserungen vornahmen. Trotzdem beschloss Sergej zusätzlich zu den Schlingenteppichen zwei Klappfallen zu bauen und an der Faata beziehungsweise der Tunscha aufzustellen. Da er mit dieser Art Falle im Oblast Amur den Riesenfischuhu gefangen hatte und angesichts unserer wachsenden Verzweiflung war ich auch dafür. Sergej schnitt ein paar Weidenzweige am Flussufer ab, bog sie zu dem kuppelartigen Rahmen zurecht und bedeckte sie mit Fischernetzen aus Anatolijs Lagerraum. Wir besetzten das Flussbett mit tiefgefrorenen Seefischen aus dem Supermarkt, die in der knöcheltiefen Strömung wie lebendige Köder hin- und herwackeln sollten, und befestigten den Rahmen mit einem Stock über ihnen. Die Köderfische banden wir mit Angelschnur an den Stock, der sich, wenn jemand an ihnen zog, verbiegen und mitsamt dem Rahmen umkippen würde, sodass der Uhu im flachen Wasser darunter begraben würde. Mich überzeugte diese Methode nicht. Warum sollte ein so vorsichtiger Vogel wie ein Fischuhu auf einen so offensichtlichen Trick hereinfallen?

Da uns Anfang März nach beinahe zwei Wochen bei Anatolij langsam einige entbehrliche Nahrungsmittel wie Mehl und Ketchup ausgingen, benutzten wir das als Vorwand für eine Pause und fuhren die etwa 20 Kilometer nach Ternei, um Nachschub zu holen. Nach dem erfolgreichen Besuch einiger Läden fuhren wir den Hügel zu John Goodrichs Haus hinauf und heizten seine *banja* ein, zu der wir freien Zugang hatten, selbst wenn er nicht zu Hause war. Während wir uns darin aalten, fing es an zu schneien, still, stetig und in immer größeren Mengen. Bald drohte es dem Schneesturm Konkurrenz zu machen, der unsere Arbeit im Februar aufgehalten hatte. Schnell trockneten wir uns ab, zogen uns an und stiegen in den Hilux. Die Hauptstraße aus der Stadt hinaus war schon tief verschneit, aber vor uns hatten ein paar Langholzlaster eine Spur gefahren. Als wir dann allerdings in die kleinere Straße einbogen, die zur Tunscha und zu Anatolijs Jagdhütte führte, mussten wir den Hilux durch kniehohe Schneewehen, Finsternis und den Whiteout eines ausgewachsenen Schneesturms treiben.

19

Gestrandet an der Tunscha

Es gibt ein russisches Sprichwort, das ich sehr liebe: »Je mehr du deinen Laster frisierst, desto weiter musst du laufen, um einen Traktor zu finden, wenn du feststeckst.« Wir dachten, wir würden es trotz des Schneesturms zurück zur Tunscha schaffen, aber: Pustekuchen. Ungefähr zwei Kilometer, nachdem wir von der Hauptstraße abgebogen waren, ein wenig mehr als auf halbem Weg zu Anatolijs Jagdhütte machte Sergejs wackerer Hilux schlapp. Ein paarmal hatten wir ihn schon freigeschaufelt und waren nass vom Schweiß und dem wirbelnden Schnee, aber jetzt war der Schnee zu tief und zu schwer, als dass wir uns weiter hätten durchpflügen können. Weil wir einige Dinge im Wagen hatten, die in die Hütte mussten, schlug Sergej durch den Wind schreiend vor, ich solle losgehen und mit dem Schneemobil zurückkommen, während er versuchte, seinen Laster noch ein bisschen vorwärts zu locken.

Nach etlichen heftigen Schneestürmen im März war der Schnee im Wald jetzt meterhoch. Ich folgte der Route, einer kaum sichtbaren Linie zwischen dem Laster und der warmen, trockenen Hütte. Wenn ich mich auf der ein wenig plattgedrückten Spur hielt, die wir auf der Fahrt nach Ternei hinterlassen hatten, würde ich nicht zu tief einsinken und schneller vorankommen, dachte ich. In meiner Hast und der Verwirrung durch den Blizzard, die Kapuze gegen den ständigen Angriff des Sturms festgezurrt, legte ich jedoch fast die ganzen eineinhalb Kilometer bis zur Hütte stolpernd zurück, versank immer wieder tief in den frisch gefallenen Schneemassen, und meine Stirnlampe war im Prinzip nutzlos wie Autoscheinwerfer in dichtem Nebel. Schwer atmend kam ich schließlich an. In Mütze und Mantel wartete ein besorgter Anatolij schon draußen auf uns. Er hatte meine sich nähernde Stirnlampe gesehen und war völlig verblüfft, dass wir überhaupt zurückgekommen waren.

»Warum seid ihr nicht einfach in Ternei geblieben? Da ist es warm, und bei dem Wetter könnt ihr sowieso keine Fallen aufstellen.«

In Ternei war ich überzeugt gewesen, dass wir genau deshalb zurück müssten, doch Anatolij hatte recht, wir hätten dort bleiben sollen. Zurück durch den Wald zu Sergej hatte ich dann Riesenprobleme mit dem Schneemobil, weil der Weg sehr uneben war und ich die schwere Maschine nicht in der Spur halten konnte. Kaum fuhr ich langsamer, sank sie in den Schnee und blieb stecken, und bei dem Versuch, das Tempo beizubehalten, schlingerte ich mal in die eine Richtung, mal in die andere und kämpfte beständig darum, nicht in die Bäume am Wegrand zu krachen. Bis zum gestrandeten Hilux torkelte und zappelte ich wie ein Speerfisch an der Angel und schwitzte und schäumte vor Wut über meine Unfähigkeit, ein simples Gerät wie ein Schneemobil zu steuern. Sergej war verdutzt.

»Was war da los?«, fragte er aufrichtig verwirrt und schaute mich groß an. »Ich habe die Lichter des Schneemobils gesehen, aber dann verschwanden sie immer und tauchten wieder auf. Wolltest du damit blinken?«

Als ich Sergej meine nur rudimentären Fahrkünste gestand, lachte er und sagte, auf dieser Art Schnee müsse ich häufiger aus dem Sattel steigen. Ich zuckte die Schultern, war aber zu wütend, um genauer nachzufragen.

Wir luden unsere Einkäufe auf das Gefährt, und ich fragte Sergej, ob er keine Bedenken hätte, den Hilux mitten auf der Straße stehen zu lassen. Jemand konnte ihn sehen und ausräumen. Nein, Sergej hatte keine Bedenken. Zwischen der Hauptstraße und dem Auto waren zwei Kilometer unpassierbarer Schnee – niemand würde zufällig auf den Laster stoßen. Wir wären zwar besser in Ternei geblieben, freuten uns aber, dass wir neue Vorräte hatten. Denn ganz bestimmt würden wir auf absehbare Zeit in der Hütte bleiben müssen. Sergej übernahm das Steuer des Schneemobils und brachte uns schnell und buchstäblich geradenwegs durch den Schneesturm. Beim Anblick meiner rasch unter dem fallenden Schnee verschwindenden Schlangenlinienspur schüttelte er den Kopf und grinste.

Auch die neuen Fallen erwiesen sich als Fehlschlag. Entweder waren die lokalen Uhus nicht an den offerierten Tiefkühl-Seefischen interessiert oder sie verspürten keine Lust, sich zwecks näherer Sichtung der Fische unter das verdächtige Gestänge mit den Angelnetzen zu begeben. Doch ein paar Tage nach Ende des Blizzards piepste unser Fallensender, und Sergej und ich rasten um zwei Uhr nachts drei Kilometer mit dem Schneemobil zum Fluss. Falscher Alarm! Auf dem Fischernetz über dem Weidengestänge hatte sich Eis gebildet, es war abgerutscht und hatte dabei an dem Seil gezogen, das den Sender aktivierte. Sergej, müde, verfroren und frustriert, trat gegen sein Konstrukt und warf die Einzelteile in den Wald. Das war das unrühmliche Ende des Klappfallenexperiments.

Trotzdem lernten wir in dieser Zeit eine Menge. Jede Falle und jede Fallenstelle hatte ihre spezifischen Besonderheiten. Vier Mal hätten wir seit Ende Februar fast einen Riesenfischuhu gefangen. Zu Beginn der Arbeitsperiode hatten wir das Einfangen von vier Vögeln für ein realistisches Ziel gehalten. Doch nun war ich bereit, zurückzurudern und es in diesem Jahr als ausreichenden Erfolg zu bewerten, wenn ich bloß genug darüber lernte, wie der Fangprozess effizient und sicher für die Tiere zu gestalten war, und wir nach den ganzen Fehlschlägen vielleicht einen oder zwei Vögel fangen würden. Weit über die Hälfte der Feldsaison lag hinter uns, und falls das Wetter hielt, hatten wir noch drei, womöglich vier Wochen. Danach brachte der Frühling unsicheres Eis und steigende Wasserstände, keine Bedingungen mehr zum Fischuhufangen.

Mehr als eine Woche ging es weiter wie gehabt: wenig Schlaf, im Nachhinein alles infrage stellen, genereller Stillstand. Ich fühlte mich selbst in der Falle, mehr noch, ich wusste, sie war über uns zugeschnappt. Selbst wenn wir gern »Okay, das war's dann« gesagt und einen Neuanfang angepeilt hätten, wie nach dem Verlassen der Serebrjanka, war das nicht möglich. Unser Laster steckte noch immer eineinhalb Kilometer entfernt im Schnee fest. Ich versuchte, meine Sicht der Dinge zu ändern. Obwohl wir keinen einzigen Uhu gefangen hatten, hatten wir dieses Jahr einige Fortschritte gemacht. Und meine Vorstellung, ich könnte einfach auf einige der am wenigsten erforschten Vögel Nordostasiens zuschlendern und sie würden mir mal eben so ihre Geheimnisse anvertrauen, war schlicht und einfach überheblich gewesen.

Als ich mich halbwegs mit unseren Misserfolgen abgefunden hatte, fingen wir unseren ersten Vogel! Anatolij schlug mir auf die Schulter und sagte, er habe es immer gewusst, ich hätte nur meine innere Einstellung ändern müssen. In Wirklichkeit hatten wir unsere Fallen verbessert. Bisher hatten wir unsere Schlingenteppiche am Ufer entlang an Stellen platziert, an denen – so hofften wir – die Uhus landen würden. Aber das hatte nichts gebracht. Jetzt verlockten wir die Uhus dazu, dort zu landen, wo wir wollten. Das war so neu, dass wir die Vorgehensweise später sogar in einer wissenschaftlichen Zeitschrift beschrieben. Wir bauten aus dem übriggebliebenen Material von den Schlingenteppichen eine Köderkiste, einen oben offenen Kasten aus Drahtgeflecht, etwa einen Meter lang und zwölf Zentimeter hoch. Den legten wir in flaches, nicht mehr als zehn Zentimeter tiefes Wasser, bestreuten den Boden mit Kieseln, sodass es von oben aussah wie der ganz normale Flussgrund, und bestückten ihn mit so vielen Fischen, wie wir fangen konnten, normalerweise 15 bis 20 Junglachsen. Dann legten wir einen einzigen Schlingenteppich an die am nächsten gelegene Stelle am Flussufer. Der Uhu würde die Fische sehen, näherkommen, um sich das genauer anzuschauen, und – war gefangen.

Masulachse, zu dieser Jahreszeit am meisten in den Flüssen anzutreffen, gehören zu den kleinsten ihrer Art. Voll ausgewachsene Exemplare werden ungefähr einen halben Meter lang und wiegen um die zwei Kilogramm, etwas mehr als halb so viel wie ein erwachsener Riesenfischuhu. Sie haben das kleinste Verbreitungsgebiet aller Pazifiklachse und beschränken sich hauptsächlich auf das Japanische Meer um die Insel Sachalin und das Ochotskische Meer westlich von Kamtschatka. Wie zahlreiche andere Lachsarten verbringen auch junge Masulachse mehrere Jahre in Süßwassersystemen, bevor sie ins Meer wandern, und die Flüsse an der Küste Primorjes sind voll dieser reichlich vorkommenden bleistiftgroßen Fische, einer eminent wichtigen Nahrungsquelle für die Uhus im Winter. Doch auch eine wichtige Nahrungsquelle für die dort lebenden Dorfbewohner, die an einem Tag beim Eisfischen ganz locker Dutzende fangen können. Sie sind der irrigen Auffassung, dass die kleinen, im Winter gefangenen Masulachse, die sie *pestruschka* nennen, eine ganz andere Spezies sind als die größeren Fische, *sima* genannt, die im Sommer zum Laichen kommen. Das macht den Umgang mit ihnen insofern kompliziert, als jemand, der den kommerziellen und ökologischen Wert der *sima* zwar kennt, die *pestruschka* unter Umständen dennoch als gemeine Spezies ansehen mag, die nach Gusto befischt werden kann.

In der zweiten Nacht nach Bau unserer neuen Fallen näherte sich der männliche Riesenfischuhu des Faata-Paars der Kiste und fraß die Hälfte der Lachse darin, bevor er auf den Schlingenteppich am Ufer geriet und den Sender aktivierte. Wir aßen gerade bei Kerosinlampenlicht zu Abend – Strom vom Kraftwerk gab es ja nicht mehr –, da hörten wir etwas. Obwohl bis jetzt alles immer nur falscher Alarm gewesen war, nahmen wir jedes Geräusch todernst. Einen Moment lang starrten Sergej und ich auf den Empfänger und lauschten seinem regelmäßigen, überzeugten Piepsen. Dann schauten wir uns an und stürzten im nächsten Moment, uns blindlings irgendwie in die Daunenjacken und Wathosen wurschtelnd, zur Tür hinaus.

Als wir uns der wenige hundert Meter entfernten Falle auf Skiern näherten, sah ich im Licht von Sergejs Stirnlampe einen Riesenfischuhu am Ufer sitzen. Er beobachtete uns. Wie mit einer von Jim Hensons dunkleren Kreationen hatten wir es hier mit einem Koboldvogel zu tun, mit braungesprenkeltem, aufgeplustertem Gefieder, den Rücken gebeugt, die Ohrenbüschel drohend aufgerichtet. Ich wusste, dass andere Eulenarten sich so in Positur setzen, damit sie auf einen Angreifer größer und gefährlicher wirken, und auch hier funktionierte es. Dieser Vogel war in Kampfstimmung. Und wie jedes Mal, wenn ich einen Riesenfischuhu sehe, war ich auch in diesem Moment erstaunt, wie enorm groß er war. Von Sergejs Lampe mal beleuchtet, mal nicht, stand er unbeweglich da und starrte uns durch die Winterdunkelheit mit gelben Augen zornig an, während wir immer schneller auf ihn zufuhren. Man hörte nichts, nur das rhythmische Gleiten der Skier auf dem Schnee und unser erschöpftes rasches Atmen. Wir mussten den Uhu unbedingt erreichen, bevor er sich befreite.

Mir blieb das Herz stehen, als sich der Vogel drehte und in die Luft erhob, um zu flüchten, doch das Gewicht an dem Schlingenteppich hielt und zog ihn sanft zurück auf den Boden. Mit ungeschickten Sprüngen bewegte er sich an der breiten verschneiten Uferböschung entlang von uns weg, den Schlingenteppich zog er hinter sich her. Als wir nur noch wenige Meter vor ihm waren, warf er sich auf den Rücken. Da lag er vor uns und schaute uns an, die Krallen gespreizt, den Schnabel aufgesperrt, bereit, alles Lebendige innerhalb seines Zuschlagradius zu zerfetzen.

In den USA hatte ich im Raptor Center an der University of Minnesota trainiert, wie man mit Greifvögeln umgeht, und gelernt, dass Zögern bei einem Tier, das sich verteidigt, keinem nützt. In dem Moment, in dem ich nah genug war, packte ich es mit einer einzigen Bewegung an den ausgestreckten Beinen und hob es hoch. Verkehrt herum und verwirrt, spannte es die Flügel aus, und ich benutzte meinen freien Arm, um sie an seinen Körper zu drücken und dann den Körper an mich, als hielte ich ein frisch gewickeltes Neugeborenes. Dieser Uhu war unser.

20

Ein Uhu in der Hand

Wir standen im kalten flachen Wasser, nah am Ufer, aber gut isoliert in unseren Neoprenwathosen. Sergej holte eine Schere aus dem Rucksack und schnitt immer noch schwer atmend dem Vogel die Schlingen von den Krallen. Der Himmel war klar und mondlos. Das Wasser im Fluss murmelte und rauschte sanft daher, und ich starrte in die enormen, von Stirnlampen erhellten gelben Augen dieses prächtigen Tieres. Wie würde es sich verhalten, wenn es gefangen war? Manche Greifvögel leisten kaum Widerstand, während andere, wie zum Beispiel Falken, permanent zappeln und sich wehren, wenn sie festgehalten werden. Weißkopfseeadler recken ihren langen Hals und schnappen mit ihren bedrohlichen Schnäbeln nach der Halsvene ihres Kidnappers, als wüssten sie, dass der rechte Schnips ihn zu einem panischen, blutspeienden Vulkan macht. Schriftliche Berichte über den Umgang mit wilden Riesenfischuhus hatte ich nicht gefunden, und selbst Surmatsch hatte noch nie einen erwachsenen Vogel gehalten.

Da es eiskalt war, trugen wir ihn in die warme Hütte, wo Anatolij den Tisch im hinteren Zimmer für uns freiräumte. Ohne dass uns die Finger vor Kälte steif wurden, konnten wir hier die notwendigen Messungen vornehmen, dem Uhu Blut abzapfen und ihn beringen. Er war bemerkenswert ruhig. Still und stumm lag er da, als wir an ihm herumprokelten und -polkten, und wehrte sich kaum. Solche großen Vögel haben nur wenige natürliche Fressfeinde, und so war diese Erfahrung für ihn wahrscheinlich genauso neu wie für uns. Damit (ihm und uns) nichts passierte, wickelten wir ihn in eine Art »Zwangsjacke«, eine einfache Schutzweste, spezialangefertigt für Riesenfischuhus von einer Freiwilligen im Raptor Center. Unser Vogel wog 2,75 Kilogramm – ungefähr dreimal so viel wie ein durchschnittlicher Virginia-Uhu –, hatte eine Flügellänge von 51,2 und eine Schwanzlänge von 30,5 Zentimetern. Weibliche Riesenfischuhus sind größer als männliche, das ist bei den meisten Greifvögeln so, aber da es kaum Daten zum Gewicht von Riesenfischuhus gab, konnten wir nicht sagen, ob wir ein Männchen oder Weibchen gefangen hatten. Tatsächlich registrierten wir zum ersten Mal das Gewicht eines Riesenfischuhus vom russischen Festland, von der Inselunterart kannten wir nur Aufzeichnungen über das Gewicht von vier Männchen (3,2 bis 3,5 Kilogramm) und fünf Weibchen (3,7 bis 4,6 Kilogramm). Aber wir hatten keine Ahnung, ob eine Unterart von Haus aus größer war als die andere. Angesichts dessen, dass unser Vogel leichter als alle in den Aufzeichnungen erwähnten war und das Federkleid eines Adultvogels hatte, vermuteten wir, dass wir das hier lebende Männchen gefangen hatten. Dass man das Geschlecht von Riesenfischuhus leicht am Anteil weißer Federn im Schwanz feststellen kann, wussten wir noch nicht.

Als Nächstes mussten wir den Sender anbringen. Also schlangen wir dem Vogel Bänder um die Flügel, sodass der etwa lippenstiftgroße Sender genau in der Mitte des Rückens zu sitzen kam, mit einem quer über den Brustkorb verlaufenden Band wurde alles am Platz gehalten, und eine lange Antenne verlief nah am Körper herunter zum Schwanz. Ich befestigte das »Geschirr« zuerst locker, dann hielt ich den Vogel an den Beinen hoch und drückte seine Flügel nicht mehr fest, damit er mal mit ihnen schlagen und Sender und Bänder sich ganz natürlich in seinem dichten Gefieder festsetzen konnten. Ich überprüfte, ob alles richtig saß, und wiederholte den Vorgang, bis Sender und Bebänderung perfekt saßen. Wenn der Sender nämlich zu locker sitzt, wackelt er unangenehm herum und behindert den Uhu beim Fliegen und Jagen, sitzt er hingegen zu fest, quetscht das Band den Uhu, wenn er schwerer wird, über dem Brustbein wie in einem Korsett ein. Wir waren fast am Ende des Winters, einer Zeit des Mangels, und dieser Vogel war wahrscheinlich jetzt so leicht wie sonst nie im Jahr. Wenn im Frühling, Sommer und Herbst die Flüsse schmolzen und das Nahrungsangebot wieder größer wurde, würde er an Masse und Gewicht zulegen, und das galt es beim Anlegen des Senders zu berücksichtigen.

Wir mussten entscheiden, wie wir diesen Uhu und alle anderen, die wir für dieses Projekt fingen, nennen wollten. Wir waren so mit dem Fangen beschäftigt gewesen, dass wir an Namen gar nicht gedacht hatten. In der großen, weiten Forschercommunity wird durchaus diskutiert, wie man die

Studienobjekte benennen soll, denn viele Wissenschaftler meinen, Namen förderten eine Vertrautheit, die neutralen Resultaten abträglich sei. Mancher Forscher möchte vielleicht nicht wahrhaben, dass der Löwe »Braveheart« Kindestötung betreibt. Für die Verwendung von Namen gab es in der Region schon Präzedenzfälle, in den Wäldern um uns herum wimmelte es von mit UKW-Sendern ausgestatteten Tigern namens Olga, Wolodja und Galja. Wir entschieden uns für eine traditionellere Herangehensweise: Da die Tiere, die wir fangen wollten, Bewohner eines festen Territoriums waren, wollten wir sie mit ihrem Territorium und ihrem Geschlecht bezeichnen. Das hier war demnach das »Faata-Männchen«.

Wir kontrollierten seine Frequenz noch einmal, vergewisserten uns, dass wir seine Ringnummer richtig notiert hatten, und trugen es durch den knirschenden Schnee auf die Lichtung hinter Anatolijs Hütte. Sergej setzte es auf den Boden mit dem Gesicht von uns weg und trat zurück. In seiner Verwirrung saß es einen Moment lang still und ruhig da, dann begriff es, dass es frei war, erhob sich mit schnellen Flügelschlägen vom Boden und flog zum Fluss. Ich stellte den Empfänger wieder ein, um zu hören, ob der stetige, starke Ton noch da war. Nach mehr als einem Jahr Planung und wochenlangen Fehlschlägen hatte das Telemetrieprojekt endlich begonnen.

Sergej und ich beglückwünschten uns gegenseitig mit einem kräftigen Handschlag und kehrten beschwingt in die warme Hütte zurück. Da wir ein bisschen Wodka aufgehoben hatten, um einen Fang zu feiern, staubte ich die Flasche ab und schenkte ein. Anatolij rieb sich die Hände, lächelte und schnitt Brot und Wurst auf. Auch er war bester Laune. Sergej und ich waren in letzter Zeit oft mürrisch gewesen, und er genoss die festliche Stimmung. Ein großer Trinker war er nicht, aber da er selten die Gelegenheit hatte, mal ein Tröpfchen zu sich zu nehmen, ließ er sie sich nicht entgehen. Wir tranken, aßen und genossen den Erfolg. Als ich mich an dem Abend schlafen legte, schlief ich das erste Mal seit Wochen durch.

Am nächsten Morgen wandten wir uns flussabwärts, um das von uns nun so genannte Tunscha-Paar zu fangen. Zwei Kilometer von Anatolijs Hütte und 700 Meter von unserer Fangstelle an der Tunscha entfernt stand eine kleine Jagdhütte aus Lärchenbrettern. Für ein paar Nächte zogen wir mit dem

Schneemobil dorthin um. Wir hatten wenige Tage zuvor ein bisschen weiter unten das Nest des Tunscha-Paars entdeckt, in acht Metern Höhe in einer Pappel mit abgebrochener Spitze, die ohne Äste und kerzengerade wie ein Turm aus einer Festung von Unterholz ragte. Ein brütendes Riesenfischuhu-Weibchen hatte uns von dort aus kühl betrachtet. Wir konnten also nur das Männchen fangen; solange das Weibchen ein Ei warmhalten musste, würde es sich nicht weit vom Nest entfernen, jedenfalls nicht, solange es so kalt war. Nachdem wir am ersten Abend Spuren am Flussufer gefunden hatten, stellten wir die Fangkiste randvoll mit jungen Lachsen und ein paar Dolly-Varden-Forellen ohne einen Schlingenteppich dorthin, weil wir nur sehen wollten, ob das Tunscha-Männchen sie finden würde. Aber ja doch, prompt holte es sich sämtliche Fische! Am nächsten Abend legten wir den Schlingenteppich aus und versteckten uns hinter einer Biegung im Fluss, wo es uns nicht sah. Lange mussten wir nicht warten. Es flog in der Dämmerung heran und tappte, hocherfreut über so reichliche Beute, ohne jedes Zögern in unsere Falle. Als wir auf es zurannten, warf es sich wie das Faata-Männchen in Verteidigungshaltung auf den Rücken, seine Krallen glänzten im Licht von Sergejs Stirnlampe. Bei den ausgestreckten Beinen konnten wir es leicht packen, und im Nu hatten wir unseren zweiten Riesenfischuhu in Händen. Der Vogel verhielt sich ähnlich gefügig wie der vorherige und auch er war offenbar so verblüfft, dass er sich gar nicht erst wehrte. Mit 3,15 Kilogramm wog er mehr als der andere, und wir hätten ihn vielleicht sogar für ein Weibchen gehalten, wenn wir das nicht gerade noch im Nest hätten sitzen sehen. Wir fertigten ihn rasch ab, besenderten und beringten ihn und ließen ihn nach etwa einer Stunde wieder frei. Den Rest der Nacht verbrachten wir nicht in der engen Hütte, sondern kehrten triumphierend zu Anatolij zurück.

In den folgenden Tagen zeichneten wir mithilfe unserer Richtantenne die Aufenthaltsorte unserer beiden ersten Studienobjekte auf. Das Faata-Männchen hockte an derselben Stelle wie vor der Besenderung, und beide Paare riefen weiter im Duett. Das bewies einigermaßen schlagend, dass die Gefangennahme nicht zu traumatisch für die Tiere gewesen war und sie sich weiterhin normal verhielten. Eine große Erleichterung. Wir wollten aber immer noch das Weibchen des Faata-Paares fangen, denn es brütete offenbar nicht. Also bestückten wir unsere Kiste mit frischen Ködern, banden die Schlingen neu und warteten in der Dämmerung im Wald nahebei. Binnen einer Stunde nach Sonnenuntergang hatten wir unseren Vogel. Die Köderkiste war das bisher fehlende Puzzleteil beim Fangen gewesen. Unsere Erfahrung und unser Selbstvertrauen wuchsen.

Das Weibchen, das wir nun gefangen hatten, war größer als seine beiden Artgenossen. Mit 3,35 Kilogramm war es etwa 20 Prozent schwerer als sein Partner, die Flügel- und Schwanzmaße waren so gut wie gleich. Von Kopf bis Schwanz maß es 68 Zentimeter, also nur wenig mehr als das Männchen. Das Verhalten der Dame wich allerdings deutlich von dem der Herren ab. Während diese brav alles mit sich hatten geschehen lassen, ließ sie eine solch demütigende Behandlung nicht kampflos über sich ergehen. Als Sergej ihren Schnabel vermaß, versetzte sie ihm einen wohlgezielten Hieb in den Finger, der sofort anfing zu bluten, und hörte nicht auf, in meinem Griff um sich zu treten. War das ein typischer Unterschied zwischen den Geschlechtern? Auch als sie freigesetzt wurde, hielt sie keinen Moment inne wie ihr Partner, sondern flog sofort rasch und entschlossen davon.

Nachdem wir mit den in diesem Gebiet möglichen Fängen fertig waren, packten wir am 22. März zusammen. Wegen unseres mitten auf der Waldstraße im Schnee feststeckenden Trucks hatten wir Anatolijs Gastfreundschaft 17 Tage in Anspruch genommen. Dafür ließen wir den Großteil des Proviants bei ihm, packten den Rest unserer Ausrüstung auf den Schlitten des Schneemobils, und Anatolij fuhr uns zum Hilux. Er stand mitten auf der weißen Schneefläche, die nur von Spuren von Rehwild und Rotfüchsen durchbrochen war. Fast drei Stunden lang schaufelten, schoben und fluchten wir, bis wir die zwei Kilometer bis zur Hauptstraße geschafft hatten. Dort verabschiedeten wir uns von Anatolij, der mit dem Schneemobil zu seiner Hütte zurückfuhr. In ein paar Wochen, wenn der Schnee entweder hart geworden oder sogar geschmolzen war und wir die Jagdhütte wieder mit dem Hilux erreichen konnten, wollten wir es mitsamt dem Anhänger bei ihm abholen.

Für eine Übernachtung, ein Bier und einen Gang in die *banja* in Johns Haus fuhren wir nach Ternei und richteten den Blick wieder auf die Serebrjanka. Wir waren ruhiger und sicherer geworden. Jetzt konnten wir das zusätzliche Hilfsmittel, die Köderkiste, einen bloßen Behälter voller Fische, in den Fluss stellen und nachts ganz normal schlafen und uns ausruhen, bis der Riesenfischuhu sie gefunden hatte. Wir wollten jeden Tag Beweise eines Besuchs, Abdrücke oder Fischblut, auf dem angrenzenden Ufer überprüfen und gegebenenfalls abends die eigentliche Falle, den Schlingenteppich, ausbreiten. Mit einem Sender, der uns anzeigte, wann ein Vogel gefangen war, wollten wir uns außer Sichtweite in die Nähe hocken, den Uhu fangen und vor der Schlafenszeit wieder zu Hause sein.

Ende März stellten wir eine Kiste mit fast einem Dutzend lebender Fische in die Serebrjanka. Am nächsten Morgen waren sie alle fort, der Schnee darum herum übersät mit Uhuspuren. Ich legte den Schlingenteppich am Ufer aus, während Sergej ein Loch ins Eis bohrte und den Angelhaken ins Wasser hängte, um Nachschub für die Kiste zu fangen. Abends wollten wir die Falle aufstellen. Als Sergej nach ein paar Stunden immer noch keinen Fisch geangelt hatte, schaute ich besorgt auf meine Uhr. Unsere Fangstelle war bereit, in wenigen Stunden würde der Uhu mit an Sicherheit grenzender Wahrscheinlichkeit hineintappen, aber die Köder fehlten. Aus lauter Verzweiflung drehten wir ein paar Steine im Fluss um und sammelten ungefähr ein Dutzend lethargischer, winterstarrer Frösche. Da Riesenfischuhus, soweit wir wussten, nur im Frühling Frösche fraßen, dachten wir, sie würden auch jetzt daran interessiert sein. Wir setzten die Frösche in die Kiste, wo sie sich gleich in die Ecken verzogen. Wie glatte, dunkle Steine sahen sie aus. Dann überprüften wir noch einmal die Funktionstüchtigkeit des Schlingenteppichs – die Schlingen mussten aufrecht stehen und die Knoten locker genug sein –, zogen uns hinter eine Kurve im Fluss zurück und warteten auf die Dunkelheit.

Um Viertel vor acht piepste der Funkempfänger in meiner Hand, und wir rannten am Ufer entlang zur Falle. Blinder Alarm. Ein Uhu war zwar da gewesen, wir sahen seine Spuren, aber er hatte sich der Köderkiste von der Seite genähert, den Sender berührt und ihn aktiviert. Er war nicht auf den Schlingenteppich getreten, sondern bei unserem Näherkommen weggeflogen. Wir richteten uns auf eine lange Nacht ein. Da wir ja nicht mit einer ausgedehnten Wartezeit gerechnet hatten, hatten wir weder Schlafsäcke noch dicke Mäntel gegen Kälte und Wind dabei, nur einen Rucksack mit unseren Fanguntensilien. Schweigend kauerten wir uns in die Nähe des Flusses, in der zunehmenden Dunkelheit waren wir vor der steilen Uferböschung bestimmt kaum zu sehen. Wie der Uhu darauf reagieren würde, dass er eben von uns gestört worden war, wussten wir nicht ... Würde er heute Nacht noch einmal kommen? Gegen halb elf, also nach fast drei Stunden Warten, piepste der Empfänger wieder. Sofort waren Sergej und ich auf den Beinen und rannten los, unsere Stirnlampen halfen uns durchs Dunkel. Auch dieser Vogel lag rücklings auf dem festen Schnee am Fluss, die Krallen ausgestreckt. Rasch griff Sergej zu und hatte ihn unter Kontrolle. Da das Ufer zum Arbeiten zu eng war, trugen wir das Tier zu der Stelle, an der wir gewartet hatten. Wegen seines Gewichts – 3,15 Kilogramm – kamen wir zu dem Schluss, dass wir es mit dem hier ansässigen Männchen zu tun hatten. Wir vermaßen es, nahmen ihm Blut ab und schnallten ihm den Sender um.

Als ich den Vogel packte, damit Sergej ihn beringen konnte, krabbelte eine Hirschlausfliege aus seinem Brustgefieder. Ein Parasiteninsekt mit flachem Körper, langen kräftigen Beinen und etwa so groß wie ein amerikanisches Zehncentstück. Nach den Säugetieren benannt, an denen es sich vor allem gütlich tut, landet es auf einem möglichen Wirt, wühlt sich durch das dichte Fell (oder das Federkleid), legt sich flach an die Haut und überlebt in diesem Mikrokosmos von Blut und Körperwärme sogar eisige Winter. Ich hatte über die Jahre jede Menge dieser Insekten gesehen, aber ich wäre nie auf die Idee gekommen, dass sie auch auf Riesenfischuhus leben könnten. Dieses Exemplar hier befand aber jetzt wohl, dass der Vogel ein sinkendes Schiff sei, und erwog andere Optionen.

»He«, sagte ich zu Sergej und betrachtete das Tier neugierig. »Das ist eine Hirschlausfliege.«

Sergej, der konzentriert dabei war, den metallenen Beinring zusammenzudrücken, antwortete nur mit einem Grunzen. Die Fliege wandte sich in meine Richtung, doch ich konnte sie nicht wegwischen, weil ich mit der einen Hand die Beine des Uhus zusammen- und mit der anderen die Flügel festhielt. Wenn ich losließ, hätte der Uhu sich verletzen oder eine Kralle in Sergejs Hand schlagen können.

»He!«, sagte ich noch einmal, während die Fliege von dem Uhu auf meinen Arm krabbelte, dann hoch zu meiner Schulter auf meinen nackten Hals zu. Jetzt brüllte ich auf. Ich spürte, wie das Insekt meinen Bart fand, sich hineinverkroch und an mein Kinn kuschelte. Ich konnte nichts anderes tun, als so laut und variantenreich wie möglich zu fluchen und den lachenden Sergej anzuflehen, den Vogel zu übernehmen. Dann zupfte ich die Hirschlausfliege aus meinem Bart und schnipste sie in hohem Bogen in den Schnee.

21

Funkstille

Nach unseren doch erheblichen Mühen zu Beginn der Saison war ich überrascht, wie schnell sich zum Schluss alles fügte. Drei unserer vier Uhus hatten wir in nur fünf Nächten gefangen. Ein glückliches Timing, denn die Tagestemperaturen waren jetzt oft über dem Gefrierpunkt. Der nächste Sturm brachte Regen statt Schnee und läutete das Ende unserer Fangversuche für dieses Jahr ein. Außer den zunehmenden Schwierigkeiten, die wir dabei hatten, uns bei Tauwetter fortzubewegen, wurde das Flusswasser von der Frühlingsschmelze trüb, weshalb die Uhus die in unseren Köderboxen schwimmenden Fische nicht mehr sehen konnten.

Die vergangenen Monate waren erstaunlich stressig gewesen. Über die Jahre hatte ich an so mancher Fangaktion wilder Tiere teilgenommen, Fangschlingen für Tiger und Luchse kontrolliert und Hunderte von Vögeln aus Netzen geklaubt. Das Vorgehen dabei war aber bewährt und gründete auf Jahren, ja, Jahrzehnten akkumulierten Wissens. Und ich war immer als Assistent oder Freiwilliger dabeigewesen, mithin also ruhiger, weil ich nicht die Verantwortung trug. Wenn etwas schiefging – wenn sich zum Beispiel ein Tiger einen Zahn abbrach oder ein Habicht sich einen seltenen Singvogel aus dem Fangnetz holte –, war es nicht meine Schuld. Diesmal jedoch lagen die Verantwortlichkeiten, vor allem für das Leben der gefährdeten Vögel, voll und ganz bei mir. Eine schlampig geknüpfte Schlinge konnte ein Tier einen Zeh kosten, in einer zu nah am Ufergestrüpp aufgebauten Falle konnte es sich, wenn es in der Schlinge festhing und versuchte zu entkommen, einen Flügel brechen. Hatte man das Tier erst einmal unter Kontrolle, konnten unzählige weitere Unfälle passieren, selbst beim Freilassen durfte man keine Fehler machen. Solcherlei Gedanken gingen mir die ganze Feldsaison unablässig durch den Kopf und der Stress machte sich durch Gewichtsabnahme und Schlaflosigkeit bemerkbar.

Da war es dann eine gewisse Erleichterung, dass wir das Einfangen so weit vorangetrieben hatten wie in diesem Jahr nur irgend möglich und dass diese Arbeitsphase beendet war. Während der Winter in den Frühling überging, gingen wir unsererseits zum Monitoring über. Die Nächte verbrachten wir bequem in Ternei, aßen warme Mahlzeiten zu normalen Uhrzeiten und aalten uns regelmäßig in Johns *banja*. Ohne Hast fuhren wir zu allen Tages- und Nachtzeiten über die Straßen in den Tälern der Serebrjanka, der Tunscha und der Faata, sammelten Bewegungsdaten von unseren mit Sendern versehenen Vögeln und triangulierten ihre Aufenthaltsorte. In regelmäßigen Abständen hielten wir mit dem Auto an den parallel zu den Riesenfischuhu-Territorien verlaufenden Straßen, stellten den Empfänger auf die Frequenz des jeweiligen Uhus ein und schwangen eine lange, geweihähnliche Metallantenne in der Luft hin und her, um herauszufinden, von woher das stärkste Signal kam. Wir mussten allerdings bald lernen, dass diese in Wildtierstudien gängige Praxis nicht nur eine Wissenschaft, sondern auch eine Kunstfertigkeit war. Das Signal eines Vogels, der am Rand eines Tals sitzt, hallt unter Umständen von nahen Felshängen wider und verschleiert dessen tatsächliche Position. Der ermittelte Aufenthaltsort ist dann unpräzise – plus/minus mehrere hundert Meter – und relativ nutzlos, wenn man erfahren will, wo ein Uhu nun eigentlich ist. Auch wenn er an einem Flussufer jagt und nicht etwa hoch oben in einem Baum sitzt, ist das Signal weit schwächer (und scheint von weiter weg zu kommen).

Mir war es etwas peinlich, wenn ich – à la art brut – die Antenne schwang und Holzfäller und Fischer langsamer fuhren, um uns zu beobachten. Dabei waren die Bewohner Terneis durchaus daran gewöhnt, Wissenschaftler mit solchen Gerätschaften Tigern nachspüren zu sehen, und unser Treiben wurde sicher als nicht so abartig betrachtet, wie das wahrscheinlich woanders in Primorje der Fall gewesen wäre. Die Leute dachten allerdings, dass diese Antennen nur für Tiger benutzt würden, und die paar, die uns sahen, erzählten Freunden und Familie von uns. In den nächsten Wochen wurden wir zu einer dermaßen denkwürdigen Erscheinung mit unseren Wünschelrutenantennen, mit denen wir Uhus statt Wasser suchten, dass in Ternei bald das Gerücht umging, ins Tal der Tunscha seien in großer Zahl Tiger eingewandert und jeder, der dort angeln wolle, sei gewarnt.

Da wir die Antennen auch im Wald benutzten, stiegen die dort lebenden Hirsche und Elche gewaltig in meiner Achtung. Während ich mich mit meinem »Geweih« durchs Unterholz kämpfte, hier hängen blieb und mich dort verfing, musste ich oft an sie denken. Wie konnten sie Tigern und Jägern überhaupt entkommen, wenn sie mit diesem Kopfschmuck durch die Flusstäler rannten?

Durch die für uns neue Arbeit hofften wir, anhand der ersten Datenpunkte Erkenntnisse über wichtige Aufenthaltsorte der Uhus zu gewinnen. So war es dann auch. Zum Schluss hatten wir Hunderte von neuen Informationen dazu, die wir in unsere GPS-Geräte eingaben. Schließlich wanderten wir durch die Wälder und entlang den Flüssen in unseren Riesenfischuhu-Territorien und konzentrierten uns besonders auf die Areale, in denen die Vögel den Messungen nach die meiste Zeit verbrachten. Natürlich wurden wir dabei auch immer vertrauter mit den Landschaften, die sie ihr Zuhause nannten. Wir fanden Jagdreviere an den Flüssen ebenso wie Sitzwarten, an denen sie tagsüber ausruhten. In dem Territorium an der Tunscha hämmerten wir uns aus langen Weidenästen eine Leiter zusammen und trugen sie durch das Flusstal zum Nistbaum. Dort fanden wir ein einzelnes weißes Ei, etwa 20 Prozent größer als ein Hühnerei und eigentlich enttäuschend schlicht für einen so exotischen Vogel wie den Riesenfischuhu.

Während der Wald nach den nüchternen Grautönen des Winters die optimistischen Grüntöne des Frühlings annahm, aßen Sergej und ich unsere Henkersmahlzeit. Mitte April fuhr ich zurück nach Wladiwostok, wo Surmatsch mich am Busbahnhof abholte. Ich blieb ein paar Tage bei ihm, beschrieb ihm den Stand unserer Arbeit und erklärte, was wir für die nächste Saison planten. In Ternei hatten wir ein paar Assistenten angeheuert, die in meiner Abwesenheit Bewegungsdaten von den Uhus mit den Sendern sammeln sollten. Gute Hilfe war nicht leicht zu finden. Da man mit den Geräten, die wir benutzten, auch Tiger aufspüren konnte, mussten die Leute vertrauenswürdig sein. Und weil die Arbeit viel Fahrerei zu nicht unbedingt kalkulierbaren Zeiten erforderte, brauchten sie auch jederzeit Zugang zu einem Fahrzeug. In einer abgelegenen Siedlung wie Ternei besitzt nicht jeder ein

Auto, womit die Auswahl an Kandidaten noch weiter zusammenschrumpfte, und es drängt ja schließlich auch nicht jeden, ganze Nächte durch dunkle Wälder zu wandern.

Surmatsch und ich begannen Pläne für zukünftige Fangaktionen zu diskutieren, und diese Diskussionen zogen sich nach meiner Rückkehr in die Vereinigten Staaten noch über Monate hin. Im Februar 2008 wollte ich erneut nach Russland kommen, und da wir in dem Gebiet um Ternei schon Uhus von drei verschiedenen Paaren gefangen hatten, beschlossen wir, unsere Bemühungen auf die Gegend um Amgu zu konzentrieren. In St. Paul belegte ich an der University of Minnesota Seminare in Landschaftsökologie, Wildtiermanagement und Forstwirtschaft. Ich musste nicht nur lernen, wo die Uhus hingingen, sondern auch interpretieren, was sie da machten, und dann diese Informationen in ein Schutzprogramm einarbeiten, das für Primorje und seine Wirtschaftszweige realistisch war.

Monatlich erhielt ich Updates von Sergej und den Feldassistenten, die brav die Bewegungsdaten der Vögel sammelten. Nicht alle Informationen waren positiv. Im Herbst 2007 hörte Sergej Berichte von einem Jäger aus Ternei, der sich damit brüstete, eine riesige Eule geschossen zu haben. Er konnte den Mann ausfindig machen, der zwar noch jung war, ein Teenager, sich in der Stadt aber schon einen Ruf als Wilderer erworben hatte. Bei einem Treffen bot er Sergej als Erstes Bärengallenblasen zu einem sehr guten Preis an. Sergej lenkte das Gespräch auf Uhus, doch der Junge wusste angeblich von nichts. Sergej ließ indes nicht locker und überzeugte ihn davon, dass unser Interesse wissenschaftlicher Art sei, wir also nicht darauf aus seien, ihn anzuzeigen. Wir müssten lediglich wissen, ob es ein Riesenfischuhu sei, und wenn ja, ob einer von unseren. Da gab der Junge den Abschuss zu und führte Sergej zu einem von der Zeit und Aasfressern zerfledderten Kadaver im Tal der Serebrjanka, nicht weit südlich von den Territorien an der Serebrjanka und der Tunscha. Sergej fand einen Flügel, ein Bein, einen durchschossenen Schädel und mehrere verschiedene Federn. Eindeutig von einem Riesenfischuhu. An dem Bein war kein Ring, und der Junge, der zu diesem Zeitpunkt keinen Grund mehr hatte, Informationen zurückzuhalten, sagte, er würde sich daran erinnern, wenn er einen Ring an dem Vogel gesehen hätte. Auf Sergejs Frage, warum er das Tier geschossen habe, erwiderte er, es habe sich so ergeben, er habe frisches Fleisch als Köder für seine Zobelfallen gebraucht und sei zufällig auf den Vogel gestoßen. Ich war empört. Statt einem Huhn in seinem Hof den Hals umzudrehen, hatte er wegen ein paar Brocken Fleisch ein Exemplar einer gefährdeten Art getötet. Er habe nicht gewusst, dass Riesenfischuhus bedroht seien, bis Sergej es ihm erzählt habe, lautete seine Entschuldigung. Doch es hätte ihn wahrscheinlich so oder so nicht geschert. Gratisfleisch war Gratisfleisch, und Zobelfelle brachten bis zu zehn Dollar.

Wenn es keiner von unseren Uhus war, woher kam er dann? Im Gebiet um Ternei lebten unserer Kenntnis nach nur zwei nicht beringte Riesenfischuhus. Das Weibchen von der Serebrjanka und das Tunscha-Weibchen. War das tote Tier eines von ihnen? Die Nachrichten waren uneindeutig und deprimierend, aber von der anderen Seite der Welt aus konnte ich nicht viel tun. Meine Besorgnis wuchs sogar noch im Dezember, gut zwei Monate, bevor ich zurück nach Russland wollte. Da wurde nämlich alles noch schlimmer: Sie hätten wiederholt versucht, unsere Eulen ausfindig zu machen, berichteten die Helfer, aber die Sender seien verstummt. Merkwürdig, die Technologie, die wir verwendet hatten, war zuverlässig – die Geräte hätten Jahre halten müssen –, und wenn es ein technisches Problem war, wieso schwiegen dann alle Sender auf einmal? Die sinnvollste Erklärung, die mir im Hinterkopf herumspukte, die ich aber zu ignorieren versuchte, war die, dass unsere vier Riesenfischuhus samt und sonders tot waren. Als ich im Februar 2008 in Russland ankam, stand die Lösung dieses Geheimnisses zuoberst auf meiner Prioritätenliste.

Zusammen mit dem Team – Sergej, den Feldassistenten Schurik (von der Expedition an die Samarga 2006) und Anatolij Jantschenko (neu) – lief ich zunächst die Straßen an unseren Uhu-Revieren bei Ternei ab, um Funksignale zu suchen und nach Uhurufen zu horchen. Surmatsch hatte Jantschenko zum Fangen für die ersten Wochen der Saison angeheuert. Ein glatzköpfiger, zynischer 56-jähriger Falkner, der 24 Jahre seines Lebens in einem Kohlebergwerk im Tschukotka im äußersten Nordosten Russlands verbracht hatte – ohne Frage eine düstere Verquickung von Ort und Beruf –, die ihn zu einem unverbesserlichen Pessimisten gemacht haben mussten, der bloß kein Risiko eingehen wollte. Ich mochte Jantschenko, und angeblich war er gut im Greifvogelfangen, aber als Kollege häufig recht verdrossen.

In den Wäldern um Ternei gab mein Empfänger überall dort, wo ich letztes Jahr starke Signaltöne gehört hatte, nur leeres Rauschen von sich. Mir sank der Mut; die Uhus waren wirklich nicht mehr da. In der Dämmerung trieb ich mich im Gebiet um die Tunscha herum und hoffte wider besseres Wissen, dass ein Wunder geschehe und ich sie gleich rufen hören würde. Groß waren meine Erwartungen freilich nicht, und mir war schlecht vor Sorge, dass das Forschungsprojekt kippen und ich unter Umständen mitschuldig am Tod von vier Vögeln einer bedrohten Art würde.

Diese Befürchtungen waren wie weggeblasen, als ich gleich nach Einbruch der Dämmerung an der Straße zur Tunscha stand und das hier lebende Paar mit seinem Wechselgesang begann. In tiefen, urigen Wellen zogen die Töne kraftvoll durch den Winterwald. Riesenfischuhus hört man nur, wenn man genau zur richtigen Zeit lauscht und die Bedingungen perfekt sind – offenbar hatten die Feldassistenten sie einfach verpasst. Die Rufe kamen von weit weg, von der anderen Seite des Flusstals am Fuß der Berge, wo sich, das wusste ich, ihr Nest befand. Ein Lächeln im Gesicht, lauschte ich in der zunehmenden Dunkelheit dieses Winterabends ein paar Minuten lang, wie die Uhus allen, die es hören wollten, verkündeten, dass sie lebten. Als mir dann die fehlenden Signaltöne einfielen, holte ich meinen Empfänger aus der Jacke und stellte ihn an. Selbst bei dem Rufen der Uhus hörte ich nur Rauschen. Die Uhus waren nicht tot – zumindest nicht diese beiden –, aber das Projekt war trotzdem in Gefahr. Ich musste herausfinden, warum die Sender nicht mehr funktionierten.

In den nächsten Tagen liefen wir die Territorien an der Faata und der Serebrjanka ab und suchten und horchten auf Lebenszeichen. Auch als wir das Paar an der Serebrjanka hörten, empfingen wir bei einer Entfernung von nur wenigen hundert Metern kein Funksignal von ihm. Dabei hätten wir die Signale von diesen starken Sendern über mehrere Kilometer hinweg hören müssen. Nun fehlte uns nur noch für die Vögel im Territorium an der Faata der Nachweis, dass sie noch lebten. Also fuhren Jantschenko und ich zu Anatolijs Hütte am Zusammenfluss der Faata und der Tunscha, um zu fragen, ob er Neuigkeiten hätte.

Anatolij hieß uns freundlich willkommen. Er wusste, dass die Riesenfischuhu-Saison im Februar und März war und hatte daher schon mit meiner Rückkehr gerechnet. Seine Hütte war aufgeräumt, und Wände und Decke erstrahlten in frisch gestrichenem Weiß. Im Herbst war nur eine bescheidene Anzahl von Buckellachsen die Tunscha hochgezogen, aber Anatolij war fleißig gewesen, ein leckerer, süßlicher Duft wehte aus der Räucherkammer, und unter dem Giebel in der Sonne hingen Dutzende aufgeklappte rote Fischleiber zum Trocknen. Mir fiel auf, dass die ramponierte Pagode oben auf dem Fels über der Tunscha nicht mehr da war. Im Taifun des letzten Sommers war sie zu Fall gebracht und weggespült worden, erzählte Anatolij.

Beim Tee berichtete er, dass er den ganzen Herbst und Winter die Faata-Uhus regelmäßig habe rufen hören, manchmal ganz nahe an der Felszunge am Fluss gegenüber der Hütte, wo ich im vergangenen Winter ein paar Federn gefunden hatte. Einige Male habe ein Vogel sogar vom Dach seiner Hütte gerufen. Lachend erinnerte sich Anatolij daran. Das Tier habe ein Donnergrollen ausgestoßen, das von überallher zu kommen schien, und ihn jäh aus dem Schlaf gerissen. Aufrecht habe er im Bett gesessen, hellwach.

Aus den beruhigenden Neuigkeiten, dass die Uhus nicht über längere Zeit fort gewesen waren, schloss ich, dass wir hier nicht etwa ein anderes Paar hörten, sondern die Vögel, die wir letztes Jahr gefangen hatten. Die Geräte mussten versagt haben. Aber wessen Kadaver hatte Sergej im Herbst 2007 gesehen? Die Territorien, die wir kannten, waren allem Anschein nach besetzt. Dass die mit einem Sender versehenen Vögel verschwunden und an ihre Stelle in den wenigen kurzen Monaten neue getreten waren, erschien angesichts der langen Lebenszeit der Riesenfischuhus, ihres Revierverhaltens und der Tatsache, dass ihr Nachwuchs erst nach drei Jahren geschlechtsreif wird, unwahrscheinlich. Wenn wir hier wirklich neue Uhus hörten, musste das alte Paar oder ein Partner gestorben oder auf andere Weise verschwunden und sofort ein neuer erwachsener Vogel an dessen Stelle getreten sein. War aber das der Fall, musste es eine große Population von Tieren ohne Partner in der Nähe geben, die sozusagen schon in den Kulissen darauf warteten, dass endlich ein Territorium frei wurde. Ein solches Szenario war in Teilen von Hokkaido in Japan denkbar, wo die Bestände durch energische Bemühungen um den Schutz der Riesenfischuhus aufgefüllt wurden und es mancherorts mehr brutbereite Vögel als Nistplätze gab. Doch bei unseren Erkundungen in der Umgegend von Ternei hatten wir keinerlei Anzeichen für eine solche Reservepopulation an Brütern gefunden. Das andere denkbare Szenario, dass alle Rucksackgeräte zur gleichen Zeit den Dienst quittiert hatten, war andererseits nicht minder unwahrscheinlich.

Was genau passiert war, konnten wir nur ermitteln, wenn wir ein oder zwei Uhus aus diesen Territorien noch einmal fingen.

Logisch erschien uns, an der Faata zu beginnen, da hier sowohl das Männchen als auch das Weibchen einen Sender trugen und wir, egal, wen von beiden wir fingen, einige Antworten bekommen würden. Nun gut, aber wie leicht würde es sein, einen Vogel ein zweites Mal zu fangen? Manche Tiere werden »fallenscheu«: Wenn sie einmal gefangen worden sind, sind sie sehr vorsichtig, und sie erneut auszutricksen, wird schwer. Amurtiger gehen normalerweise nicht einmal mehr in die Gegend einer vorherigen Gefangennahme, selbst wenn diese schon Jahre her ist. Würden Riesenfischuhus fallenscheu sein?

22

Die Eule und die Taube

Jantschenko benutzte ein Dho-Ghaza-Netz, die solide und zuverlässige Standardfalle in der Welt der Greifvogelfängerei, und ich wollte unbedingt sehen, wie sie konkret angewendet wurde. Es ist eine Netzfalle aus einem maximal zwei mal zwei Meter großen, hauchzarten fast unsichtbaren Nylonnetz, das man zwischen einem beliebigen Köder und dem erwarteten Weg aufspannt, auf dem sich das Tier nähert, das man fangen will. Manchmal ist der Lockvogel ebenfalls ein großer Greifvogel wie ein Virginia-Uhu, weil man ein ansässiges Paar dazu bringen will, zum Schutz seines Reviers zu attackieren. Andere Male kann der Köder auch ein Beutetier wie ein kleiner Nager oder eine Taube sein, und man nimmt sie oft, um Vögel auf dem Durchzug zu fangen, denen ein schneller Snack auf dem Weg gerade recht kommt. Das Netz wird zwischen zwei Pfählen aufgespannt, es hat Schlingen an allen vier Ecken, die an dünne, biegsame, an den Pfählen befestigte Drahthaken gehängt werden. Das Ganze so locker, dass sich das Netz löst und um alles wickelt, das mit voller Geschwindigkeit darauf trifft, womöglich ein Greifvogel in dem Augenblick, bevor er seine Beute schlagen will. Ein Gewicht ist mit einem Seil an einer der unteren Ecken des Netzes festgemacht, wenn sich also ein Vogel einmal im Netz verfangen hat und weglaufen will, kommt er nicht weit.

Weil wir Köder brauchten, ging Jantschenko in Ternei einfach in eine Scheune und schnappte sich zwei Feldtauben. »Sie rechnen nie damit, dass du das wirklich machst«, erklärte er. »Deshalb sind sie kinderleicht zu fangen.« Als er die rote Plane zurückschlug, die die Ladefläche seines Hilux bedeckte, sah ich einen kleinen Drahtkäfig und eine Tüte Vogelfutter. Er war also bestens präpariert. Taubenübertölpeln gehörte dazu.

Von Anatolijs Hütte aus fuhren Jantschenko und ich auf Skiern zu der Fangstelle vom letzten Winter, und ich erinnerte mich, wie unangenehm angespannt wir damals bei unseren ersten Fangversuchen waren und dann wie hochgestimmt. Jantschenko trug die eine Taube wie selbstverständlich unter den Arm geklemmt. Obwohl Riesenfischuhus auf im Wasser lebende Tiere spezialisiert seien, würden sie Jantschenkos Überlegung nach besonders in den mageren Wintermonaten fünfe gerade sein lassen und eine leichte Beute nicht verschmähen. Plötzlich sahen wir etwas, das aussah wie ein Riesenfischuhu-Ansitz auf der freigelegten Wurzel eines umgefallenen Baums dicht am Wasser, unweit dessen, wo wir letzte Saison die Fallen aufgestellt hatten. Jantschenko ging ungefähr 20 Meter weit weg, band der Taube eine Lederleine mit Drehwirbel ans Bein, befestigte diese an einem Pflock, den er in den Boden steckte, und verstreute Vogelfutter. Die Taube konnte herumlaufen, aber nicht sehr weit. Wir hielten inne und beobachteten, wie ein Raubwürger einen nicht zu identifizierenden Singvogel durch die Baumkronen über uns verfolgte. Dann hängten wir das Dho-Gaza-Netz zwischen den Uhu-Ansitz und die Taube. Letztere beobachtete uns neugierig, wenn auch ein wenig scheel, trippelte los und pickte die Körner auf. Ich befestigte einen Fallensender am Ende des Netzes, und wir gingen zur Hütte zurück und warteten. Wenn ein Vogel am Netz zerrte, würden wir es sofort mitkriegen.

Jantschenko und Anatolij schlossen beim Abendessen engere Bekanntschaft, während der leise gestellte Empfänger auf dem Tisch unser Gespräch mit Summgeräuschen untermalte. Anatolij, verschroben wie eh und je, tat uns nunmehr kund, der Berg nebenan sei hohl und von Männern in weißen Gewändern bewohnt. Man müsse sich nur zwölf Meter tief hineingraben, um die Höhle zu erreichen. Die Männer bewachten dort einen riesigen unterirdischen Wasserspeicher, aus dem das »lebendige Wasser« komme, das er aus einer Quelle auf halber Höhe des Berges schöpfe. Es habe einmal eine Treppe von dem Heiligtum auf dem Berg hinunter zum Wasserspeicher geführt, aber der Eingang sei seit Jahrhunderten blockiert. Ich beobachtete, wie Jantschenko reagierte, doch an seinem gleichmütigen Gesichtsausdruck und den tiefliegenden haselnussbraunen Augen konnte ich nicht ablesen, was auch immer er dachte.

»Zwölf Meter ist doch nicht die Welt. Warum gräbst du dich nicht bis dahin durch?«, erkundigte er sich schließlich mit seiner tiefen monotonen

Stimme und verzog keine Miene. Wollte er es ernsthaft wissen oder nur ein peinliches Schweigen überbrücken und sich über Anatolij lustig machen?

»Nicht die Welt?«, empörte sich Anatolij. »Zwölf Meter tief graben? Machst du Witze?«

In dem Moment piepste der Sender. Die Dämmerung war erst vor 15 Minuten hereingebrochen. Das ist zu leicht, dachte ich, und wahrscheinlich falscher Alarm, aber Jantschenko und ich rannten hinaus, schnallten uns die Skier unter und rasten den Fluss hinauf. Eine dunkle Gestalt, die mit Höchstgeschwindigkeit in das Netz geflogen sein musste, lag darin verheddert im Schnee wie eine gut gerollte Zigarre. Ein Riesenfischuhu, und der Beringung nach zu urteilen das Faata-Männchen. Die Taube stand unversehrt und stockstill so weit weg von dem Uhu, wie es die Lederleine erlaubte, und beobachtete das Schauspiel ungerührt. Ich hielt den Uhu, während Jantschenko ihn aus dem Netz befreite, und genau wie letztes Jahr wehrte er sich überhaupt nicht. Er hatte zugenommen und wog 250 Gramm mehr. Zuerst dachte ich, der Sender sei nicht mehr da. Aber als ich tief in das dichte Gefieder griff, ertastete ich ihn fast direkt auf der Haut. Nachdem ich die Federn beiseite geschoben hatte, um besser sehen zu können, begriff ich sofort, warum wir Probleme hatten, ein Signal zu empfangen. Der Sender war von Schnabelhieben zerkratzt und die Antenne überhaupt nicht mehr vorhanden, das Faata-Männchen hatte sie direkt am Gerät abgerissen. Für dieses Zerstörungswerk hatte es zwar neun Monate gebraucht, aber den Schwachpunkt der Apparatur entdeckt. Weil sie ihm und uns jetzt nichts mehr nützte, schnitten wir die Bänder ab. Wir hatten neue Sender dabei, aber das gleiche Modell wie das kaputte, mit dem es natürlich die gleichen Probleme geben würde. Frustriert, ohne Alternative, ließen wir den Vogel frei und dachten über unsere nächsten Schritte nach.

Genau wie bestimmte Vögel leichter auf bestimmte Fallen hereinfallen, reagieren die verschiedenen Arten auch unterschiedlich auf die Sender. Manche Greifvögel, wie Virginia-Uhus, schnippeln an der Bebänderung herum, um sie so rasch wie möglich loszuwerden, während andere Vögel sich um die Extralast gar nicht scheren. In einer Studie aus dem Jahr 2015 von mehr als hundert besenderten Schwarzen Milanen hatte zum Beispiel nur einer seine Bebänderung entfernt. Wie die Riesenfischuhus reagierten, konnten wir uns nun leicht vorstellen. Sie attackierten die Antennen. Nur: Wie sollten wir ihre Bewegungen verfolgen, wenn sie die Messgeräte zerstörten? Ein herber Rückschlag.

Nachdem wir das Faata-Männchen in die Freiheit entlassen hatten, machte ich einen raschen Test. Mal sehen, wie weit man den Sender ohne die Antenne noch hören konnte. Ich band den angeknacksten Sender an einen Baum am Rand von Anatolijs Lichtung, stellte den Empfänger an und entfernte mich langsam, bis ich kein Piepsen mehr hörte. Ich schaffte etwa 50 Meter, aus größerer Entfernung konnte man einen defekten Sender an einem Riesenfischuhu nicht mehr hören. So viel Nähe erlaubte ein Vogel einem Menschen jedoch selten, und man würde ihn dann wahrscheinlich auch schon sehen. Ich musste davon ausgehen, dass die Geräte an dem Faata-Weibchen sowie den Männchen von der Serebrjanka und der Tunscha alle aus dem gleichen Grund nicht mehr funktionierten.

Zum Glück hatte ich eine, wenn auch nur partielle Lösung parat: Schon bevor ich wusste, dass die Uhus die Sender unbrauchbar gemacht hatten, war mir klar gewesen, dass ich diese Geräte nicht bei den Tieren in dem Gebiet um die Amgu benutzen konnte, denn um das Verhalten der Riesenfischuhus aufzuzeichnen und deren Aufenthaltsorte zu triangulieren, musste jemand in der Nähe sein. Das Gebiet um die Amgu war freilich so weit entfernt, dass weder ich noch das Team es regelmäßig aufsuchen konnten. Nun hatte ich aber eine Reihe kleiner Förderbeträge zusammengekratzt, um drei GPS-Datenlogger zu kaufen. Die wurden genauso wie die Sender mit Bändern auf dem Rücken eines Uhus befestigt, doch statt ein Funksignal zu senden, sammelten sie pro Tag mehrere GPS-Ortungen, hielten bis zu sechs Monate und waren wiederaufladbar. Allerdings hatten sie ihre Nachteile. Erstens kosteten sie pro Stück fast zehnmal so viel wie Funksender, fast 2000 Dollar, und zweitens waren sie Datenlogger, die Daten lediglich sammelten und speicherten. Um diese herunterzuladen, mussten wir die Uhus wieder einfangen. Womit das ernsthafte Problem entstand, dass sie verlorengingen, wenn einer unserer markierten Vögel starb, verschwand oder fallenscheu wurde.

Jantschenko konnte nicht lange bei uns bleiben. Zu Hause in der Nähe von Wladiwostok hatte er eine Frau und einen Habicht, um die er sich kümmern musste. Nachdem er also geholfen hatte, das Geheimnis der defekten Sender zu lüften, ließ er mir das Dho-Gaza-Netz da, stieg in seinen Laster und entschwand gen Süden. Da wir weiter entfernt Vögel fangen wollten und uns nicht auf warme Betten in Ternei oder Anatolijs Hütte verlassen konnten, stieß in Ternei Kolja Gorlatsch mit seinem GAZ-66 zu uns, einem großen grünen Truck, der wie schweres Militärgerät aussah. Den Rest der Feldsaison würden wir darin wohnen.

Kolja, groß, schlaksig, arbeitete seit mehr als zehn Jahren als Fahrer und Koch für Surmatschs Forscherteam. Er war ein eher ruppiger Zeitgenosse, wenn auch auf harmlose, sogar liebenswerte Art. Eigentlich schnell gereizt, aber beeindruckend gleichgültig, was elementarste sanitäre Versorgung sowie persönliche Bequemlichkeit anging. Als Jugendlicher war er gelegentlich wegen »Rowdytums« in Polizeigewahrsam gelandet und war entsprechend heftig tätowiert. Zur Erinnerung an seine Zeit als Holzfäller für das ehrgeizige Projekt der Baikal-Amur-Magistrale in den 1970er-Jahren hatte er die Worte *Wir planieren* auf dem einen und *Sibirien* auf dem anderen Fuß tätowiert. Während Gorbatschows Anti-Alkohol-Kampagne in den 1980ern hatte er kurz als Auslieferungsfahrer für eine Brauerei gearbeitet, also als die Ware Bier kostbar und limitiert gewesen war. Wenn er damals die Brauerei im Lastwagen verlassen und den Laden oder die Kneipe erreicht habe, die er beliefern musste, habe er sich wie der Großmarschall bei einer Militärparade gefühlt, erzählte er uns, denn in seinem Schlepptau habe er eine Meute durstiger Sowjetbürger gehabt, die die seltene Chance nutzen wollten, ihren Gaumen mit einem kühlen Blonden zu erfrischen. Manchmal hätten ihm entgegenkommende Autos sogar eine Kehrtwende gemacht und seien ihm gefolgt; die Fahrer hätten weder gewusst wie weit noch wohin er fuhr. Aber er hatte Bier, und sie wollten welches. Einmal schließlich wurde er von Straßenräubern von der Fahrbahn abgedrängt, die auf ihn schossen und seine Fässchen beschlagnahmen wollten.

Der GAZ-66 hatte ein enges Führerhaus mit jeweils einem Sitz links und rechts neben dem Motorblock, und wenn man einstieg, fühlte man sich wie im Cockpit eines Kampfjets. Dahinter war ein großer, zweiräumiger Wohnbereich. Der kleinere war das »Esszimmer« mit einem Tisch und Bänken, auf denen zwei Personen schlafen konnten. In dem größeren waren ein eiserner Holzofen an der hinteren Tür und Bänke entlang beiden Seiten, darüber Luken mit dicken, schmuddeligen Scheiben. Auf den Bänken konnte auch jeweils eine Person schlafen, und falls nötig, legte man Bretter quer und hatte Schlafplätze für bis zu vier Personen. Obwohl das Fahrzeug wie aus den 1960er-Jahren anmutete, stand zu meiner Überraschung auf dem Nummernschild, dass es Baujahr 1994 war. Gut gealtert war es nicht. Die Verschalungen innen waren rissig und gelb, und am ganzen Truck sah man die Spuren von Koljas provisorischen Reparaturen, die durch weitere Vernachlässigung (und solange sie keine Mucken machten) endgültig geworden waren. Ein Knopf an der Vorderwand des Wohnbereichs gehörte zu einer Hupe, die den Fahrer darauf aufmerksam machen sollte, dass die Fahrgäste hinten anhalten wollten, aber sie war seit mehreren Jahren nicht betätigt worden, oder Kolja hatte sie ausgeschaltet. Wenn man zum Beispiel mal dringend musste, konnte man letztlich nur so lange gegen die Vorderwand wummern, bis man durch das Dröhnen des Motors gehört wurde.

Im GAZ-66 fuhren wir zum nahen Territorium an der Serebrjanka, um das Männchen noch einmal zu fangen und ihm den kaputten Sender abzunehmen. Nicht weit von dort, wo Sergej und ich letzten Winter gezeltet hatten, wollten wir uns häuslich niederlassen. Wie stets an neuen Halteplätzen holten wir erst einmal alles hinten aus dem Truck, damit der Innenraum bewohnbar wurde. Während Kolja draußen Wasser auf dem Propangaskocher aufsetzte, reichte Sergej Schurik und mir Kisten mit Essen und allem, was wir sonst so brauchten, Rucksäcke voller Ausrüstung, Skier und Feuerholz herunter, und wir packten es unter den geparkten GAZ-66, damit es trocken blieb. Der freigeräumte Innenbereich wurde in Schlafräume verwandelt. Sergej und ich nahmen den kleineren näher am Fahrerhaus, Schurik und Kolja den größeren hinten. Der Laster war gut isoliert und der kleine Holzofen bollerte fröhlich vor sich hin. Draußen konnte es noch so kalt sein, bis zum Schlafengehen saßen wir in kurzen Ärmeln zusammen. Nachts aber, wenn wir schliefen, setzten uns die Minusgrade zu. Der Ofen kühlte ab, irgendwann durchbrach der Frost die Verteidigungsanlagen des Trucks und drang durch Spalten und Risse; morgens hing oft Eis an den Wänden. Sich in sommerlichen Verhältnissen hinzulegen und Stunden später im tiefen Winter aufzuwachen machte Schlafen zu einer einzigartig vielseitigen Herausforderung. Wenn ich abends gleich in meinen Winterschlafsack gekrochen wäre (für bis zu -26 Grad), hätte ich mich totgeschwitzt. Morgens war mein Dreijahreszeiten-Schlafsack (für bis zu -6 Grad) jämmerlich unzureichend. Also lernte ich zwischen den beiden zu schlafen. Zuerst legte ich mich auf den Winterschlafsack und deckte mich mit dem anderen zu. Wurde mir in den frühen Morgenstunden kalt, drehte ich mich um und deckte mich mit dem wärmeren zu.

Schurik schlief am nächsten zum Holzofen. Das brachte ihm Vor- und Nachteile. Sein Platz war am wärmsten, keine Frage, und als Kleinster von uns war er auch am wenigsten in Gefahr, seinen Schlafsack in Brand zu stecken, wenn er sich im Tiefschlaf zu lang ausstreckte. Andererseits musste einer den Ofen am Morgen anzünden. Und weil Sergej Schurik wohlweislich den am schlechtesten isolierten Schlafsack gegeben hatte, sodass ihm frühmorgens am ehesten kalt wurde, war er auch normalerweise derjenige, der der Morgenkälte trotzte und den Ofen anmachte. Jeder neue Tag begann also damit, dass der GAZ-66 knarzte und sanft auf den Achsen schaukelte, wenn Schurik sich eilig am Ofen zu schaffen machte. Fluchend und frierend packte er ihn voll mit Anmachholz und einem Stück Birkenrinde und brachte es so rasch wie möglich zum Brennen. Bevor er sich wieder in die relative Wärme seines Schlafsacks verkroch, setzte er einen Kessel mit Wasser auf. Wir wiederum warteten, bis es im Wagen wärmer wurde, manchmal unterhielten wir uns, manchmal nicht, unsere Stimmen gedämpft durch die Schlafsäcke, und wenn das Wasser im Kessel kochte, war das normalerweise das Zeichen zum Aufstehen. Wie ein Kaninchen, das aus dem Bau schnuppert, ob ein Fressfeind in der Nähe ist, streckte ich den Kopf heraus, um die Temperatur zu testen, und wenn die in Ordnung war, bat ich Schurik, mir den Kessel herüberzureichen. Den stellte ich auf den kleinen Tisch neben mir, und dann erhob sich das restliche Team und kam zum Tee oder Kaffee in den vorderen Teil. Der Arbeitstag konnte beginnen.

Schurik hatte Fähigkeiten, die ich mir in diesem Territorium zunutze machen wollte. Insbesondere wollte ich ihm, der extrem behände klettern konnte, ein paar Bäume zeigen, auf oder in denen ich das Nest des Serebrjanka-Paares vermutete. Die meisten Kandidaten, die ich 2006 gefunden hatte, waren uralte, wettergegerbte Pappeln ohne Äste in Kletterhöhe und mit dicken Schichten morscher Rinde, die sich jeden Moment zu lösen drohte, also nicht gerade sichere Kletterbäume. Als ich Schurik den Ersten zeigte, wanderte er prüfend um das massive Teil herum und wählte dann eine hohe Espe in der Nähe zum Hochkraxeln. Er streifte die Gummistiefel ab und stieg Zentimeter um Zentimeter in Socken 14 Meter himmelwärts. Von dort konnte er bestätigen, dass wir tatsächlich den Nistbaum des Serebrjanka-Paares gefunden hatten, etwa 15 Meter hoch in der Mulde der abgebrochenen riesigen Pappel.

Nach ein paar Tagen besuchte ein Riesenfischuhu eine unserer Köderkisten. Wir stellten unsere Fallen auf und hatten ihn tags darauf gefangen. Rätselhaft allerdings war, wieso dieser Vogel, nach Gewicht und Federkleid beurteilt, zwar männlich und ausgewachsen, aber nicht der war, den wir im Vorjahr hier in seinem Revier gefangen hatten. War nun etwa ein anderes Männchen hier? Wir hatten ein Duett gehört, wussten somit, dass der Vogel eine Partnerin hatte. Andererseits war es nach unseren bisherigen Beobachtungen schlecht denkbar, dass es ein vollkommen neues Paar war. Sogar für ein anscheinend erstklassiges Riesenfischuhu-Habitat wie dieses gab es in der näheren und weiteren Umgebung einfach nicht genug Vögel, als dass im Falle des Verschwindens des letztjährigen Paares so schnell ein neues nachgerückt wäre. Wo also war das Serebrjanka-Männchen vom Vorjahr?

Am nächsten Tag schlich ich so leise wie möglich durch Schnee und Geäst zum Nistbaum. Damit ich das Fernglas ruhiger halten konnte, lehnte ich mich an einen Baumstamm und beobachtete die Sitzwarte, die Tolja und ich 2006 gefunden hatten. Und tatsächlich entdeckte ich die Umrisse eines Fischuhus, kaum sichtbar in den Ästen und langen Kiefernnadeln. Es war ein deutlicher Hinweis auf ein Nest in der Nähe, der Vogel musste das Männchen sein, das wir kürzlich gefangen hatten und das das Weibchen beschützte, das wahrscheinlich in der Baumhöhle saß und nicht zu erkennen war. Das Männchen hatte mich kommen sehen, wusste, welche Bedrohung ich darstellte, und geriet, die Ohrenbüschel aufgerichtet, in höchste Alarmbereitschaft. Es flog auf und presste aus der Kehle einen einzelnen tiefen Ton heraus, mit dem es seine Partnerin warnte, dass sich eine Gefahr näherte, gegen die es machtlos war. Als es wegflog, sah ich durchs Fernglas seinen Beinring glimmen, es war definitiv das Männchen, das wir vor Kurzem gefangen hatten. Einen Moment später flog ein anderer Uhu auf, dieses Mal vom Nistbaum, und ich sah seinen gelben Ring. Es war das Tier, das wir letztes Jahr gefangen und für ein Männchen gehalten hatten. Ganz offensichtlich war es doch ein Weibchen gewesen.

Dass wir bei etwas so Grundsätzlichem wie dem Geschlecht so krass danebengelegen hatten, war ein weiteres Indiz dafür, wie wenig wir wirklich über Riesenfischuhus wussten. Und in Anbetracht dessen, dass wir zu dem Zeitpunkt mehr Erfahrung mit Riesenfischuhus hatten als irgendjemand sonst in Russland, war das noch schwerwiegender. Es hatte aber auch Konsequenzen für unser Projekt und die Vögel, die wir fangen wollten. Im letzten Jahr hatten wir angenommen, dass das Weibchen dieses Paares hier brütete. Wenn das stimmte, hatten wir es gefangen, als es das Nest verlassen hatte, um rasch etwas zu fressen. War das Gelege in der einen Stunde, in der wir das Tier vermessen und besendert hatten, etwa erfroren? Brütete es deshalb dieses Jahr wieder? Für die Zukunft mussten wir viel genauer bestimmen lernen, welchen Uhu wir fingen – das Gewicht allein reichte als Indikator für das Geschlecht eindeutig nicht aus.

Das Weibchen, immer noch weniger als 100 Meter entfernt, flog eilig davon. Ich stellte rasch den Empfänger an und hörte wirklich ein wenn auch nur schwaches Signal vom Sender des Weibchens. Sogar dann noch, als der Vogel schon ganz verschwunden war. Dann bemerkte ich, dass das Signal nicht aus seiner Flugrichtung am stärksten war. Verwirrt wanderte ich in einem weiten Bogen um den Nistbaum und begriff langsam, aber sicher, dass, einerlei, wo ich war, das schwache Sendesignal offenbar immer direkt von dort kam. Das Weibchen musste seinen Sender irgendwie losgeworden sein. Vielleicht hatte es die Bänder durchgehackt, und sie lagen jetzt nutzlos im Nest. Da ich nicht wollte, dass das Weibchen meinetwegen in der Kälte seinem Gelege lange fernblieb – immerhin das zweite Jahr hintereinander –, ging ich zurück zum Lager und erzählte die Neuigkeiten den anderen. Es erschien nun zwecklos, diesen Winter zum Fangen an der Serebrjanka zu bleiben, zumal wir die GPS-Datenlogger, die wir hatten, nicht in diesem Territorium verwenden wollten, sondern an der Amgu.

Vorher gedachten Sergej und ich aber noch, im nahegelegenen Territorium an der Tunscha und dem dortigen Nistbaum nach dem Rechten zu sehen. Ob das Paar, das wir dort gehört hatten, wohl brütete? Der Nistbaum war weniger als 800 Meter Luftlinie nach Osten von der Straße entfernt, auf einer niedrigen Terrasse circa 30 Meter vom Hauptarm der Tunscha entfernt und gegenüber einem breiten abschüssigen Geröllkegel, der chinesischen Bewohnern dieser Gegend vor 100 Jahren heilig gewesen war. Die Erfahrung hier hatte uns gelehrt, dass es nicht ratsam war, den direkten Weg zu wählen, denn der war ein veritabler Hindernisparcours mit schier undurchdringlichen Dickichten, Dornenbüschen, Baumstämmen und Flussarmen. Es war schneller und weniger beschwerlich, einen Bogen nach Süden zu schlagen und sich dann über das hindernisfreie Eis des Hauptarms zu nähern. Schnell waren wir durchnässt von dem feuchten, matschigen Niederschlag, der abwechselnd als Regen und Schnee herunterkam. Weniger als 100 Meter vom Nistbaum entfernt bemerkte ich, wie sich flatternd etwas von uns wegbegab – wahrscheinlich das Tunscha-Männchen. Wir krochen bis auf 50 Meter an den Baum heran und durchs Fernglas sah ich Schwanzfedern, die horizontal von dessen Stamm abstanden. Es war schon komisch: Da saß ein Riesenfischuhu brütend auf dem Nest, und die Höhlung war so klein, dass das riesige Tier nicht einmal ganz hineinpasste. Weiter drangen wir nicht vor; falls es aufflog, konnte das ungeschützte Ei erfrieren. Erfreut über unsere Entdeckung zogen wir uns leise zurück.

Da erhob sich das Weibchen völlig unerwartet vom Nest. Instinktiv griff ich zur Kamera und schoss ein halbes Dutzend Fotos von dem mächtigen Geschöpf, das flussabwärts durch die hohen Äste des Flusstals flog. Mit zusammengekniffenen Augen schaute ich auf das kleine Display meiner Kamera. Nicht nur ein Foto war scharf, sondern alle! Und an dem einen Bein des flüchtenden Uhuweibchens sah ich zu meinem überraschten Entzücken den Ring des Faata-Weibchens! Stammelnd rief ich Sergej herbei, der die Augen erst ebenfalls zusammenkniff, dann aber aufriss und den Mund vor Erstaunen nicht mehr zukriegte. Das Faata-Weibchen, das wir im Vorjahr im angrenzenden Faatagebiet gefangen hatten, brütete in einem Nest im

Revier an der Tunscha. Sehr nachdenklich kehrten wir zum Lager zurück. Wo war das Tunscha-Weibchen, das letztes Jahr in diesem Nest gesessen hatte? War es der Vogel, den der Wilderer abgeschossen hatte? Das würde es erklären. An dem Kadaver war kein Beinring, und er hatte nur ein paar Kilometer flussabwärts vom Tunschaterritorium gelegen. Was aber hatte das Faata-Weibchen zum Partnertausch angeregt?

Um die Theorie zum Verlassen des Reviers zu verifizieren, fuhren wir an dem Abend mit dem Hilux in das Faata-Territorium und hörten wahrhaftig nur das Männchen rufen. Offenbar hatte das Weibchen es verlassen. War ein solches Verhalten bei Riesenfischuhus normal oder nicht? Ich redete mit Anatolij, der früher im Winter angeblich die Rufe des Paars vernommen hatte. Schnell wurde deutlich, dass er zwischen dem Wechselgesang zweier Riesenfischuhus und dem Rufen nur eines Vogels nicht unterschied. Er behauptete sogar, ein solcher Wechselgesang sei unmöglich. Weil die Duette so gut koordiniert sind, weigerte er sich zu glauben, dass da zwei Vögel zusammen sangen. Manchmal ruft einer zweimal, manchmal viermal, sagte er. Das hieß aber im Klartext, dass es nicht unbedingt sowohl das Männchen als auch das Weibchen gewesen waren, wenn er die Vögel regelmäßig das ganze Jahr über vernommen hatte. Andererseits hatten wir aufgrund dieser Auskünfte das Faata- und das Tunschaterritorium weiterhin für bewohnt gehalten.

Wie gern hätte ich mehr Zeit in Ternei gehabt, um einige dieser Uhus noch einmal einzufangen, aber wir hatten nicht einmal geplant, dieses Jahr überhaupt hier zu arbeiten. Wir waren durch das Rätsel mit den Sendern hierher verschlagen worden, und das war nun gelöst. Jetzt wollten wir uns auf die Region um Amgu konzentrieren. Dort hatten wir mehrere Stellen zum Uhufangen, und wir konnten drei GPS-Datenlogger anbringen.

Etwa fünf Stunden nach unserer Abreise aus Ternei kam unser Zweierkonvoi aus GAZ-66 und Hilux nach Mitternacht an der Scha-Mi an, etwa 16 Kilometer vor Amgu. Als ich das letzte Mal an dieser Stelle gewesen war, hatte mir Sergej gezeigt, wo das Radon in den Fluss strömte und ihn erwärmte. Die Veränderungen nach nur zwei Jahren waren beachtlich. Schulikin, der Chef der Abholzungsfirma in Amgu und größte Arbeitgeber am Ort, hatte in dem Bemühen, Amgu attraktiver zu machen, an der Quelle und darum herum drei Hütten bauen lassen. Die erste, direkt daneben, war gar nicht mal klein, hatte einen Raum mit einem schönen, großen Holzofen, einem Tisch mit Bänken und einem erhöhten Schlafpodest, auf dem drei nüchterne Leute bequem und fünf Betrunkene auf einem Haufen schlafen konnten. Wir parkten neben den Hütten. In den beiden kleineren waren die heißen Quellen selbst. Schulikin hatte das Flussufer dort, wo die Gase ins Wasser strömten, ausbaggern, die entstandenen leeren Räume mit Balken auskleiden und darüber Hütten mit Bretterwänden und Dach errichten lassen.

Eine davon war bei unserer Ankunft besetzt, und als wir unser Lager aufschlugen, kam jemand heraus. Amgu ist eine kleine Siedlung, und Sergej, der oft dort gewesen war, erkannte in dem Mann den Nachbarn von Wowa Wolkow. Der Radonbader war ein ortsansässiger Jäger mit einer Jagderlaubnis weiter oben an der Scha-Mi. Sergej hatte ihm einmal geholfen, seinen Laster wieder zum Laufen zu bringen. Nach der allgemeinen Begrüßung erzählte der Jäger uns, er sei heute flussaufwärts in seinem Jagdrevier gewesen und habe dort den ganzen Nachmittag Heuballen zur Versorgung des Rotwilds ausgelegt. Interessant: Da erlegte er die Tiere in der Jagdsaison zwar gern, aber wollte nicht, dass sie vorher Not litten. Er fragte Sergej, ob wir Fleisch brauchten, je nachdem, wie lange wir blieben, könne er in den nächsten Tagen welches vorbeibringen. Bei unseren Ausflügen in den Norden ernährten wir uns oft vom Land. Die Menschen kümmerten sich hier umeinander. Wir nahmen immer riesige Säcke mit Grundnahrungsmitteln wie Mehl, Zucker, Nudeln, Reis, Käse und Zwiebeln mit, angelten in den Flüssen Forellen und verließen uns darauf, dass uns Ortsansässige mit Fleisch versorgten.

23

Blindes Vertrauen?

Unsere Fangstelle war keine 100 Meter vom Lager entfernt, gerade außer Sichtweite hinter einer kleinen Biegung im Fluss. Dort war ein tiefer Teich, gefolgt von einem seichten Abschnitt, eine perfekte Stelle für einen Riesenfischuhu, darauf zu lauern, dass Fische in den Teich schwammen oder heraus. Entsprechend war das Ufer mit Spuren übersät. Weil wir da aber kein Netz aufstellen konnten – das Ufergebüsch war zu dicht und bot nicht genug Platz –, stellten wir ein paar Köderkisten auf und aßen im warmen GAZ-66 erst einmal gemütlich zu Abend. Wir wussten nicht, wie lange die Uhus brauchten, um unsere Köder zu finden, hatten aber zu unserer großen Freude das Scha-Mi-Weibchen schon um halb neun in Händen. Wenn ich bedachte, was für Probleme Sergej und ich im Jahr zuvor gehabt hatten, konnte ich kaum glauben, wie leicht uns das Fangen diesmal von der Hand ging. Schon ein kleines bisschen Erfahrung machte so viel aus! Wir nahmen das gefangene Tier mit in den GAZ-66 und nutzten den langen Tisch und den warmen, großen Raum, es zu vermessen und zu beringen. Damit wir Licht hatten, hatte Kolja draußen unseren Generator angestellt, eine Schnur mit einer Glühbirne daran angeschlossen, nach innen verlegt und an der Wand über dem Tisch befestigt. Es war das dritte Fischuhuweibchen, mit dem Sergej und ich es zu tun hatten, und mittlerweile hatten wir gelernt, dass Weibchen kampfeslustiger waren als Männchen. Just in dem Moment, als Schurik notierte, wie es mit der Mauser an den Handschwingen des Tieres stand, lockerte er den Zugriff, und es machte sich in dem Moment los, in dem ich ihn ermahnte, wieder fester zuzupacken. Mit seinem mächtigen Flügel zerschmetterte es die Glühbirne, es wurde stockdunkel, und ich befand mich nun mit drei Männern und einem nicht ausreichend fixierten Riesenfischuhu-Weibchen in dem GAZ-66 und konnte die Hand nicht vor Augen sehen. Zum Glück war es von der plötzlichen Finsternis ebenso desorientiert wie wir alle, und noch bevor Schurik und Sergej ihre Stirnlampen anmachten, hatte ich es praktisch wieder unter Kontrolle. Es war im Übrigen nicht sein letzter Befreiungsversuch: Am Ende hatte es sowohl Sergej als auch Schurik blutig geschlagen.

Draußen herrschten fast -30 Grad, und da der arme Vogel schon durchnässt war, weil er bei unserem Näherkommen ins flache Wasser und nicht ans Ufer geflattert war, beschlossen wir nach eingehender Beratung, ihn über Nacht dazubehalten und in einem Pappkarton trocknen zu lassen. Am nächsten Morgen wollten wir den GPS-Datensammler an ihm befestigen und ihm ein bisschen Fisch geben, damit er den Tag nicht hungrig beginnen musste. Wir feierten mit ein paar Gläschen Wodka und richteten uns auf einen ruhigen Abend ein, als es kräftig an der Metalltür klopfte. Wir hatten weder ein Auto gehört noch Taschenlampen leuchten gesehen und waren weit entfernt von Amgu. Doch Sergej öffnete die Tür, und im Licht aus dem Wageninneren kniepten zwei junge Männer, zwischen 20 und 30, mit den Augen. Sie waren von Amgu aus auf dem Weg zur heißen Quelle gewesen, aber einen Kilometer davor hatte ihr Auto schlappgemacht, und sie waren den Rest des Weges gelaufen. Halb erfroren zwar, doch mit der Aussicht auf die Nacht in der Hütte. Beim Anblick des beleuchteten GAZ-66 konnten sie allerdings nicht widerstehen, ihn mal auszuchecken. Sie machten einen freundlichen Eindruck, und als einer der beiden fragte, ob sie hereinkommen könnten, sagte Sergej ja. Drinnen stellten sie eine Zweiliterflasche 95-prozentigen Äthylalkohol auf den Tisch.

»Wollt ihr einen Schluck?«, fragte der Erste und lächelte. Offenbar hatten sie ihn auf dem kalten, dunklen Weg zur heißen Quelle schon verkostet. Wir verdünnten den Alkohol mit Wasser und sprachen ihm reichlich zu. Nur Schurik lehnte nach nur ein, zwei Gläschen dankend ab, bemerkte ich mit einer gewissen Neugierde. Dass er einen Schluck verschmähte, hatte ich noch nie erlebt. Ich hingegen war in Feierstimmung und vor lauter Erfolgsseligkeit nicht recht bei der Sache. Die Männer wollten wissen, was wir in einem Laster an der Scha-Mi trieben. Wie die meisten Leute hielten sie uns für Wilderer. Sergej, der sich über unser genaues Vorhaben stets bedeckt hielt, erwiderte, wir seien Ornithologen aus Wladiwostok und suchten seltene Vögel. Dann fragte er sie, ob sie jemals einen Riesenfischuhu gesehen hätten, mit anderen Worten, die Uhus, »die einen Pelzmantel wollen«. Das hatte ich noch nie gehört, aber der Merkspruch ergab Sinn. Die Viertonrufe konnte man auf Russisch deuten als *SCHU-bu HA-tschuu* oder »Ich will einen Pelzmantel«. Die Jungs grinsten nur, sie hatten keinen blassen Schimmer, was Sergej da faselte. Dass wir Riesenfischuhus an der Scha-Mi fingen, erzählten wir ihnen nicht, und auch nicht, dass wir einen in einem Karton bei uns im Laster hatten.

Als wir im Morgengrauen erwachten und das Weibchen freilassen wollten, waren unsere Gäste bereits verschwunden. Wahrscheinlich hatten sie im Radon gebadet und dann den Rückweg zu ihrem Wagen angetreten. Wir versahen unseren Uhu sorgsam mit einem GPS-Datensammler, der so programmiert war, dass er vier Aufenthaltsorte am Tag aufzeichnete, was bedeutete, dass die Batterie drei Monate halten würde. Sergej wollte im Sommer wiederkommen, versuchen, das Tier zu fangen und den Datenlogger aufzuladen. Wir fütterten das bedröppelte Geschöpf mit vier Fischen und ließen es frei. Von der Nacht in dem Karton vermutlich traumatisiert, flog es nicht sofort los, erhob sich aber nach einiger Zeit in die Lüfte und entschwand.

Ich hatte ein mulmiges Gefühl, als diese sehr teure Hardware auf dem Rücken eines wild lebenden Vogels den Fluss hinunterflog. Mit dem Geld konnte man für zwei Monate einen Feldassistenten bezahlen oder das ganze Essen und noch einiges mehr für die Expedition dieses Jahres kaufen. In Anbetracht unseres kargen Budgets war es riskant, eine so kostspielige, aber noch relativ wenig erprobte Technologie zu nutzen. Mit unseren ursprünglichen Sendern waren wir in der Hinsicht wenigstens ein bisschen ruhiger gewesen und hatten, wann immer wir wollten, überprüfen können, ob das Gerät intakt war oder nicht. Hier mussten wir uns nicht nur darauf verlassen, dass das feuerzeuggroße Ding funktionierte, richtig eingestellt war und mit 20 000 Kilometern über uns im Raum schwebenden Satelliten kommunizierte, sondern auch darauf vertrauen, dass die Daten ein Jahr lang in der winzigen Plastikbox sicher gespeichert blieben, der Uhu mit dem Gerät diese Zeit überlebte und wir ihn wieder einfingen. Blindes Vertrauen?

Zu meinem Befremden litt ich an dem Morgen an heftigen Kopfschmerzen. Auch Sergej ging es so.

»Wir haben doch gar nicht so viel getrunken«, stöhnte er und drehte eine unangezündete Zigarette gedankenverloren in den Fingern. »Warum tut mir der Kopf so weh?«

»Es war kein Äthylalkohol zum Trinken«, sagte Schurik. »Habt ihr das nicht geschmeckt? Es war minderwertiger Fusel – Reinigungsalkohol.«

»Das wusstest du und hast uns trinken lassen?« Sergej schäumte. Ich hatte es überhaupt nicht gemerkt. All das Zeugs schmeckte sowieso wie Gift.

Schurik zuckte die Achseln. »Ich dachte, ihr hättet es gewusst, euch aber nichts daraus gemacht.«

Nach einer kurzen Runde in der heißen Radonquelle – instinktiv wussten wir, dass ein langes Verweilen darin wohl nicht angebracht war – packten wir zusammen und zogen nach Osten zum Fluss Kudja, einem kleinen Zufluss der Amgu, näher an der Küste. Gemessen an unserer Höllenfahrt über die Amgu im Frühjahr 2006 passierten wir die betonharte Eisschicht auf dem Fluss ohne weitere Zwischenfälle. Wir fuhren durch einen dünnen Streifen Auenwald und dann auf eine etwa einen Kilometer lange und 150 Meter breite, rechteckige Lichtung, deren Gras von Schnee bedeckt war, aus dem nur ab und zu ein Gesträuch oder eine Birke hervorstach. Im Norden der Lichtung war offenes Waldgebiet mit Lärchen, und im Süden klammerte sich ein uralter Auenwald wie ein nasses Hemd an den Fluss. In der näheren und weiteren Umgebung hatten Sergej und ich 2007 Riesenfischuhus rufen hören, aber keine Zeit zum Erkunden gehabt. Was würden wir wohl hier finden?

Wir wählten eine geeignete flache Stelle nahe am Fluss, und während Kolja bei den Autos blieb und das Lager einrichtete, gingen Sergej, Schurik und ich auf Skiern in verschiedene Richtungen auf Erkundungstour. So kurz nach dem Einfangen eines Vogels – und dem ersten GPS-Datenlogger auf einem Riesenfischuhu in Russland! – hatten wir neuen Mut gefasst und waren Feuer und Flamme, das nächste Gebiet zu erforschen. Luftlinie befanden wir uns nur sechs Kilometer von der Scha-Mi entfernt, aber die Landschaft war deutlich anders. Die Kudja war eher ein Bach als ein Fluss mit flachen, kreuz und quer verlaufenden, auf beiden Seiten dicht mit dünnen Weiden bewachsenen Armen. Ich konnte mir nicht vorstellen, wie Riesenfischuhus mit ihrer Größe in diesem Dickicht jagen sollten. Ich fand es so schon schwer, mich durch dieses Unterholz zu kämpfen, warf mir schließlich die Skier über die Schulter und watete in meinen Neoprenwathosen durch den flachen Fluss.

Ein paar Stunden später trafen wir uns am Lager, wo Kolja ein Feuerchen brennen und heißes Wasser für Tee hatte und das Mittagessen vorbereitete. Beim Erfahrungsaustausch wurde schnell deutlich, dass unsere Ausflüge alle erfolgreich gewesen waren. Sergej und ich hatten Jagdgebiete am Fluss gefunden und Schurik wahrhaftig den Nistbaum. Es war eine uralte Chosenie nur ein paar hundert Meter flussabwärts vom Lager auf unserer Seite der Kudja. Am Rand der Nisthöhle hatte Schurik eine schon ältere, arg zerfledderte Flaumfeder erspäht und glaubte deshalb nicht, dass die Uhus dieses Jahr brüteten. Besser hätte der Tag gar nicht laufen können.

Wir hätten mit dem Fangen beginnen können, aber angesichts der dicht bewachsenen Flussarme trauten wir uns nicht, Schlingenteppiche auszulegen oder Dho-Gaza-Netze aufzustellen. Bei beiden Fallen muss der Vogel genug freien Raum haben, um sich darin bewegen zu können, und das Netz darf sich auch nirgendwo verheddern, sonst wird es gefährlich für das Tier. Wir spannten also Japannetze über die Flussarme, die die Fischuhus höchstwahrscheinlich als Flugkorridore benutzten, um ihre Jagdgründe zu erreichen. Ein Japannetz ähnelt, oberflächlich gesehen, einem Dho-Gaza insofern, als es auch aus dünnem, schwarzem Nylon besteht und zwischen zwei Stangen befestigt wird, aber es bricht nicht weg und man benutzt keinen Köder. Es wird einfach nur senkrecht in der Flugroute eines Vogels aufgespannt. Japannetze sind auch sehr gebräuchlich. Der Vogel fliegt in die unsichtbare Wand aus dünnem Gewebe und fällt in eine der »Taschen« aus schlaffem Netzmaterial, die sich wegen seines Gewichts hinter ihm schließt, er also darin hängenbleibt. Wie bei unseren vorherigen Fallen befestigten wir auch hier einen Fallensender daran, damit wir erfuhren, wenn sich etwas tat.

Da sich in Japannetzen alles Mögliche verfängt, fingen – und befreiten – wir in den nächsten 24 Stunden eine erkleckliche Anzahl gefiederter Gesellen, die allesamt keine Riesenfischuhus waren: mehrere Pallaswasseramseln, ein Mandarinentenmännchen mit prächtigem Brutgefieder, einen

Hühnerhabicht, eine Halsband-Zwergohreule, einen kleinen Vogel, der mit seinem gräulich braunen Federkleid und den markanten Augen der in Nordamerika lebenden Kreischeule ähnelt. Dann holte uns der Sender wieder aus unserer nächtlichen Routine. Schurik und ich sprangen aus dem warmen Laster, aber während wir noch durch die Dunkelheit zum Netz hasteten, hörten wir schon aus reichlicher Entfernung, dass unser Opfer eine Ente war, zu verzweifelt war das Quaken. Wir fanden ein Stockentenweibchen, das sofort verstummte, als unser Licht auf es schien. Es lag auf dem Rücken in einer der Taschen des Netzes und schaute uns an. Wieder mal Fehlalarm. Schurik ging zu der Ente, und als ich den Strahl meiner Taschenlampe flüchtig über das restliche Netz gleiten ließ, erblickte ich etwas Großes, Braunes in einer der höheren Taschen auf der anderen Seite. Wir hatten auch einen Riesenfischuhu gefangen! Wahrscheinlich hatte die Stockente mit ihrem heftigen Lärm wie ein Köder einen Vogel des Kudja-Paares angelockt. Schurik, der noch nie vor einem Riesenfischuhu in einer Falle gestanden hatte, war regelrecht außer sich vor widersprüchlichen Gefühlen, hocherfreut und gleichzeitig ängstlich. Er war immer nur dabei gewesen, wenn wir einen gefangenen Vogel mit zurück ins Lager gebracht hatten. Jetzt musste er helfen, einen aus dem Netz zu befreien.

Der Uhu war genau da in die Falle gegangen, wo wir ihn nicht haben wollten, nämlich über einem hüfttiefen Becken im Fluss. Es nützte alles nichts, wir mussten in das eiskalte, weit über unsere Wathosen reichende Wasser, um ihn zu befreien. Ich bat Schurik, die Ente zu entwirren und freizulassen, während ich auf den Uhu zuging. Das kalte Wasser ließ mir den Atem stocken, drang mir in die Stiefel und ging mir bald bis zur Taille. Als die befreite Ente flussabwärts davonschoss, kam Schurik zu mir in den Fluss. Ich versuchte auszumachen, ob unser Vogel ein Weibchen oder ein Männchen war – ich wollte den Fehler von der Serebrjanka nicht wiederholen –, aber seinem Verhalten nach war es ein Weibchen. Wie seine Geschlechtsgenossinnen zuckte es zornentbrannt zurück, wenn wir es packen wollten, und schlug mit dem Schnabel und den nadelspitzen Krallen nach uns. Schließlich holten wir es aber aus dem Netz, das wir dann abhängten, damit sich in der Nacht nicht noch etwas darin verfing. Dann gingen wir mit dem Uhu zurück zum GAZ-66.

Da Schurik und ich so lange weggeblieben waren, hatte Sergej schon vermutet, dass wir einen Vogel gefangen hatten, und hinten im Wagen Platz geschaffen, wo wir arbeiten konnten. Und während Schurik und ich unsere nassen Klamotten auszogen, fixierte Sergej ihn in der schon bewährten Schutzweste und brachte ihn nach drinnen. Schurik hatte reichlich Arbeitserfahrung mit gefangenen Vögeln, und im Gegensatz zu mir hielt er diesen für ein Männchen. Dazu massierte er die Kloake, die Mehrzweck-Körperöffnung der Vögel zur Entleerung von Blase und Darm und zur Paarung. Ich wusste, dass man bei manchen Vögeln wie Enten oder Raufußhühnern auf diese Weise das Geschlecht bestimmen konnte, aber nicht, dass das auch bei Uhus möglich war. Ja, außer der Bestimmung über das Gewicht, was sich bereits als unzuverlässig herausgestellt hatte, kannte ich nur eine Methode, das Geschlecht eines Greifvogels zu bestimmen, der kein geschlechtsspezifisches Gefieder hat: ihn sexuell zu stimulieren. Wenn er ejakulierte, war es ein Männchen, wenn nicht, ein Weibchen. Wir statteten diesen Vogel mit dem zweiten unserer drei GPS-Datenlogger aus, vermaßen ihn und nahmen ihm Blut ab. Dabei hörten wir den anderen Vogel des Paars über uns die ganze Zeit in den Bäumen rufen. Er wusste, dass wir seinen Partner hatten, und war uns zum Lager gefolgt.

Der gefangene Vogel war groß, er wog satte 3,8 Kilogramm. Das wiederum gab mir hinsichtlich seines Geschlechts zu denken. Alle Männchen, die wir gefangen hatten, hatten weniger gewogen als das, was über die Inselunterart bekannt war: 3,2 bis 3,5 Kilogramm. Dieser Vogel aber übertraf sie und rangierte in der Größenordnung der Weibchen, also zwischen 3,7 und 4,6 Kilogramm. Angesichts unserer geballten Unkenntnis über die gesamte Bandbreite des Gewichts, besonders der Festlandunterart, ließ ich mich von Schuriks hartnäckiger Behauptung überzeugen, das Tier sei männlich.

Wir blieben noch einen Tag an der Kudja, um uns zu vergewissern, dass das Paar normal rief, dann packten wir zusammen und zogen zur Saijon. Nach einem Monat wollten wir hierher zurückkommen, diesen Uhu noch einmal fangen und seine Bewegungsdaten herunterladen.

Auf dem Weg nach Norden ins Gebiet der Saijon, wo ich meinen ersten Riesenfischuhu-Nistbaum entdeckt hatte, hielten wir an der Tankstelle in

Amgu, der einzigen zwischen Ternei und Swetlaja, einer Strecke von fast 500 Kilometern. Wie manch andere alltägliche Verrichtung kann das simple Befüllen eines Benzintanks im russischen Fernen Osten eine echte Herausforderung sein. Manchmal gibt es keinen Treibstoff, manchmal wird man schlicht nicht bedient. »Wenn Sie Benzin wollen«, brüllte die Frau an der Kasse Sergej an, »müssen Sie mit Schulikin von der Abholzungsfirma reden.« Aber alle Achtung, Sergej hatte in weiser Voraussicht zusätzliche 100 Liter Sprit mitgenommen, und wir konnten von unseren eigenen Vorräten nehmen und ohne weitere Verzögerung zum Saijonterritorium fahren.

Nicht viele Fremde verschlug es so weit nördlich wie an die Saijon. Gelegentlich nur pilgerten Leute aus den weit entfernten Orten Ternei, Dalnegorsk und sogar Kawalerowo hierher, weil sie von den heilenden Kräften der heißen Radonquelle gehört hatten. Dann verbrachten sie ein paar Tage oder auch eine Woche hier, suhlten sich im Wasser und entspannten sich in der Natur. Weil sie normalerweise im Sommer kamen, also gerade nicht, wenn ich hier war, sah ich sie selten. Und doch hinterließen sie Spuren. Als ich vor fast genau zwei Jahren hier gewesen war, hatte ein orthodoxes Kreuz über der ausgehobenen Grube mit Wasser gewacht und ein paar Schritte entfernt eine kleine Blockhütte gestanden. Das Kreuz war noch da, aber das Dach und zwei Wände der Hütte waren verschwunden, offenbar abgerissen, weil Leute wegen der mageren Ausbeute im umliegenden Sumpf unbedingt Feuerholz brauchten. Die beiden überlebenden Wände lehnten schief gegeneinander, und wo sie zusammenstießen und der Holzofen gestanden hatte, war ein Schneehaufen. Beim Lagereinrichten ging Kolja, anscheinend ungerührt davon, dass die Hütte eine Ruine war, immer brav dort hindurch, wo die Tür gewesen war, und stellte an eine Wand einen Metallklapptisch mit Benzinkocher, auf dem er unsere Mahlzeiten zubereiten wollte, solange wir hier waren. Wenn zu nichts anderem, war die ausgeschlachtete Hütte wenigstens noch als riesiger Windschutz zu gebrauchen.

Auf Skiern brachen wir zum Erkunden auf. Sergej und Schurik liefen nach Süden zum Fluss, um die Stelle zu finden, wo die Uhus jagten, und ich zog nach Norden in die Weiden, um nach dem Nistbaum zu schauen. Ich hätte eigentlich schon in der Nähe sein müssen, hatte aber Probleme mit der Orientierung. Irgendwas fehlte, als ich mich durch das dichte Auengesträuch kämpfte – wo war der Nistbaum? Als ich mir die Skier abschnallte, um über einen langen, schneebedeckten Baumstamm zu steigen, merkte ich plötzlich, dass ich ihn schon gefunden hatte. An dem Stamm entlang ging ich bis zu einem zersplitterten Stumpf – der Baum war in einem Sturm umgekippt! Diese rotten Waldriesen, ohnehin eine knappe Ressource für Riesenfischuhus, sind natürlich am Ende ihres Lebens nicht mehr so widerstandsfähig gegen Windböen und Eis wie in ihrer Jugend. Nachdem der Baum mehrere Jahrhunderte gebraucht hat, um so hoch zu wachsen, dass er ein Uhunest beherbergen kann, ist die Nisthöhle dann oft nur eine Brutsaison brauchbar.

Schurik hatte etwas Nützliches entdeckt, ein wahrscheinlich gut besuchtes Fischuhu-Jagdrevier am Fluss. Es war ein bescheidener Streifen flachen Wassers, das gegen einen niedrigen, kieseligen Hang schwappte und über dem ein dicker Ast hing, perfekt für einen Riesenfischuhu-Ansitz. »Und die Ufer sind übersät mit neuen und alten Uhuspuren«, berichtete Schurik. Ich beschloss, mein Glück zu versuchen, die Uhus selbst zu sehen, und hüllte mich in eine Ganzkörperdaunenschicht und darüber ein weiches, dezent weißes Fleece-Outfit. Obwohl ich wie ein Riesenmarshmallow aussah, als ich dann bewegungslos in dem verzweigten Unterholz verborgen saß und auf die Dämmerung und die Uhus wartete, war ich fast unsichtbar. Schön warm war mir obendrein.

Direkt nach Einbruch der Dunkelheit kam ein Riesenfischuhu geräuschlos den Fluss hinaufgeflogen und setzte sich auf den Ast über der Jagdstelle, keine 20, 25 Meter von mir entfernt. Ich war wie hypnotisiert. Der Vogel blieb ein paar Minuten sitzen, still wie die Nacht ringsum, und landete dann mit einem weichen Plumps im flachen Wasser. Er hatte etwas gefangen. Ich schreckte auf, als ein Schrei von einem anderen Uhu in der Nähe ertönte, dessen Ankunft ich gar nicht bemerkt hatte. Der Vogel im Wasser antwortete mit einem Zischen, dann begab er sich an Land, vorgebeugt wie ein gefiederter Troll, einen Fisch im Schnabel. Der zweite Uhu landete ein Dutzend Meter von ihm entfernt und lief schnatternd, heftig mit den erhobenen Flügeln schlagend auf ihn zu. Er wirkte sowohl angezogen von dem Burschen, der da an Land gekommen war, als auch misstrauisch. Die dunklen Schatten bewegten sich aufeinander zu und blieben, kurz bevor sie sich berührten, stehen. Der erste Uhu streckte den Schnabel vor und offerierte den Fisch, der zweite nahm ihn, schluckte ihn herunter und flog dann hoch zu einem nahen Baum.

Das Kreischen, das Mit-den-Flügeln-Flattern und das Füttern gehörten zum Ritual des Balzverhaltens. Das Männchen fütterte das Weibchen, um es seiner Jagdfähigkeiten zu versichern und um zu beweisen, dass es in der Lage war, es zu ernähren, während es im Nest saß und Eier ausbrütete oder den Nachwuchs warmhielt. In dieser Hinsicht musste das Weibchen sich voll auf das Männchen verlassen können. Nun studierte ich die Riesenfischuhus schon im dritten Jahr, beobachtete aber zum ersten Mal erwachsene Tiere bei der Futterbeschaffung und sonstigen Interaktionen. Doch diesen kurzen Blick auf ihr Leben erhaschte ich nur, weil ich in diesen Jahren Erfahrungen gesammelt hatte. Ich wusste genau, wo ich mich hinsetzen musste, und ich hatte, verkleidet als Marshmallow Man, eine Stunde in der Kälte gewartet.

Das Einfangen lief an der Saijon wie am Schnürchen. An einem breiten Ufer, das eindeutig beide Vögel aufsuchten, konnten wir leicht einen Schlingenteppich oder ein Dho-Gaza ausbringen. Wir hatten zwar nur noch einen GPS-Datenlogger, aber es war auch mehr oder weniger unwichtig, welchen Vogel von dem Paar wir damit ausstatteten. Bald hatten wir diese Alternative nicht mehr. Sergej untersuchte einen alten Nistbaum nicht weit vom Ufer und sah, dass das Weibchen fest auf dem Nest saß. Ich hatte es vermutlich in einer der letzten Nächte gesehen, in denen es sich noch außerhalb aufhielt. Also fingen wir das Männchen, und zwar gleich beim ersten Versuch, und versahen es mit dem letzten GPS-Datenlogger.

Nachdem wir also alles erledigt hatten, was möglich war, packten wir den GAZ-66 voll und erkundeten auf der Suche nach zukünftigen Fangstellen in den nächsten Wochen anderes potenzielles Riesenfischuhu-Terrain in der Nähe von Amgu. Danach wollten wir weiter in das Gebiet an der Scherbatowka fahren, wo Sergej und ich 2006 in Wowa Wolkows Jagdhütte gewohnt hatten. Doch die Abholzungsfirma hatte auf der Straße nach dort eine Reihe riesiger Erdwälle errichtet. Sie sollten natürlich Wilderer fernhalten, aber nun hielten sie auch uns Riesenfischuhu-Forscher fern.

Einmal wachten wir auf und sahen die frischen Spuren eines männlichen Tigers, der in der Nacht nur ein paar Meter von unserem Lager entfernt vorbeispaziert war. Dass sich ein derart massiger Kater hier herumtrieb, machte Kolja so viel Angst, dass er für den Rest der Feldsaison abends keinen Tee mehr trank, um mitternächtliche, potenziell lebensbedrohliche Toilettengänge zu vermeiden. An einem anderen Ort fingen wir einen auch in Nordamerika heimischen Raufußkauz in einem Japannetz, einen winzigen Greifvogel, der kleine Säugetiere, Vögel und Insekten frisst. Mit seinem schokoladenbraunen Gefieder und einem großen, abgeflachten Kopf mit silbernen perlenartigen Punkten erinnert er an einen Cupcake mit strenger Miene. Neue Riesenfischuhus fanden wir keine mehr.

Da wir immer noch Zeit totschlagen mussten, bis wir an die Kudja zurückfahren konnten, um unseren mit GPS ausgestatteten Vogel zu fangen und Daten herunterzuladen, fuhren wir ein weiteres Mal zur Saijon, wo wir das brütende Weibchen aufscheuchen und in das Nest schauen wollten. Es flog auch ein kurzes Stück weg, ungefähr 75 Meter, ließ sich in einer Baumkrone nieder und starrte uns erbost an. Die Nesthöhle befand sich in so geringer Höhe, dass wir sie leicht mit einer Leiter aus dünnen Weidenstämmen erreichen konnten, die Sergej und Schurik gebaut und in der Nähe versteckt hatten. Im Nest waren ein Ei und ein frisch geschlüpftes Junges. Es war erst ein paar Tage alt, noch blind und mit leuchtend weißem Flaum bedeckt. Als es nach dem hastigen Abflug seiner Mutter meine Anwesenheit spürte, zischelte es leise, weil es der irrigen Annahme war, ich würde sein Bedürfnis nach Wärme und Nahrung befriedigen. Ich machte aber nur rasch ein paar Fotos und stieg die Leiter wieder hinunter. Angesichts der vielen Krähen und Habichte in der Gegend durfte es nicht zu lang allein sein. Obwohl Sergej und Schurik schon zurück zum GAZ-66 gegangen waren, blieb ich ungefähr 50 Meter entfernt sitzen, um sicherzugehen, dass das Nest nicht geplündert wurde, bevor die Mutter wiederkam. Ich versteckte mich neben einem Baumstamm unter einem Busch und wartete. Sollte eine neugierige Krähe in der Nähe des Nests landen, wollte ich sofort hinrennen. Das Weibchen, riesengroß und reglos, sah ich in der Ferne. Nach etwa 20 Minuten hatten weder sie noch ich mich bewegt. Warum war sie nicht zu ihrem Jungen zurückgeflogen? Sie hatte mich doch sicher längst vergessen. Ich hob mein Fernglas langsam vors Gesicht und sah ihr direkt in die zehnfach vergrößerten Augen. Sie war nicht zurückgeflogen, weil ich nicht weggegangen war! Sofort stand ich auf und ging leise fort.

Wir kehrten in das Gebiet an der Kudja zurück, um, wie gesagt, unseren Uhu mit dem GPS zu fangen, die Bewegungsdaten des letzten Monats herunterzuladen, seinen Datenlogger aufzuladen und dann zurück in den Süden, nach Ternei, zu fahren. Unser Lager schlugen wir an derselben Stelle wie vor ein paar Wochen auf, hier kamen wir leicht an Wasser und waren nahe an dem Nistbaum, den Schurik im Februar gefunden hatte. Ein Besuch dort erbrachte, dass die Höhlung gesäubert worden, aber nicht bewohnt war. Riesenfischuhus wechseln manchmal von Jahr zu Jahr den Nistbaum – offenbar wissen sie genau, dass ein solcher ohne Vorwarnung umkippen kann, und halten sich deshalb einen in der Hinterhand. Wir machten uns also auf, einen anderen zu suchen. Zum Glück dauerte das nicht sehr lange. Schurik und ich fanden ihn nicht weiter als 500 Meter von unserem Lager entfernt auf der anderen Seite des Flusses. Schurik kletterte auf einen biegsamen Baum und meldete Augenkontakt mit einem Weibchen, das in zwölf Metern Höhe fest in der Vertiefung einer enormen abgebrochenen Ulme saß. Wunderbar. Es bedeutete, dass das Paar brütete und – wichtiger für unsere näherliegenden Zwecke – dass wir nur den Uhu fangen konnten, den wir auch fangen wollten, nämlich den mit dem GPS-Sender, das Männchen.

In unserer zweiten Nacht fingen wir einen Riesenfischuhu in einer unserer Fallen, aber er blieb nicht so lang genug, als dass wir ihn hätten packen können. Er ließ ein paar Daunenfedern da und den Fisch, den er aus unserer Köderkiste genommen hatte. Nach einer Woche an der Kudja war dieser Beinahefang immer noch der einzige. Der Winter lag in den letzten Zügen, und meine Angstgegner von der Samarga, die *naleds* und Eissperren, bildeten sich wieder. Unsere Köderkisten wurden nutzlos, denn weil das Wasser wegen des Matscheises über Nacht stieg, wurden die Kisten überflutet und unsere Fischköder entkamen in die Freiheit. Der Frühling begann, und als wir Frösche im Wald hörten, vermuteten wir, dass die hier lebenden Uhus sich auf eine neue Kost verlegten und gar nicht mehr unbedingt an den Flüssen entlangflogen, um Fische zu suchen. Die Kisten waren also nutzlos geworden, und wir verließen uns jetzt ausschließlich auf strategisch günstig ausgehängte Japannetze, in denen wir jedoch alles fingen, nur keine Fischuhus. Allein an einem Abend zogen wir vier Flusswasseramseln, drei Mandarinerpel, eine Einsiedlerbekassine und ein Schuppensägermännchen heraus.

Die Schuppensäger sind interessante Vögel. Die Mehrzahl der globalen Population dieser strubbelköpfigen Fischfresser brütet in Primorje, und wie die Riesenfischuhus brauchen auch sie fischreiche Flüsse als Nahrungsquelle und Höhlen in Auenwaldbäumen zum Nisten. Surmatsch hatte einmal sogar ein Riesenfischuhu-Nest in einer Höhle und ein Schuppensägernest in einer anderen im selben Baum gefunden. Wegen dieser Gemeinsamkeiten sahen wir bei der Flusseisschmelze zu Beginn des Frühjahrs an unseren Fischuhustellen oft Schuppensäger, die gerade erst aus ihren Winterquartieren in Südostasien zurückgekommen waren.

Da wir länger an der Kudja blieben als gedacht, gingen Sergej und Schurik die Zigaretten aus. Nikotinentzug machte die schon wegen ausbleibender Fänge angespannte Atmosphäre noch angespannter. Schurik fluchte den halben Morgen vor sich hin und wühlte in seinen Taschen, in Schubladen und unter Autositzen, ob sich noch irgendwo ein kostbarer Glimmstängel verbarg. Sergej erwehrte sich seiner Entzugserscheinungen ein wenig würdevoller und zerkaute wie besessen Lutschbonbons. Mit einer einfachen, kurzen Fahrt nach Amgu wäre das Problem behoben gewesen, aber damit wäre er eingeknickt und seine Sucht, zu der er sich keineswegs bekennen wollte, hätte gesiegt. Abends besann er sich allerdings und hatte einen Plan.

»Schurik will zur Amgu, um die flachen felsigen Stellen an den Ufern zu kartieren.« Als sei nichts sinnvoller und dringlicher auf der Welt ... »Dann können wir später vergleichen und sehen, wie der Fluss sich verlagert. Ich fahre ihn dorthin, und wenn wir schon mal unterwegs sind, können wir auch in den Laden gehen. Brauchst du was?«

Ein ziemlich komplexer Plan, mit dem er die Benutzung des Autos begründete, aber praktischerweise konnte man dann auch Zigaretten besorgen. Eine Meisterleistung.

Weil wir unseren GPS-Vogel noch immer nicht gefangen hatten, wollten wir unser Leben ein wenig aufregender gestalten und das Kudja-Weibchen vom Nest aufscheuchen, um nachzuschauen, wie viele Eier darin waren. Es war mittlerweile auch erheblich wärmer geworden, sodass eine kurze Abwesenheit vom Nest keine Gefahr für die Nachkommenschaft darstellte. Als wir langsam zu dem Nest gingen, wurde ich auf Gewölle unter einer Sitzwarte in der Nähe aufmerksam, das hauptsächlich aus Fischgräten und Froschknochen bestand. Nur eines der sieben enthielt Reste von Säugetieren. Als ich aufschaute, war Schurik schon den halben Weg zum Nest auf den Baum geklettert, und der Vogel flog auf. Ich konnte zum Glück ein paar Fotos schießen. Schurik meldete zwei Eier nach unten.

Die Reproduktionsrate der Riesenfischuhus gab mir, ebenso wie Surmatsch, Rätsel auf. Einige Anzeichen sprachen dafür, dass der Nachwuchs der Vögel oder die Anzahl der Jungen aus einem Gelege früher zahlreicher war. In den 1960er-Jahren berichtete der Naturforscher Boris Schibnew von zwei oder drei Jungen in Revieren am Fluss Bikin, zehn Jahre später Juri Pukinski vom selben Ort regelmäßig von Nestern mit zweien. In den meisten Nestern, die Surmatsch und ich kannten, war nur ein Junges. Dass hier an der Kudja zwei Eier im Nest lagen, war natürlich sehr interessant, und ich freute mich schon auf das nächste Jahr, wenn wir sehen würden, wie viele Jungvögel es gab.

Beim Betrachten meiner Fotos von dem Weibchen, das vom Nest aufflog, erschrak ich. Es war beringt, also der Vogel, den wir fangen wollten, der, den wir für das Kudja-Männchen gehalten hatten. Doch es war ein Weibchen, und wir hatten es die ganze Zeit vor der Nase gehabt. Verblüfft wurde mir noch einmal klar, wie stümperhaft wir immer noch bei der Geschlechtsbestimmung vorgingen. Als ich nach der Saison die Schwanzfedern aller Riesenfischuhus, die wir gefangen hatten, verglich, zeigte sich, dass die Weibchen viel mehr Weiß darin hatten als die Männchen. Dieses Weibchen hatten wir aufgrund Schuriks Untersuchung der Kloake als Männchen identifiziert, wenngleich ich gemeint hatte, es sei ein Weibchen, weil es so aggressiv war.

Angesichts dieser verwirrenden Entdeckung und nach acht Tagen erfolgloser Fangversuche beschlossen wir, uns geschlagen zu geben und aus dem Kudja-Gebiet zurückzuziehen. Schließlich wollten wir nicht auch noch ein erfolgreiches Brüten vereiteln, indem wir das Weibchen ein zweites Mal fingen und stressten. Ich bedauerte nur, dass ich es nicht direkt nach unserer Ankunft Anfang April vom Nest hochgescheucht hatte. Das hätte uns eine Menge Zeit, Arbeit und Frustration erspart. Das GPS-Gerät auf seinem Rücken würde bis mindestens Ende Mai die Aufenthaltsorte speichern. Sergej hatte schon für die Zeit nach meiner Rückkehr in die Vereinigten Staaten geplant, die Gegend von Amgu dann wieder aufzusuchen und die Vögel an der Scha-Mi und an der Saijon erneut einzufangen. Jetzt konnte er auch das Weibchen an der Kudja auf die Liste setzen. Das noch nicht gelöste Geheimnis war allerdings, wo das Kudja-Männchen seine Nächte verbrachte. Wir wussten, dass es da war, denn wir hörten, wie es seine Partnerin rief, aber wir hatten keine Ahnung, wo es jagte. Am Fluss Kudja jedenfalls nicht, nach allem, was wir bisher in Erfahrung gebracht hatten.

24

Fische für den Ornithologen

Ohne Datenlogger und deshalb ohne Gründe, weitere Riesenfischuhus zu fangen, war die Saison für uns beendet. Das Team ging auseinander, gen Süden. Ich fuhr bis Ternei mit, blieb noch ein wenig dort, um Liegengebliebenes zu erledigen und Riesenfischuhu-Reviere zu erkunden, dann fuhr ich nach Wladiwostok und flog von dort nach Minnesota. Zu Hause belegte ich weiter Seminare an der Universität, darunter Forstplanung und -management, in denen ich etwas zu verschiedenen Arten des Holzgewinnens lernte und wie man die Holzernte so gestaltet, dass man die Tierwelt so wenig wie möglich in Mitleidenschaft zieht. Daneben jobbte ich im Bell Museum der Universität. Ich war für Sammlungen zuständig, katalogisierte zweischalige Süßwassermuscheln und ordnete die große Fischsammlung neu. Mit dem Gehalt bestritt ich meinen Lebensunterhalt einschließlich Universitätsgebühren. Theoretisch ging die Arbeit im Frühjahrssemester weiter, aber da ich dann eigentlich immer in Russland sein musste, zeigte Andrew Simons, der Kurator für die Fischsammlung, Verständnis und erlaubte mir, die Zeit in den Sommermonaten, also nach meiner Rückkehr, nachzuarbeiten. Aber im Juli und August saß ich erst einmal im Keller der Universität und tauschte das Formaldehyd, in dem die Ausstellungsstücke konserviert waren, durch Äthanol aus. Einige der Fische waren fast 100 Jahre alt und ziemlich groß, wie zum Beispiel eine Amerikanische Seeforelle. Für mich, obgleich Ornithologe, gehörten also Fische selbst in Minnesota zum Leben. Doch statt in Daunenjacke und Neoprenwathosen agile Masulachse für Riesenfischuhus zu fangen, angelte ich hier mit Arbeitsschutzbrille und Atemschutzmaske 100 Jahre alte Forellen aus formaldehydgefüllten Behältern.

Im Herbst meldete sich Surmatsch. Sergej Awdejuk war wie geplant an Scha-Mi, Kudja und Saijon gewesen, hatte alle unsere Vögel eingefangen, die Daten heruntergeladen, die Geräte aufgeladen und die Vögel zwecks Sammlung weiterer Daten wieder freigelassen. An der Kudja hatte er zwar das Kudja-Weibchen rasch gefangen, aber wegen erheblichen Hochwassers wochenlang auf der falschen Seite der Amgu festgehangen. Da es nicht Sergejs erstes Frühjahrshochwasser und er an derlei Unbilden gewöhnt war, schlug er sein Zelt auf, behielt den Wasserstand im Auge und nutzte die unverhofft freie Zeit sooft es ging dazu, »die Beutedichte für Riesenfischuhus zu testen«. Wowa kam in regelmäßigen Abständen aus dem Dorf angerudert und brachte seinem von aller Zivilisation abgeschnittenen Freund Zigaretten und was er sonst noch so brauchte. Als die Fluten wichen und die Daten per E-Mail zu mir fanden, begriff ich schnell, dass sich die Mühen gelohnt hatten. Die Informationen vom Rücken des Vogels verwiesen auf ein wichtiges Jagdrevier mehrere Kilometer vom Nistbaum entfernt, an der Amgu selbst. Vermutlich hatten wir das Männchen deshalb in der letzten Saison nicht gefangen. Es hatte gar nicht dort gejagt, wo wir unsere Fallen aufgestellt hatten. Ohne die GPS-Daten wären wir nie auf die Idee gekommen, nach einem Jagdrevier so weit weg vom Nistbaum zu suchen, und ich gewann eine neue Erkenntnis darüber, welche Habitate für Riesenfischuhus wichtig waren. Bisher hatte ich immer gedacht, dass Nistplätze und Jagdgründe nah beieinander lagen, aber wenn das auch bei anderen Fischuhus nicht der Fall war, mussten wir zur Bewahrung der Art mehr als nur die Nistplätze finden und schützen.

Die Daten von den anderen Uhus waren nicht minder aufschlussreich. Ihren GPS-Ortungen nach zu urteilen, die bis auf ein Dutzend Meter oder sogar noch weniger genau waren, wirkten sie wie angeleint an ihren jeweiligen Fluss, als hielte ein unsichtbares Band sie davon ab, sich zu weit zu entfernen. Anstatt aus dem engen Scha-Mi-Tal mal kurz den niedrigen Höhenrücken zur Amgu zu überqueren, flog das mit GPS ausgestattete Scha-Mi-Weibchen lieber die Scha-Mi bis zum Zusammenfluss mit der Amgu hinunter und dann die Amgu wieder hinauf. Und das Saijon-Männchen, das zwar in einem stellenweise bis zu einem Kilometer breiten Tal wohnte, hielt sich so dicht an den Flusslauf, dass ich diesen einigermaßen akkurat hätte nachzeichnen können, wenn ich lediglich seine GPS-Koordinaten gehabt hätte. Mit diesen Informationen und den Jagddaten des Kudja-Weibchens verstand ich die Anforderungen der Riesenfischuhus an ihr Habitat allmählich besser. Der Schutzplan nahm Gestalt an.

In der Öffentlichkeit wurde man mittlerweile auf unsere Arbeit mit den Riesenfischuhus aufmerksam. Im Frühjahr 2008 erschien in der Terneier Lokalzeitung ein Artikel über unser Projekt, und an Heiligabend sprach ich aus der Abgeschlossenheit eines Schlafzimmers im Haus meines Schwagers in einem Vorort von Milwaukee mit einer Reporterin von der *New York Times* darüber. Einen Finger im Ohr, um den Lärm der weihnachtlich aufgeregten Kinder im Hintergrund auszublenden, erzählte ich ihr von der Spurensuche, den Bedingungen vor Ort und dem Gesang der Vögel. Als piefigem Doktoranden schmeichelte mir diese Aufmerksamkeit, aber viel wichtiger war, dass gute Presse auch gute Werbung für das Projekt bedeutete und die Aussichten auf die Fördermittel erhöhte, die ich beantragt hatte. Prompt warb ich genug Geld für fünf neue GPS-Datenlogger ein. Sie kosteten Hunderte von Dollar mehr als die älteren Versionen, hatten aber größere Batterien und sammelten Daten ein Jahr lang, fast vier mal so lang wie die Datenlogger, die wir 2008 benutzt hatten. Wir würden also mit weniger Aufwand Daten sammeln können und mussten die Fischuhus nicht so oft wieder einfangen.

Unsere Fangmethoden wollte ich nach den Erfahrungen der vergangenen beiden Saisons aber auch verbessern. Da hatten meine russischen Kollegen und ich meist getarnt an Flussufern in Kälte und Dunkelheit auf der Lauer gesessen und waren beim leisesten Knacken von Eis oder Knarzen von Ästen aufgesprungen: War nun ein Vogel an unserer Falle oder nicht? Vor der Saison 2009 schmiedeten wir also Pläne, wie wir das Einfangen weniger unangenehm für uns machen konnten. Ich kaufte ein robustes Winterzelt, das wir als Tarnung benutzen wollten, und Tolja, der schnauzbärtige Kameramann, nähte eine dicke Filzdecke zum Isolieren dafür. Außerdem experimentierten wir mit einer kabellosen Infrarotkamera – wie sie als Überwachungskameras in Läden benutzt werden –, damit wir beim Warten darauf, dass die Uhus in unsere Falle tappten, vor Wind und Wetter geschützt waren.

Bei dem Gedanken an unsere nächste Exkursion musste ich lächeln. Wir würden also, eingemummelt in todschicke Daunen-Mumienschlafsäcke, in den Händen Becher mit heißem Tee, in der relativen Wärme eines isolierten Tarnzelts sitzen und unsere Fallen auf einem flackernden, monochromen Bildschirm in Echtzeit betrachten. Wenn ein Uhu herbeiflog und unseren Köder inspizierte, konnten wir es sofort sehen und handeln. Kein Rätselraten mehr, was wohl die merkwürdigen Laute in der Dunkelheit bedeuteten, und ich musste nicht mehr abwägen, wie kalt mir werden durfte, bis ich Frostbeulen an meinen Extremitäten bekam. Leider ahnte ich da noch nicht, wie unangenehm diese vermeintlichen Annehmlichkeiten werden würden.

Mitte Januar 2009 kehrte ich nach Primorje zurück, nur zwei Wochen, nachdem ein brutaler Wintersturm in zwei Tagen zwei Meter Schnee abgeladen hatte. Danach verwandelte sich der Niederschlag in heftigen Regen, der herabknatterte wie Trommelfeuer. Ja, er prasselte mit solcher Wucht hernieder, dass Tropfen durch den Schnee bis zum Boden darunter knallten. Dann irgendwann beruhigte sich das Wetter und es folgte eine Frostperiode mit tiefen Minusgraden. Ternei war auf diese Attacken überhaupt nicht vorbereitet. Die Straßen wurden nicht geräumt, niemand ging zur Arbeit, aber körperlich fitte Nachbarn gruben von der Außenwelt abgeschnittene ältere Mitbürger aus. Nach ein paar solcher Tage schickte die Abholzungsfirma in Plastun eine Lastwagenflotte 60 Kilometer nach Norden, ohne darum gebeten worden zu sein und ohne es anzukündigen. Und auch ohne auf das Dankeschön zu warten, räumte sie alle Straßen frei und kehrte nach Plastun zurück. Als ich zehn Tage später nach Ternei kam, erinnerte mich die Stadt an die Westfront im Ersten Weltkrieg, die Straßen ein Gitter von miteinander verbundenen Gräben, gesäumt von hoch aufgetürmten Schneewällen.

Der Sturm hatte aber nicht nur die Menschen in Ternei in Bedrängnis gebracht, sondern – wichtiger noch – er wirkte sich katastrophal auf die Huftierpopulation aus. Rehe, Hirsche und Wildschweine konnten sich bald nicht mehr ohne Probleme bewegen und starben massenhaft an Hunger und Erschöpfung. Schlimmer war dann noch, dass bei manchen Bewohnern des Rajons Ternei eine dunkle Seite zum Vorschein kam. Da viel Rehwild auf die freigeräumten Autostraßen hinausgezwungen wurde, die einzigen Wege, die passierbar waren, war es Angriffen jeder Art viel wehrloser ausgeliefert als sonst. Selbst Menschen, die normalerweise nicht zur Jagd gingen, patrouillierten jetzt an diesen Straßen, geradezu berauscht davon, wie leicht man die entkräfteten Tiere abschlachten konnte. Sie hetzten und töteten sie mit allem, was sie zur Hand hatten, von Schusswaffen bis zu Messern und Schaufeln. Dieses wüste Massakrieren, zu dem sie sich hinreißen ließen, war weder eine ehrenhafte noch waidmännisch korrekte Leistung, und der Beauftragte für die Tierwelt der Region, Roman Koschitschew, bat in einer entnervten Stellungnahme in der Lokalzeitung die Bewohner, sich bitte mal alle das Blut von den Händen zu waschen und zur Vernunft zu kommen, bevor sie das Leben im Wald vollends ausgelöscht hätten.

Ich kam eine Woche vor dem Team in Ternei an, um die Gegend für die diesjährigen Fänge zu erkunden. Ich wollte mit unseren Territorien beginnen und begab mich als Erstes zur Faata, wo ich Anatolij besuchen und die Vorarbeiten zum Fangen von seiner Hütte aus erledigen wollte. Ob er überhaupt noch da war, wusste ich nicht. Die 16 Kilometer nach dort draußen nahm mich jemand mit, dann schnallte ich meine Skier unter und fuhr in den Wald. Nach meiner monatelangen Abwesenheit fühlte ich mich hier gleich wieder wohl. Herrlich, allein unter den Bäumen atmete ich die kalte Luft und fuhr an vertrauten Stellen vorbei. Spechte und Spechtmeisen hielten inne und beobachteten, wie ich vorbeiglitt, und ich suchte die Schneedecke ab, um zu sehen, welche Säugetiere entlanggelaufen waren. Mittlerweile hatte ich so viel Erfahrung mit Winterwäldern, dass ich beurteilen konnte, wie frisch Spuren waren. Spuren aus der vergangenen Nacht oder der Morgendämmerung waren sehr fein ausgebildet, doch wenn die Sonne über die Kammlinie brach, das Tal durchflutete und den Schnee weich machte, gingen Details verloren. Geografisch und mental war ich so weit weg von den hellen Straßen, dem Asphalt und der Berechenbarkeit Minnesotas, wie man nur sein konnte. In den Vereinigten Staaten war ich zu Hause, hier aber mittlerweile auch.

Nachdem ich das Tal mit den weit auseinanderstehenden Pappeln, Ulmen und Kiefern durchquert hatte, kam ich ungefähr einen Kilometer nördlich von Anatolijs Hütte am Fluss Faata heraus. Flussabwärts, hoch oben auf einem Felsvorsprung, konnte ich durchs Fernglas eine Gestalt erkennen. Es war Anatolij, der mich seinerseits durch den Feldstecher anschaute. Er lächelte und winkte mit der freien Hand. Über den zugefrorenen Fluss ging ich zu ihm, und wir betraten seine Jagdhütte durch eine mit zerfledderten Fischuhufedern und abgestreiften Schlangenhäuten dekorierte Tür. Er habe mich erwartet, sagte er.

Beim Tee fragte ich ihn, ob er Neuigkeiten von den Faata-Uhus habe. Er hatte sie regelmäßig gesehen und gehört, doch als ich ein bisschen nachbohrte, wusste er nicht genau, ob es einzelne Rufe oder Duette gewesen waren. Ich fragte ihn, ob wir von seiner Hütte aus fangen könnten und was für Vorräte er brauche. Er freute sich, dass wir ihm Gesellschaft leisten wollten, und bat um sehr wenig: Eier, frisches Brot und Mehl. Als das geklärt war, sagte er mir im Vertrauen, die Ägypter hätten ihre Pyramiden mittels Levitation errichtet. Er sprach auch des Längeren über Atlantis und Energie und eigentümliche Vibrationen. Als ich wieder auf die Skier stieg, um mich mit dem Mann zu treffen, der mich mit zurück nach Ternei nahm, gab mir Anatolij ein dickes Stück Rehfleisch und einen Buckellachs mit. Bis zur Straße folgte ich ungefähr eineinhalb Kilometer einem alten Holztransportweg, der sich durch den Wald wand und von den schleppenden Spuren von Rotwild, Sikawild, Rehwild und Rotfuchs durchkreuzt war. Eine Rinne zeigte an, wo sich ein Keiler durch den tiefen Schnee gepflügt hatte. An der Straße wartete Schenja Gischko auf mich, der Mann, der mich vom Kai abgeholt hatte, als ich von der Samarga kam. Er fragte, ob ich Anatolij besucht hätte.

»Du kennst ihn?«, fragte ich neugierig.

»Nicht persönlich, aber vom Hörensagen. Er hat eine Zeit lang in Ternei gelebt. Er war an irgendeinem Geschäft mit ein paar zwielichtigen Gestalten in Wladiwostok beteiligt. Das Geschäft ging in die Hose, und seit zehn Jahren oder so versteckt er sich im Wald.«

Jetzt wusste ich, was Anatolij an die Tunscha verschlagen hatte.

Die nächsten Abende verbrachte ich mit Lauschen auf Uhus. Ich hörte einen Wechselgesang im Serebrjanka-Territorium, und an der Tunscha fand ich Uhuspuren am Flussufer und Federn in der Nähe des Nests. Mindestens ein Tier lebte also noch. Nach einer raschen Beurteilung unserer angepeilten Territorien gewann ich den Eindruck, dass die Chancen gut standen und wir unsere Riesenfischuhus in den Territorien an Serebrjanka und Faata gewiss zum zweiten Mal fangen und mit GPS-Datenloggern ausstatten konnten.

Bei den Vögeln an der Tunscha hatte ich meine Zweifel, und da man dort am allerschwersten von allen Gebieten um Ternei hinkam, rutschten sie in meiner Prioritätenliste immer ganz schnell ans Ende.

In Ternei wartete ich auf Andrei Katkow, der seit meinem Weggang letztes Frühjahr an den Feldforschungen zu den Riesenfischuhus beteiligt war und Sergej geholfen hatte, einige unserer GPS-Uhus einzufangen. Er hatte auch eine neue Falle auf Grundlage der Köderkisten konstruiert und wollte sie unbedingt bald ausprobieren. Die Fangerei konnte beginnen.

25

Auftritt Katkow

Andrei Katkow war Mitte 50, korpulent, hatte einen Bart und einen Pansen wie ein hedonistischer Römer. Er kam zwölf Stunden zu spät in Ternei an. Auf dem Walrippenpass war er mit dem *domik* von der Straße abgekommen, hatte die Nacht frierend und in unbequemer Schieflage verbracht, aber schließlich einen Truck mit einer Winde anhalten können. Da ich wusste, dass Katkow Polizist und Fallschirmspringer gewesen war – was eigentlich auf Disziplin und Zuverlässigkeit deutete –, tat ich seine holprige Ankunft als Ausnahme ab.

Mit der Zeit aber lernte ich, dass er es für unvermeidlich hielt, beim Autofahren mit hoher Geschwindigkeit auf vereisten Straßen zu schlingern, und solche Unbill überraschend gelassen und häufig heraufbeschwor. Nicht auf Sicherheit zu achten war bei unseren Felduntersuchungen natürlich nicht ohne. Wir hatten schon genug Probleme mit natürlichen Hemmnissen wie Schneestürmen und Hochwasser; hausgemachte brauchten wir nicht auch noch. Wegen seines geradezu krankhaften Redebedürfnisses war Katkow ohnehin anstrengend, und da man im Feld die ganze Zeit aufeinanderhockte, hatte man in seiner Anwesenheit eigentlich nie Ruhe.

Am katastrophalsten war aber vielleicht, dass Katkow Weltmeister im Schnarchen war. Alle im Team schnarchten, aber er war ein wahrer Teufelsschnarcher. Während sich Schlafgenossen an das rhythmische Muster von Luftschnappen und Ausschnaufen eines durchschnittlichen Schnarchers schließlich gewöhnen, hielt Katkow alle in seiner Hörweite mit einer erstaunlichen Vielfalt von Knallern, Pfiffen, schrillen Schreien und Ächzen im Zustand höchster Alarmbereitschaft. Schlaf war schon ein rares Gut bei unserer Arbeit, aber in der näheren oder weiteren Umgebung dieses Mannes war ungestörte Nachtruhe schier unmöglich. Alles in allem war Katkow kein leichter Kollege bei der Arbeit vor Ort. Und jetzt sollte ich sieben Wochen in trauter Gemeinsamkeit mit ihm verbringen.

Während er sich am ersten Morgen in der Küche des Sichote-Alin-Forschungszentrums sein Frühstück einverleibte, drückte er den Rücken an die Wand, die von dem Ofen in dem anliegenden Zimmer erhitzt wurde, und räkelte sich wie ein Kater an einem warmen Plätzchen. Wir begutachteten die Videoausrüstung, die er mitgebracht hatte: vier kabellose Infrarotkameras, einen Empfänger und einen kleinen Videomonitor. Jedes Gerät brauchte seine eigene 12-Volt-Autobatterie für die Stromversorgung, und die hatte er ebenfalls dabei, außerdem einen kleinen Generator, 20 Liter Benzin, um die 12-Volt-Batterien wieder aufzuladen, und einen Camcorder, mit dem er das Einfangen festhalten wollte. Wir hatten erheblich mehr Ausrüstung als in den Jahren zuvor, und das meiste war extrem schwer. Allein der Generator und die Autobatterien brachten zusammen mehr als 150 Kilogramm auf die Waage.

Das Gewicht machte mir keine großen Sorgen, jedenfalls zunächst nicht, denn wir wollten ja von Anatolijs Hütte aus mit der Fangsaison beginnen, und in der Vergangenheit waren wir bis dorthin stets mit dem Auto gefahren. Meine jüngsten Erkundungen erbrachten indes, dass angesichts des hüfthohen Schnees und der nicht freigeräumten Straße an solcherlei Komfort nicht zu denken war. Wir ließen den *domik* in Ternei und organisierten uns eine Fahrt auf der Hauptstraße, bis dahin, wo es noch 800 Meter durchs Tal zu Anatolijs Hütte waren. Nicht gar zu weit, schien mir, denn mittlerweile bewegte ich mich auch schon ganz flott auf den Jägerskiern. Doch da Katkow und ich unser gesamtes Hab und Gut nur mit zahlreichen Trips in die Hütte schaffen konnten, schleppten wir nach dem Ausladen des Lastwagens erst einmal alles außer Sicht in den Wald. Dann schnallten wir uns die Skier unter, luden uns auf, was wir tragen konnten, und zogen los. Wenigstens war es eine Wohltat, wieder die kalte Luft einzuatmen. Beim ersten Mal versanken wir, schwerst bepackt, noch tief im Schnee, doch nach einer Weile glitten wir problemlos über unsere eigenen Spuren.

Achtmal mussten wir hin- und herfahren, und meine anfängliche Begeisterung legte sich über die nächsten drei Stunden. Als wir schließlich unser jeweiliges Tempo gefunden hatten und unsere Wege sich nur noch gelegentlich kreuzten, nutzten wir die Begegnungen, um durchzuatmen, uns den Schweiß vom Nacken zu wischen und kräftig fluchend zu fragen, warum wir keinen Schlitten mitgebracht hatten. Die schwersten Teile, die Autobatterien und Benzinkanister, waren nun wirklich nicht zum Schleppen über weite Strecken geeignet. Die dünnen Handschlaufen schnitten mir in die Finger, die von der langen Belastung ganz krumm und wund wurden. Als es schon dunkel war und wir endlich alles von der einen Seite des Tals zur anderen befördert hatten, sanken wir in Anatolijs wartender warmer Hütte nur noch zusammen. Zu Ehren unserer Ankunft hatte er *blintschiki* gemacht.

Nach einem faulen Morgen mit Instantkaffee und den übrig gebliebenen Blini zeigte uns Anatolij sein Angelloch, eine runde Öffnung im Eis des Flusses ungefähr vom Durchmesser eines Basketballs, zwischen den Pfeilerruinen, die einst den Damm des Wasserkraftwerks gestützt hatten. Er hielt das Loch offen, indem er regelmäßig mit einem kleinen Beil daran herumhackte. Da Katkow unbedingt angeln wollte, holte er seine Ausrüstung und hängte die Schnur mit gefrorenen Lachseiern als Köder in das Loch, während ich in die Hütte zurückkehrte und überlegte, wie und wo wir am besten die Kameras aufstellten. Bis nachmittags hatte Katkow Dutzende Fische gefangen, die wir sorgsam ungefähr 700 Meter flussaufwärts trugen und in zwei Köderkisten an Stellen setzten, die das Faata-Männchen unseres Wissens in der Vergangenheit aufgesucht hatte. Fast den ganzen nächsten Tag schleppten wir alle unsere Kameras und Batterien dorthin, stellten sie auf und überprüften sie auf ihre Funktionstüchtigkeit. Dann errichteten wir in ungefähr gleicher Entfernung von den beiden Fangstellen und nahe genug an den kabellosen Kameras zwecks guten Signalempfangs unser Tarn- und Beobachtungszelt und brachten Empfänger und Monitor darin unter. Alles klappte reibungslos. Die drahtlos übertragenen Signale waren stark, und zu einem letzten Test unserer Gerätschaften verkrochen wir uns für die Nacht im Zelt, felsenfest davon überzeugt, das alles gut laufen würde. Eingemummelt in unsere Schlafsäcke, dicke Wollmützen auf dem Kopf, Becher mit zuckrigem Tee in der Thermoskanne, waren wir bester Laune. Nach meiner bisherigen Erfahrung mit der Arbeit vor Ort wusste ich allerdings, dass wir noch in den Flitterwochen sowohl der Feldsaison als auch unserer Beziehung steckten. Noch waren die langen Nächte in einem Zelt mit Minusgraden neu, wir waren noch nicht erschöpft und konnten persönliche

Marotten der jeweils anderen, unweigerlich verstärkt in Enge und Kälte, noch leicht ignorieren.

Wider Erwarten ging unser Ausrüstungstest daneben. Naiv zu glauben, dass Unterhaltungstechnologie bei -30 Grad funktionieren würde. Sergej und sein Team hatten diese Apparaturen in den wärmeren Sommermonaten getestet und auf dem Monitor Tag und Nacht klare Bilder gesehen. Jetzt im Winter war die Bildqualität zwar am Tage gut, doch in der extremen Kälte, die sich nach Einbrechen der Dunkelheit über den Wald senkte, versagten die Geräte komplett. Im Gleichklang mit den fallenden Nachttemperaturen wurde der Bildschirm schwarz. Das gesamte System war vollkommen unbrauchbar. Und zu allem Überfluss hatte unser Generator eine defekte Zündspule. Selbst wenn das Videoüberwachungssystem wie geplant funktioniert hätte, hätten wir unsere 12-Volt-Batterien nicht wieder aufladen können. Wie zum Hohn mussten wir nach Beendigung unserer Arbeit an der Faata eine Woche später diesen ganzen nutzlosen Kram wieder zur Straße schleppen.

Besser fuhren wir mit dem Camcorder, den wir zum Glück zur Verfügung hatten. Ja, letztendlich verließen wir uns für den Rest der Saison nur noch auf diesen. Mit einem 20-Meter-Videokabel verbanden wir ihn mit einer der 12-Volt-Batterien, für die wir sonst keine Verwendung hatten, und versorgten ihn darüber mit Strom. So bekamen wir aus dem Beobachtungszelt wenigstens Livematerial von einer einzelnen Fangstelle.

Um mich von diesem Frust abzulenken, machte ich mir Gedanken über Anatolijs Vergangenheit. Eines Tages beim Abendessen sprach Katkow einige Dinge an, die Anatolij aus seiner Zeit im Ausland erzählt, die ich aber nicht mitgekriegt hatte. Offenbar hatte Anatolij Anfang der 1970er-Jahre, als er in der Handelsmarine zur See gefahren war, eine Zeit lang als Informant für den KGB gearbeitet. Dass Sowjetbürger, besonders wenn sie ins Ausland reisten, gebeten wurden, ihre Kollegen auszuspionieren, war nicht ungewöhnlich. Beim Zusammenbruch der Sowjetunion 1991 gab es schätzungsweise bis zu fünf Millionen Menschen, die man als Informanten betrachten konnte. Ob das Anatolijs Funktion gewesen war oder ob er in einer offizielleren Rolle als Agent gedient hatte, wurde mir nicht klar. Als ich ihn am nächsten Tag danach fragte, erteilte er mir lächelnd eine Abfuhr und sagte: »Das ist alles Vergangenheit.« Genau die gleiche Antwort hatte er mir auch gegeben, als er gedankenverloren den Stummel seines linken kleinen Fingers rieb und ich ihn gefragt hatte, wie es dazu gekommen sei.

In unserer vierten Nacht an der Faata, nach zwei Abenden, an denen das Faata-Männchen in der Abenddämmerung allein gerufen hatte, entdeckte es endlich eine unserer Köderkisten und futterte die Hälfte der Fische darin. Wir richteten sofort unsere Falle ein – eine geniale Konstruktion von Katkow und Sergej, mit der Köderkiste als Ausgangspunkt. Einfach ausgedrückt, bestand sie aus einer auf dem Rahmen der Köderkiste befestigten und mit Stolperdrähten versehenen Schlinge aus Monofilangelschnur, in der sich der Uhu verfing, wenn er sich einen leckeren Happen aus der Kiste holen wollte. Am nächsten Abend um 20 nach sieben Uhr war das Faata-Männchen zum dritten Mal in drei Jahren in unserer Hand. Wir statteten es mit dem ersten unserer fünf neuen GPS-Datenlogger aus, die alle elf Stunden ungefähr ein Jahr lang den Aufenthaltsort registrieren würden. Ich war zuversichtlich, dass dieses neue Modell funktionieren würde; wir hatten ja die Technologie im Jahr zuvor mit kleineren Versionen im Feld getestet, und es hatte wunderbar funktioniert. Wegen des größeren Akkus mussten wir diesen Vogel vor dem nächsten Winter nicht mehr belästigen, also weniger Stress für alle Beteiligten. Damit wir ihn allerdings wiederfinden konnten, musste er bis dahin überleben.

Fürs Erste war unsere Arbeit an der Faata beendet, gerade noch rechtzeitig. Ich hatte mich nicht an Katkows Schnarchen gewöhnen können. Kaum hatte ich mich nachts auf einen Rhythmus eingestellt, drehte er sich um und änderte ihn zu einem krass anderen, und ich sehnte mich nach ein paar erholsamen Nachtstunden in Ternei. Nachdem wir das Faata-Männchen freigelassen hatten, war die Stimmung in Anatolijs Hütte durchwachsen. Katkow und ich waren immer noch high von dem Fangerfolg, Anatolij hingegen missgelaunt. Vielleicht, weil seine Gäste bald abfahren würden und ihm dann wieder nur noch der stumme Berg und die Gnome Gesellschaft leisteten, die ihn an den Füßen kitzelten. Als er ahnte, dass wir ihn verließen, übertrieb er das Verrücktsein, fiel mir auf. Er redete lange, laut und eindringlich über Dinge, die alle um ein Thema kreisten. Die Alten hätten ein gewisses mystisches Wissen besessen, das über die Jahrhunderte verloren gegangen sei, doch ihre Geheimnisse könnten durch die richtige Deutung des wahren Sinns bestimmter Dinge entschlüsselt werden wie etwa dem von Spielkarten, russischen Ikonen und Dreiecken. Ich reagierte je nach Verlauf der Arbeit auf Anatolijs Spinnereien. In den vorherigen schwierigen Fangsaisons hatten sich mir immer alle Stacheln aufgerichtet, wenn er unseren ausbleibenden Erfolg unserer negativen Aura zuschrieb, oder wenn er uns bat, ihm beim Graben bis zur Höhle der weiß gewandeten Männer zu helfen. Doch nach diesem sehr erfolgreichen Fang samt Freilassung wurde ich nachsichtig. So stark Anatolijs Überzeugungen auch waren, so selten hatte er doch die Gelegenheit, sich mit anderen darüber auszutauschen. Es tat mir leid, ihn ganz allein im Wald zu lassen.

Am nächsten Tag organisierten wir uns mithilfe unseres Satellitentelefons ein Auto, das uns an der Hauptstraße abholen sollte, und Katkow und ich schnallten mal wieder die Skier an und durchquerten viele Male und viele Stunden lang das Tunschatal, um den kaputten Generator, die unbenutzten Autobatterien und vieles andere auf die andere Seite zu schleppen. Unsere Fangversuche in dem Gebiet an der Serebrjanka wollten wir von Ternei aus unternehmen.

26

Fangen an der Serebrjanka

Von allen unseren Uhugebieten fühlte ich mich im Tal der Serebrjanka am wohlsten. Wegen seiner Nähe zu Ternei war ich auf dem Fluss Kajak gefahren, an seinen Ufern bis zur Küste gewandert und auf den Hängen darüber den Spuren von Tigern und Bären gefolgt. Nachdem der Fang an der Faata so reibungslos gelaufen war, fühlte ich mich ein bisschen betrogen, als wir in der Serebrjanka überhaupt keine Fische für unsere Köderbox fingen. Drei frustrierende Tage lang wanderte ich in meiner leuchtend roten Jacke und den Neoprenwathosen, dem Eisbohrer über der Schulter und der Angelrute in der Hand über den zugefrorenen Fluss. Als ich so manches Loch gebohrt, noch viel mehr Stunden vertan und keinen einzigen Happen erbeutet hatte, wurde mir klar, dass daran nicht nur meine – zugegeben – Inkompetenz als Eisangler schuld sein konnte. Ich fragte in Ternei herum, warum die Fische nicht bissen, und erfuhr von allen Seiten, dass die Serebrjanka zu dieser Zeit des Jahres das Flusspendant zu einer Geisterstadt wurde, vielleicht weil die Fische nicht weit entfernt woandershin wanderten. Katkow und ich befanden, dass wir dann besser unser Glück an Anatolijs verlässlichem Angelloch in der Tunscha versuchen sollten. Diesmal im wahrsten Sinne des Wortes unbeschwert wollten wir mit den Skiern die 800 Meter von der Straße aus über unseren schon wohlpräparierten Pfad fahren, dann jeder einen Eimer randvoll mit Flusswasser und lebenden Fischen füllen, im Eiltempo zu unserer Fangstation an der Serebrjanka zurückflitzen und die Köder in die Kiste kippen.

Bei jedem Trip erbeuteten wir bis zu 40 Fische, und Anatolij genoss unsere unerwartete Gesellschaft, als wir stundenlang dasaßen und mit unseren Angelschnüren herumruckelten. Auf den sehr zeitaufwendigen Pendelstrecken zwischen den beiden Orten erfreute Katkow uns mit lauter Musik. Ein Mixtape russischer Songs, die hauptsächlich Wölfe zum Thema hatten, hatte es ihm besonders angetan, und in der ersten Woche hörten wir nichts anderes. Als ich es schließlich nicht mehr ertragen konnte, erbrachte ein Stöbern im Handschuhfach nur geringe Auswahlmöglichkeiten. Ja, es ergab sich, dass Knurren, langgezogenes Heulen und Texte wie »Du denkst vielleicht, ich bin ein Hund, aber ich bin ein Wolf« annehmbar wurden, wenn die Alternative Dance Remixes der Liebesballaden der Carpenters waren.

Abgesehen von der Anspannung bei den Autofahrten huldigte ich jedoch gewissermaßen täglicher Meditation und Sporteinheiten. Mein Körper und Geist reagierten auf das stundenlange Skifahren durch Flusstäler und Schleppen von Eimern voll mit Wasser und Fischen, und so war ich so gut in Form wie seit Jahren nicht mehr. Die vergangenen Feldsaisons waren stressig gewesen, aber jetzt war ich mit den Verhältnissen vor Ort vertraut, kannte die Vögel und war mit unseren Fangmethoden zufrieden. Die Arbeitsgänge hatten etwas Beruhigendes. Ich brauchte nur Geduld und Fische, der Rest erledigte sich von selbst. Von der Sinnhaftigkeit der Arbeit war ich ohnehin überzeugt. Die Riesenfischuhus brauchten eine Stimme, und wenn wir ihnen ihre Geheimnisse entlockten, verliehen wir sie ihnen.

Nach zwei Tagen ohne irgendwelche Anzeichen von Riesenfischuhus an der Serebrjanka sahen wir, dass einer weniger als einen Meter von unserer Köderkiste entfernt gejagt hatte. Einen Fisch angelte er sich nicht, da die Kiste in dem heftigen Nachtfrost vereist, der Zugang zu unseren wackelnden Lockfischen also versperrt war. Da wir damit rechneten, dass der Uhu am nächsten Abend zurückkommen würde, um sich die Sache noch einmal genauer zu besehen, stellten wir unsere Kamera auf, wickelten sie in dicke Baumwollschichten, steckten einen luftaktivierten Handwärmer dazwischen und hofften, dass diese Aufrüstung das Gerät vor dem Einfrieren bewahren würde. Dann verlegten wir ein 20 Meter langes Kabel von dem Camcorder zu einem Videomonitor im Inneren unseres gut getarnten Zeltes. Eine primitive Fernbedienung, mit der wir zoomen, aber nicht schwenken konnten, reichte uns für unsere Zwecke. Wenn wir beobachteten, wie sich ein Uhu näherte, konnten wir ihn heranzoomen und an einem eventuellen Beinring sehen, ob es sich um unser Studienobjekt handelte.

Das Warten im Zelt war für uns beide nervig, Katkow versuchte die ganze Zeit, mich in ein Flüstergespräch zu verwickeln, während ich ihn flehentlich bat, den Mund zu halten. Zum Glück war das aber bald überflüssig, und wir schwiegen beide andächtig, als nach nur kurzer Wartezeit in der Ecke des Monitors eine dunkle Gestalt erschien, die hoch am Ufer im Schnee landete. Ihr Auftritt war ungelenk, als werde ein bühnenscheuer Schauspieler von unsichtbarer Hand ins Scheinwerferlicht geschubst. Die Gestalt saß einen Moment reglos da, begutachtete die Szene, sammelte sich und schob sich dann durch den welligen Schnee zu der ebenen Eiskante und der Köderkiste. Ich zoomte den Riesenfischuhu heran und erkannte an dem Beinring, dass es das Serebrjanka-Männchen war. Nach einem weiteren Moment ruhigen Abwägens nahm es, mit vorgerecktem Hals wie ein sprungbereiter Tiger, die Fische ins Visier. Dann sprang es mit den Füßen zuerst und mit über dem Kopf ausgebreiteten Flügeln, wie ein Fischadler, der gleich seine Beute im Wasser packen will, hoch und hupfte nur einen Schritt weiter in den seichten Fluss, in dem gerade mal seine Füße nass wurden. Das sah sehr grotesk aus, fast als bereite sich ein Turmspringer am Rand des Kinderbeckens auf seinen Sprung vor und trete dann hinein. Von dem größten Uhu der Welt hatte ich eine eindrucksvollere Demonstration seiner Kraft erwartet. Ich hatte schon einmal einen Riesenfischuhu jagen sehen, letztes Jahr an der Saijon, als das Männchen einen Fisch gefangen und das Weibchen damit gefüttert hatte, aber das war weniger gut sichtbar gewesen, weil es sich weitgehend im Dunklen abgespielt hatte. Im Vergleich dazu waren das hier Bilder auf einem HDTV-Bildschirm anstatt auf einem Schwarz-Weiß-Fernseher. Mit unserer Infrarotkamera war der Uhu messerscharf zu sehen.

Und schon war er in der Köderkiste. Er spreizte die Flügel immer noch ab, schlug einen Moment langsam damit und klappte sie wieder an den Körper. Ich sah, warum Katkows Schlingenmethode bei diesen Vögeln effektiv sein mochte. Die Falle wurde erst wirksam, wenn der Vogel sich voll auf das Fangen konzentrierte und die Schlinge sich dabei um beide Beine legen konnte. Unser Uhu stand jetzt einen Moment lang in der Kiste, die Füße verborgen im flachen Wasser, und schaute sich um, als wollte er sich vergewissern, dass er nicht beobachtet wurde. Dann hob er einen Fuß, in den Krallen hatte er einen sich windenden Lachs. Er beugte den Kopf vor, nahm den Fisch in den Schnabel und tötete ihn mit ein paar wohlgezielten

Schnabelhieben in den Kopf. Langsam, mit ruckartigen Bewegungen und himmelwärts gerichtetem Kopf schluckte er seine Beute. Dann betrachtete er neugierig das um seine Füße fließende Wasser und stürzte sich auf die gleiche Weise wie vorher auf sein nächstes Opfer, ging damit jedoch an Land und verspeiste es mit dem Rücken zu uns. Dann drehte er sich wieder zum Fluss um.

Wie gebannt beobachteten wir, wie das Serebrjanka-Männchen fast sechs Stunden an unserer Köderkiste verbrachte. Es war durchaus gemütlich im Zelt, natürlich mit der obligatorischen Thermoskanne mit heißem Tee, und wenn wir uns bewegten oder im Flüsterton das Geschehen auf dem Monitor kommentierten, konnte uns der Uhu wegen des Flusslärms nicht hören. Ich dachte daran, wie in genau diesem Moment sich überall in Nordostasien solche Szenen abspielten. Wie von Primorje bis Magadan – 2000 Kilometer weiter nördlich – und sogar in Japan – weit entfernt voneinander Uhus an eingefrorenen Flussufern kauerten. Diese stattlichen Geschöpfe aus Federn und Krallen trotzten der Kälte und warteten, still und konzentriert das Wasser im Auge behaltend, auf ein Schillern oder Kräuseln, das einen Fisch verriet. Ich kam mir vor, als teilte ich ein Geheimnis mit ihnen. Um zwei Uhr morgens waren alle Fische weg. Selbst nachdem der Fischuhu die Köderkiste leergeräumt hatte, blieb er noch mehr als eine Stunde am Ufer und betrachtete das rechteckige Gebilde aus Stahldrahtgewebe und Holz aufmerksam, als frage er sich, wann die Zauberfischkiste wohl wieder mit einem leckeren Mahl aufwarten würde. In der nächsten Nacht würden wir unsere Falle einrichten.

Um sie zu präparieren, mussten wir neue Fische aus dem Angelloch in der Tunscha holen, die 12-Volt-Batterie, die den Monitor mit Strom versorgte, gegen eine frische austauschen und vor der Dämmerung wieder an der Serebrjanka sein, um die Falle fertigzumachen und dann im Zelt auf die Rückkehr des Uhus zu warten. Theoretisch eine Kleinigkeit, in Wirklichkeit dann aber eine Nervenzerreißprobe.

Als Erstes fuhren wir von Ternei ins Tal der Tunscha, mit den Skiern zu Anatolijs Hütte und fingen Fische, die wir zur Fangstelle an der Serebrjanka brachten. Da war es früher Nachmittag, und wir waren gut in der Zeit.

Doch auf dem Weg von der Serebrjanka zurück nach Ternei verweigerte der *domik* plötzlich den Dienst. Sechs Kilometer vor Ternei war uns das Benzin ausgegangen. Ich wusste, dass Sergej mit dem GAZ-66 auf dem Weg nach Ternei war. Er wollte Katkow und mich aufsammeln und mit uns zu den dringenderen Fängen an der Amgu weiterfahren. Heute war unsere letzte Nacht. Wenn wir den Vogel nicht fingen, bekamen wir die Gelegenheit vielleicht nicht noch einmal.

Katkow blieb beim Wagen und hoffte, er könne jemanden mit Schlauch, Trichter und ausreichend nicht benötigtem Benzin anhalten, das man vom einen Tank zum anderen befördern konnte. Ich wollte per Anhalter nach Ternei fahren, aber keiner der wenigen Wagen, die an mir vorbeifuhren, hielt an. Das war eher eine Überraschung. Ich war häufig hier getrampt. In den wärmeren Monaten kleidete ich mich immer täuschend echt wie ein Angler aus Ternei, denn Holztransportfahrer waren an der Gesellschaft eines Ortsansässigen, der ihnen erzählte, welche Fische wo anbissen, immer sehr interessiert. Die meisten waren ehrlich enttäuscht, wenn ich erzählte, dass ich mich für Tiere mit Federn und nicht mit Flossen interessierte.

Den ganzen Weg zurück nach Ternei und dann den Hügel hoch zum Sichote-Alin-Forschungszentrum musste ich laufen und dazu die äußerst schwere Autobatterie mitschleppen, die wir für die Videokamera brauchten. Das dauerte mehrere Stunden, aber erst bei meiner Ankunft fiel mir ein, dass ich die alte Batterie im *domik* lassen und eine neue aus unserem Vorrat in Ternei hätte nehmen sollen. Es gab überhaupt keinen Grund, sie sechs Kilometer durch die Gegend zu schleppen. Ich hatte schlicht nicht klar gedacht, weil ich davon ausging, dass mich ein Auto mitnehmen würde.

Die Zeit lief uns davon. Bis zur Dämmerung hatten wir vielleicht noch eine Stunde. Ich nahm eine neue Batterie und packte auch noch Fangausrüstungsteile in eine Reisetasche. Als Nächstes brauchte ich einen Benzinkanister, eine Fahrgelegenheit zur Tankstelle, die sechs Kilometer entfernt auf der anderen Seite der Stadt war, und dann musste ich zu dem auf dem Trockenen sitzenden *domik* zurück. Nach mehreren Versuchen erreichte ich jemanden am Telefon, einen jungen Mann mit Namen Genna. Er hatte kurze Zeit bei dem Tigerprojekt in Sibirien mitgearbeitet und mir früher einmal geholfen, Riesenfischuhus zu suchen. Im Moment arbeitete er für das Forstamt des Rajons Ternei. Deutlich amüsiert von meiner eindringlichen Bitte, versprach er zu helfen. Er raste zur Tankstelle, besorgte das Benzin, machte kehrt, holte mich ab, und wir fuhren zum *domik*.

Dort kamen wir gerade vor Einsetzen der Dämmerung an. Bevor Genna zurückfuhr, schüttelte ich ihm die Hand mit den Worten, ich schuldete ihm nicht nur das Geld für das Benzin, sondern auch ein Dankesbier. Grinsend winkte er ab und sagte, er freue sich, dass er bei dem Abenteuer dabei gewesen sei. Katkow und ich waren gerade zurück am Fluss und richteten die Falle ein, da fing das Uhupaar aus Richtung des Nistbaums an zu rufen. Es ging um Sekunden. Wenn die Vögel erst einmal verstummten – was jeden Moment der Fall sein konnte –, würde das Männchen mit großer Sicherheit zur Köderkiste fliegen und nachsehen, ob es neue Fische gab. Weil ich wusste, dass ich unter Druck leicht Fehler machte, kontrollierte ich meine Knoten und die richtige Lage der Schlinge doppelt und dreifach und bat auch Katkow, sie noch einmal zu überprüfen. Alles sah gut aus. Wir rannten durch den Schnee und versteckten uns im Tarnzelt.

Keuchend und strotzend vor Adrenalin, hockten wir uns hinein, während die Uhus ein Stück entfernt weiter riefen. Sie riefen etwa einmal alle 60 Sekunden, und als die Stille sich zu zwei Minuten und dann zu fünf hinzog, wussten wir, der Countdown lief. Das Männchen hatte mit der abendlichen Jagd begonnen. Wir horchten auf das verräterische Rauschen eines sich nähernden Uhus. Dieses Mal musste ich Katkow nicht sagen, er solle still sein. Für diesen Moment hatte er ebenso hart gearbeitet wie ich.

Meine Anspannung wuchs, als das Männchen auf dem Monitor erschien. Da ich das Geräusch seiner Flügel nicht gehört hatte, vermutete ich, dass es über den Fluss herbeigeglitten war. Das Herz schlug mir bis zum Hals. Der Vogel hielt kaum inne und sprang sofort nach der Landung am Ufer in die Köderkiste. Nur 20 Meter von uns entfernt hörten wir, wie sich das Gummiband zischend losmachte und die Schlinge zuzog, aber auf dem Bildschirm sprang der Vogel zum Ufer zurück. Dort blieb er sitzen und schaute sich um, als sei er verblüfft, aber nicht gefangen. Wenn doch, hätte er seine Aufmerksamkeit sofort auf das Band um seine Füße richten und mit dem Schnabel daran picken müssen. Er betrachtete indes nur die Köderkiste. Wir waren nun unsererseits so perplex, dass wir uns nicht rührten. Dann zeigte Katkow auf den Monitor, zischte in Richtung der dunklen Schnur, die deutlich sichtbar auf dem weißen Schnee zu den Füßen des Uhus führte. Er war doch in der Falle! Aufgeregt rissen wir die Zeltreißverschlüsse auf, rannten durch den aufwirbelnden Schnee zum Fluss und sahen, wie der Vogel versuchte wegzufliegen, das elastische Gummi ihn aber zurück auf den Boden zwang. Das Serebrjanka-Männchen gehörte uns, und im Handumdrehen gab es nun zwei Datenlogger, die Informationen für uns sammelten.

Spät am nächsten Tag trafen Sergej, Kolja und Schurik in Ternei ein. Doch mit dem GAZ-66 gab es trotz kürzlicher größerer Reparaturen wie dem Einbau eines neuen Motors und der vollkommenen Neugestaltung des Wohnbereichs in den 24 Stunden nach Ankunft drei heftige Komplikationen – eine nach der anderen –, die unsere Abfahrt verzögerten. Ahnungslos, was Autos und notwendige Reparaturen betraf, verstand ich den Umfang der Probleme nicht recht, aber gemessen an den Anstrengungen, mit denen man sie anpackte, konnte ich abschätzen, wie ernst sie waren. Das erste Problem war mit einem bisschen Herumfrickeln rasch gelöst, das zweite wurde provisorisch mit einem Stück Draht behoben, aber zur Beseitigung des dritten brauchte man ein neues Teil, das man in einem Umkreis von 150 Kilometern um Ternei nicht bekam. Überdies war es ein Feiertagswochenende – der Internationale Frauentag – und die meisten Läden waren geschlossen.

Der Internationale Frauentag am achten März war seit 1917 ein hoher Feiertag in der Sowjetunion und Russland. Klar, er war international, weil er global begangen wurde, am inbrünstigsten aber in Russland, den früheren sowjetischen Teilstaaten und in Kuba. In Russland überhäuften die Männer an diesem Tag, oft nur »der Achte März« genannt, die Frauen in ihrem Leben mit Blumen, Pralinen und Lobeshymnen. Solche Beweise der Wertschätzung sind oft so übertrieben, dass man sie kulturell nicht gut übertragen kann, wie sich bei einem Austausch an der Universität von Wisconsin erwies. Russische Studenten, am Internationalen Frauentag dort zu Besuch, wünschten ihren weiblichen amerikanischen Gegenübern viele Kinder und dankten ihnen für ihre Geduld mit dem stärkeren Geschlecht. Die Frauen, tief beleidigt und unsicher, wie sie reagieren sollten, hätten die Russen beinahe wegen sexueller Belästigung angezeigt.

Da in Ternei aller Aufmerksamkeit auf die Frauen gerichtet war, mussten wir schon irgendwo in der Stadt einen anderen GAZ-66 ausschlachten, wenn wir in absehbarer Zeit von dort wegkommen wollten. Während Kolja, Sergej und Schurik an unserem Auto herumbastelten oder Teile aufzuspüren versuchten, fuhren Katkow und ich zur Tunscha, um zu sehen, ob das Paar dort dieses Jahr brütete. Es schneite heftig, als wir aus dem *domik* stiegen, den Katkow in einen Graben, den er Parkplatz nannte, gesetzt hatte, und uns auf Skiern zum Nistbaum aufmachten. Der Wind war stürmisch, es fiel schwerer, nasser Schnee, und prompt zerbrach einer von meinen schon angeknacksten Skiern auf halbem Wege durch das Flusstal. Wir kämpften uns weiter – Katkow wartete geduldig, während ich mich mit den geschulterten Skiern durch den tiefen Schnee hinter ihm herquälte. Der Nistbaum wurde offenbar nicht benutzt. Entweder brütete das Paar dieses Jahr nicht oder hatte woanders ein Nest gebaut. Auf unserem Weg zurück zur Straße wurde das Wetter noch schlechter. Und als wir in der blendenden Helligkeit eines Blizzards zu den ohrenbetäubenden Klängen der um verlorene Liebe klagenden Carpenters nach Ternei zurückfuhren, fragte ich Katkow, ob er nicht ein paar Lieder über Wölfe habe.

27

Teufelskerle wie wir

Sergej rief einen Freund in Dalnegorsk an, der das benötigte Teil für den GAZ-66 fand und mit dem nächsten Reisebus nach Norden schickte. Mit solchen Kurierdiensten zwischen den Städten verdienten sich Busfahrer nebenbei ein bisschen Geld, und es war schneller und zuverlässiger als die russische Post. Als wir Ternei verließen, hinkten wir unserem Zeitplan ein paar Tage hinterher; jetzt in der zweiten Märzwoche konnte der Frühling jederzeit beginnen. Die einzige Panne auf dem Weg nach Amgu hatten wir auf dem vereisten Kema-Pass. In der Finsternis begann aus unerfindlichen Gründen auf einmal die Hupe loszublöken und ließ sich nicht ausschalten, bis Kolja schier ausrastete, fluchend an den Straßenrand fuhr und ein Kabel abklemmte.

In dieser Phase wollten wir die drei mit GPS ausgestatteten Fischuhus im Gebiet um Amgu, das heißt die an Scha-Mi, Kudja und Saijon einfangen, also die Vögel, die Sergej und Katkow im letzten Frühjahr gefangen hatten, als ich noch in Minnesota gewesen war. Wir mussten die Daten von ihrem Rücken herunterladen und sie mit den verbliebenen neuen Datenloggern ausstatten, um Informationen aus dem nun folgenden Jahr, dem letzten des Projekts, zu bekommen. Als wir an der Amguer Müllhalde vorbei in die Stadt fuhren, erhoben sich zwei Seeadler von einem von den Küstenwinden aus dem Schnee freigelegten halb abgefressenen Hundekadaver. Sie warfen sich überrascht mit schweren Flügelschlägen und hängenden Krallen in die Luft, sammelten genug Schwung, um von uns wegzuschwenken, und flogen im Kreis zurück, um die kulinarische Kostbarkeit gegen die niederstürzenden Krähen zu verteidigen. Bei jeder Fahrt nach Amgu war ich erstaunt, wie rau diese Grenzstadt ist. Bärtige Männer in selbstgeschneiderten Jacken hackten, filterlose Zigaretten rauchend, Holz, Frauen in Filzstiefeln und fest umgeschlungenen Schultertüchern blieben am Straßenrand stehen und beobachteten, wie wir vorbeifuhren. Auf fast jedem Hof, mitten in dem Schrott einer Kultur, in der man ungern etwas wegwirft, bellten Jagdhunde und hingen Fischernetze an den Wänden planlos zusammengezimmerter Schuppen.

Wir schlugen unser Lager unweit von Amgu an der heißen Quelle am Rand der Scha-Mi auf, an derselben Stelle, an der wir im Jahr zuvor das dort lebende Weibchen gefangen hatten. Diesen Vogel mussten wir wegen der Daten auf seinem Datenlogger unbedingt wieder in die Hände kriegen und das Männchen dazu. Nachdem wir Köderkisten mit frischem Fisch aufgestellt hatten, schwärmten wir im Tal aus, um den Nistbaum an der Scha-Mi zu suchen. Schurik fand ihn in nicht mal einer Stunde.

Im Nest sitzende, brütende Riesenfischuhu-Weibchen wirken auf mich immer ruhiger, als sie eigentlich sein sollten. Immerhin versuchen sie zeit ihres Lebens, die Menschen um jeden Preis zu meiden, und meiner Meinung nach sollten sie auf direkten Augenkontakt mit Kerlen wie uns, die sie fangen, festhalten und an ihnen herumpolken wollen, in Panik geraten. Sie nehmen die Begegnungen jedoch ziemlich locker. Als Schurik im letzten Jahr in dem Revier an der Kudja auf einen Baum stieg und sich plötzlich Auge in Auge mit dem brütenden Weibchen sah, das wir nur einen Monat zuvor besendert hatten, schaute das ihn kurz an, befand, es habe Besseres zu tun, und wendete den Blick ab. Als wir jetzt am Fuß der massiven alten Japanischen Pappel standen und den Spalt beäugten, in dem unser Vogel sitzen musste, gab der, gut verborgen, keinen Muckser von sich. Dass er da war, sahen wir nur an den franseligen Ohrenbüscheln, die über den Rand der Baumhöhle standen und sich im Wind heftig bewegten. Wir hatten zwar das Nest gefunden, aber da das Weibchen, das wir fangen wollten, brütete, war es tabu.

Im GAZ-66 redeten wir über unsere zurückliegenden Erfahrungen an der Scha-Mi. Seit Langem war uns das Territorium ein Rätsel. 2006 hatten Sergej und ich das dort lebende Paar durch die Flusstäler gejagt, seinen Nistbaum aber nicht gefunden. Als Sergej vor noch viel mehr Jahren – bevor ich mich überhaupt mit Riesenfischuhus beschäftigte – mit Schurik und einem japanischen Riesenfischuhu-Biologen namens Takeshi Takenaka hier gewesen war, hatte das Paar sie ähnlich an der Nase herumgeführt. Schurik war auf einen vermeintlichen Nistbaum, eine alte oben abgebrochene Japanische Pappel, geklettert. Als er die dunkle Höhlung etwa zehn Meter über dem Boden erreichte, brüllte er ein wenig unsicher herunter, er habe »Haar« gefunden, und warf etwas davon nach unten, damit Sergej es inspizieren konnte. Der identifizierte es eindeutig als Fell eines Asiatischen Schwarzbären und begriff im Nu, dass sein Kollege seinen Kopf gerade in die Höhle eines solchen Winterschlaf haltenden Tieres steckte. Schurik meldete auch schon nach unten, dass warme Luft aus der Höhle wehe. Woraufhin Sergej hochbrüllte, er solle so schnell wie möglich herunterkommen. Wehe, wenn sie den Bären aufgeweckt hätten.

Asiatische Schwarzbären sind ähnlich groß wie Amerikanische Schwarzbären, sehen aber kantiger aus. Sie haben zottiges schwarzes Fell, einen sichelförmigen weißen Fleck oben auf der Brust und kecke runde Ohren, mit denen sie aussehen, als hätten sie ein Micky-Maus-Club-Käppi auf. So reizend sie auch daherkommen, sie sind gefährlich. Aggressiver als Braunbären – ihre größeren Cousins und die einzige andere Art aus der Bärenfamilie in Primorje –, greifen sie eher Menschen an. Eine bedrohte Art sind sie nicht, werden aber auf dem asiatischen Markt hochgeschätzt wegen ihrer Pfoten und Gallenblasen, mit denen man angeblich alles kuriert, von Leberleiden bis zu Hämorrhoiden. Wenn Wilderer einen Baum wie Schuriks Pappel finden und glauben, ein Bär sitzt drin, hacken sie ein kleines Loch in den Fuß des Baums, stopfen was Brennbares hinein, zünden es an und warten mit gezückten Gewehren darauf, dass das verwirrte Tier versucht, dem Qualm zu entkommen, und oben herauskriecht.

Am Abend, als wir entdeckt hatten, dass das Scha-Mi-Weibchen brütete, wurschtelte ich mich in mein Marshmallow-Outfit und schlich leise bis auf 20 Meter an den Nistbaum heran. Dort verbarg ich mich mit einem Mikrofon, um den nach Einbruch der Dämmerung sicher ertönenden Wechselgesang aufzunehmen. Das war mir aus solcher Nähe noch nie gelungen. Es war Viertel nach sechs. Etwa eine halbe Stunde später – mir tat vom Stillhalten schon alles weh, und ich wurde ungeduldig – schoss das Männchen herbei. In Sichtweite der Höhlung landete es auf dem dicken, waagerecht abstehenden Ast eines benachbarten Baums. Das brütende Weibchen gab einen Ton von sich, der wie Niesen klang. Das hatte ich immer nur gehört, wenn ein Fressfeind in der Nähe war, eine Krähe oder ein Fuchs, also warnte das Weibchen das Männchen vor mir. Aus dem Nest konnte es mich nicht sehen, aber vor mehr als einer halben Stunde hatte es mich kommen hören und es nicht vergessen. Der Wechselgesang begann damit, dass das Männchen sich vorbeugte, sein weißer Kehlfleck anschwoll und es tiefe, kehlige Töne in die eisige Abendluft entließ. Wie auf das Stichwort hin antwortete das Weibchen prompt, seine Rufe aus dem Inneren des Nests klangen gedämpft. Eine knappe halbe Stunde lang ging das Duettieren weiter, wie es sich gehörte, fast jede Minute ein Ruf, bis das Weibchen untypischerweise zweimal hintereinander abbrach, nach dem zweiten Mal vom Nest aufflog und in einem 25 Meter vom Nest entfernten Baum landete. Das Männchen flog zu ihm hinüber – in der Dunkelheit sah ich beide nur als Silhouetten vor dem Himmel. Auf dem großen waagerechten Ast saßen sie einander gegenüber, nach einem weiteren Duett bestieg er sie kurz mit flatternden Flügeln und glitt dann davon. Sie hatten sich gepaart. Bevor das Weibchen zum Nest zurückkehrte, klapperte es ein paarmal mit dem Schnabel. Das aggressive Verhalten richtete sich vermutlich gegen mich, den lauernden Voyeur. Als es zurück im Nest war, nahm es den Gesang mit seinem Partner wieder auf, und sie sangen beide noch eine Viertelstunde lang. Meinen Blicken waren sie verborgen, das Weibchen in der Höhle, er in der Dunkelheit.

Zusätzlich zu dem Scha-Mi-Männchen, das wir gleich in der ersten Nacht ergriffen hatten, fingen wir mithilfe der GPS-Daten von dem Kudja-Weibchen alle drei Vögel an der Kudja binnen einer Stunde – das Männchen, das Weibchen und das ein Jahr alte Junge. In den Monaten meiner Abwesenheit hatte das GPS-Gerät ein Jagdgebiet etwa zwei Kilometer entfernt von der Stelle verzeichnet, auf die wir uns mit unserer Suche im Jahr zuvor konzentriert hatten und wo Sergej und ich auf Erkundungstour gegangen waren, solange wir an der Scha-Mi waren. Mit dem Auto kamen wir ziemlich dicht an das Jagdgebiet heran. Ja, von der Brücke über die Amgu aus, nur etwa 50 Meter flussaufwärts in Richtung von Wolkows Hütte, fanden wir Dutzende Fischuhuspuren und Fischbluttropfen auf Eisinseln. Dorthin gingen wir, als wir an der Scha-Mi fertig waren, und schlugen unser Lager am Ende eines Anglerpfads auf, gegenüber einem steilen Hang mit Birken und Eichen, der am anderen Ufer bis ans Wasser reichte. Wir stellten ein paar Köderkisten auf und warteten auf die Dämmerung.

Überraschend schnell wurden unsere Lockfische entdeckt – nur Minuten nach Einbruch der Dunkelheit –, und noch überraschender war die ungehinderte Sicht, die wir direkt vom Lager aus auf die jagenden Riesenfischuhus hatten. Und nicht nur auf einen Vogel, sondern auf die ganze Familie, das hier lebende Paar und dessen einjährigen Sprössling, der im Gefieder den Erwachsenen ähnelte, aber eine dunklere Gesichtsmaske hatte. Obwohl Schurik im Jahr zuvor zwei Eier gefunden hatte, war ein zweites Junges nicht in Sicht. Was war mit dem zweiten Ei passiert? Als Nächstes wollte ich unbedingt zur Saijon zurückkehren, um nachzusehen, ob es dort zwei Jungvögel gab, denn dort hatte ich in dem Nest ja ein Küken und ein Ei gesehen.

Das Jagdrevier der Wahl war für unsere Familie hier erstaunlicherweise direkt in unserer Nähe und in Nähe der Brücke. Zur Begleitmusik von Meeresrauschen, bellenden Dorfhunden und rumpelnden Holzlastern begann die Kudja-Familie mit ihrer abendlichen Jagd. Zuerst glitt das Weibchen niedrig über dem Wasser herbei, flog dann hoch und ließ sich auf einem über das Wasser hängenden Ast einer Birke nieder. Sein Gefährte flog, ohne anzuhalten, vorbei und hockte sich etwa 50 Meter flussabwärts direkt neben die Brücke. Als Letztes landete das Junge ungeduldig kreischend neben seiner Mutter. Ein paar Augenblicke lang rührten sie sich alle nicht und schätzten vermutlich die Situation ab. Und während die Dämmerung in die Nacht überging, verschmolzen ihre Umrisse mit dem Hintergrund aus Schnee und Bäumen. Dann sprangen die beiden erwachsenen Vögel fast gleichzeitig auf das vereiste Ufer der Amgu, gingen an den Wasserrand und hielten nach Fischen Ausschau. Der Jungvogel, mit einem Jahr fast genauso groß wie die Erwachsenen, flatterte hinunter neben seine Mutter. Als sie sein Betteln ignorierte, versuchte er es flussabwärts bei seinem Vater, der ihm einen Fisch aus der gerade erst entdeckten Köderkiste gab. Etwa die erste Stunde nach Einbruch der Dunkelheit jagten die Eltern emsig nach Fischen. Als alle satt waren, setzten sie sich auf das Ufer über ihren Fanglöchern und schauten in aller Ruhe, ob noch ein Fisch vorbeikam.

Außer dem, was ich bisher nie gesehen hatte, Fischuhus beim Jagen und ihre Interaktionen als Familienmitglieder, überraschte mich, dass sie sich überhaupt nicht um unsere Anwesenheit scherten. Nicht, dass sie uns nicht bemerkt hatten. Der GAZ-66 und das knisternde Lagerfeuer waren kaum zu übersehen, und Kolja ging zwecks besserer Sicht sogar bis zur Mitte der Brücke über die Scherbatowka und beobachtete von dort, wie das Männchen zweimal von seinem Sitzbaum aus ins Wasser sprang. Waren wir so nah am Dorf, dass die Uhus besser an Menschen gewöhnt waren als die meisten anderen? Am nächsten Tag brachten wir unsere Fallen aus und hatten innerhalb einer Stunde alle drei Tiere gefangen. Die erwachsenen bekamen Datenlogger, den Jungvogel vermaßen wir nur, nahmen ihm Blut ab und beringten ihn. Irgendwann würde er sein Geburtsrevier verlassen, und da wir ihn dann vielleicht nicht mehr fanden, wollten wir ihn nicht mit einem Datenlogger ausstatten.

28

Katkow im Exil

Mit unserem letzten Datenlogger fuhren wir nach Norden an die Saijon. Erfreut stellten wir fest, dass das Paar wie das an der Kudja an verschiedenen Stellen jagte, was das Fangen erleichterte. Auch die Entdeckung, dass ein einjähriger Jungvogel mit ihnen jagte, war aufregend. Es handelte sich vermutlich um das Junge, das ich im Jahr zuvor im Nest fotografiert hatte. Ein zweites war allerdings nicht zu sehen. Wir stellten eine Köderkiste nur ungefähr 100 Meter vom Lager entfernt auf, wo ein Flussarm wegen des Zuflusses von warmem Wasser aus der heißen Radonquelle offen war, und eine zweite Köderkiste etwa 700 Meter flussabwärts am Nistbaum. Weil das Männchen einen unserer alten Datenlogger trug, hofften wir, es zuerst zu fangen. Wenn wir die Daten herunterluden und den Logger wieder aufluden, hatten wir den letzten neuen für das Weibchen übrig.

Direkt an der heißen Quelle schlugen wir das Lager auf. Die Hütte in der Nähe, bei unserer Ankunft im letzten Winter weitgehend demoliert, war in der Zwischenzeit wieder instand gesetzt worden; sie hatte neue Wände und ein Dach aus Lärchenbohlen. Irgendjemand Unbekanntes war so engagiert, dass er sie ständig reparierte, aber manche Besucher der heißen Quelle betrachteten sie immer wieder als bequeme Abbaustelle für Feuerholz. Als wir Ende März ankamen, war sie schon wieder unbewohnbar. Erneut waren Tür, Fensterrahmen und ein paar Bretter von den Wänden gestohlen worden. Da die Quelle an der Saijon nicht so warm war wie die im Scha-Mi-Territorium, erwartete uns nur ein lauwarmes Vergnügen nach einem schweißtreibenden Arbeitstag. Regelmäßige Badegenossen in dem klaren Wasser waren Blutegel. Sie schwammen über den kleinen Steinen auf dem Boden des Beckens, was ein wenig verstörend war, aber im Allgemeinen blieben sie in ihrer Ecke der zwei mal zwei Meter großen Grube und wir in unserer.

Seit fast zwei Wochen lebten wir im GAZ-66. Sergej und ich schliefen im vorderen Bereich, Katkow, Schurik und Kolja hatten es sich wie winterschlafende Bären auf der Plattform hinten gemütlich gemacht. Katkow, der barbarische Schnarcher, schlief zwischen den beiden, und bisher hatten sie dieses Arrangement auch offenbar ohne Zwischenfälle beibehalten. Doch bei einem Frühstück, bestehend aus dem Abendessen vom Vortag, verkündete ein triefäugiger Schurik, er sei mit seiner Geduld am Ende. Nicht nur müsse er bühnenreife Explosionen 20 Zentimeter vor seinem Gesicht ertragen, sondern auch, dass Katkow sich im Schlaf heftig herumwerfe und mit den Armen um sich schlage. Selbst wenn es ihm, Schurik, gelinge, das kakaphonische Getöse zu ignorieren, sei er den willkürlichen Schlägen wehrlos ausgeliefert. Sogar Kolja, der vermutlich auf einem Steinhaufen in einem Hagelsturm den Schlaf des Gerechten schlafen würde, pflichtete ihm bei.

Katkow konterte die Attacken. »Wenn ihr Burschen Schlafstörungen habt, solltet ihr zu einem Therapeuten gehen. Eure psychischen Probleme haben nichts mit mir zu tun.«

Schurik stieß Unflätigkeiten aus, schlug mit der flachen Hand auf den Tisch und bat Sergej um Vermittlung. Wir einigten uns darauf, dass von jetzt an einer von uns die Nächte im Tarnzelt an der unteren Fangstelle verbringen sollte, um sie besser überwachen zu können und um ein wenig mehr Platz zum Schlafen im Wagen zu schaffen. Wir stimmten ab, wer. Die Wahl fiel auf Katkow, jedenfalls auf absehbare Zukunft.

Wir fingen das Saijon-Männchen rasch und entließen es nicht weniger rasch. Seinen alten Datenlogger wollten wir für das Weibchen benutzen, aber Ende März gab es einen Blizzard. Wind und Schnee wüteten, dass uns Hören und Sehen verging, schüttelten den GAZ-66 durch und begruben unseren Holzstoß und den Hilux unter hohen Schneewehen. Fallen stellen konnten wir bei diesen Bedingungen natürlich nicht, und wir flüchteten uns in den GAZ-66. Katkow, den unsere kürzliche soziale Ausgrenzung schwer getroffen hatte, blieb in seinem Zelt und ließ sich nur noch zu den Mahlzeiten blicken. Der Blizzard war im Übrigen nicht das einzige Ungewitter – auch in meinem Gedärm rumorte es. Alle anderen waren wohlauf, daher konnte es nicht an dem Essen liegen, das Kolja für uns kochte. Als ich mich allerdings an riskantes Essverhalten meinerseits erinnerte, kam ich für die letzte Zeit rasch auf ein erkleckliches Ausmaß. Erstens kochten wir mit dem Radonwasser und tranken es auch, weil in dem Schneesturm keiner von uns das Süßwasser die 100 Meter aus dem Fluss in Eimern herbeischleppen wollte. Fraglich also, wie mein sensibler Westmagen auf die Extrastrahlung reagierte. Zweitens hatte ich eine Scheibe Wurst gegessen, die mir heruntergefallen und über den ekeligen Boden des GAZ-66 gerollt war. Drittens hatte ich mit meinem Messer den Bauch eines toten Froschs aufgeschnitten, den ich gefunden hatte, und mir dann – viertens und fünftens – weder die Hände gewaschen noch das Messer gesäubert, bevor ich – sechstens und siebtens – mir Brot abgeschnitten und es verspeist hatte. Und das alles an diesem Morgen: Kein Wunder, dass mir übel war.

Meine Unpässlichkeit war Anlass kolossalen Amüsements für meine eingeschneiten Teamkollegen, die hinten im GAZ-66 saßen, Karten spielten, Tee tranken und Kekse futterten. Und kicherten, wenn ich hastig meine Schneehosen anzog, aus dem Laster sprang, zu meinem Katzenklo zwischen den Büschen in dem eingefrorenen Sumpf raste und dann auch noch ordentlich vollgeschneit vom längeren elend dort Hocken zurückkam.

Am nächsten Nachmittag waren beide Stürme vorüber. Ich ging zu der unteren Fangstelle, Katkows Verbannungsort. Da unsere Fallen für das Saijon-Weibchen fertig zum Aufstellen waren, war es am sinnvollsten, dass jeweils zwei Leute die beiden Stellen von der Abend- bis zur Morgendämmerung überwachten. Da sowohl Schurik als auch Sergej behaupteten, sie könnten keine zwölf Stunden in nächster Nähe mit Katkow ertragen, meldete ich mich freiwillig. Natürlich war er mit seinen erratischen Schlafgewohnheiten und seinem nicht zu bändigenden Mitteilungsbedürfnis anstrengend, aber ich mochte ihn und wusste sein genuines Interesse an der Arbeit zu schätzen.

Das Zelt war eine stinkende, unordentliche Höhle. Seit Katkow nicht mehr im GAZ-66 schlafen durfte, hatte er sich reichlich gehen lassen. Der Boden unter dem Zelt war mit der Zeit, und weil Katkow gelegentlich ein Butangasheizgerät benutzte, schief geworden. Alles – der Bildmonitor, die 12-Volt-Batterie, die ihn mit Strom versorgte, Katkows Schlafsack und seine Thermoskanne – saß auf dem Rand einer großen Kuhle in der Mitte und konnte jederzeit umkippen. Ja, in dem Krater drohte das gesamte Zelt zu verschwinden. Zwischen dem Boden am Rand und in der Mitte bestand wahrscheinlich ein Gefälle von 45 Zentimetern. Unten sammelte sich Wasser.

»Wie schläfst du denn hier drin?«, fragte ich verblüfft.

Katkow zuckte die Schultern. »Ich kringele mich um den Rand.«

Zum Sitzen war das Zelt natürlich sehr bequem. Mit dem Loch in der Mitte saß man wie auf einer Bank und konnte mit den Füßen in der Pfütze herumpatschen. Kurz vor der Dämmerung befestigten wir die Schlinge auf der Köderkiste und begannen mit der Warterei. Wir wollten in Vierstundenschichten arbeiten. Während der eine den Bildschirm im Auge behielt und beobachtete, ob Uhus kamen, sollte der andere sich ausruhen. Katkow, entzückt, einen Zuhörer zu haben, der sich nicht entziehen konnte, gab zu, dass ihm diese Arbeit im Feld keinen sonderlichen Spaß machte. Er hatte seine Verbannung ins Zelt ohne Murren akzeptiert, aber es zermürbte ihn, und er wurde langsam paranoid. Er warf Schurik zum Beispiel vor, seine Besitztümer zu verstecken oder wegzuwerfen. In der vergangenen Nacht hatte er sogar gemeint, Sergej wolle ihn foltern und werfe Schneebälle auf das Zelt, bis er merkte, dass lediglich der im Sturm von den Ästen gewehte Schnee in Klumpen herunterfiel. Als er einmal nachts draußen das Schimmern der Infrarotkamera sah, hatte er vergessen, dass sie da war, und dachte, Sergej schleiche sich heran und filme ihn, um zu kontrollieren, ob er schlafe. Solche Sachen erzählte Katkow in einem fort, verzichtete auf seinen Schlaf, ließ, nimmermüde, nah zu mir vorgebeugt, einen Bewusstseinsstrom vom Stapel, der mit dem Verstreichen der Stunden zum unendlichen Geräuschfluss wurde und in der Enge von Duftsalven begleitet wurde, wenn er seinen Monolog mit dem Verzehr von Wurst und Käse anheizte. Als meine Schicht ohne Uhusichtung zu Ende gegangen war, rollte ich mich um den Kraterrand, um zu schlafen, und Katkow übernahm die Wache. Entspannen konnte ich mich in meiner Position so gut wie nicht. Am nächsten Morgen versetzte ich mit ihm zusammen das Zelt, nicht ohne dass wir zuerst den Schnee wegschaufelten, damit der Boden eben war.

In der nächsten Nacht erzählte Katkow mir, wann und wie er seinen ersten Riesenfischuhu gesehen hatte. »Als Surmatsch mir diese Vögel beschrieben hat«, sagte er laut zischend in dem Versuch zu flüstern, »habe ich mir ein

Bild von einem majestätischen Wesen gemacht, das nur in der unberührtesten Natur in einer schneebedeckten Kiefer lebt, sich in das klare Wasser eines Gebirgsflusses stürzt und einen riesigen Lachs schnappt.« Er hielt inne und lachte. »Willst du wissen, wann ich dann das erste Mal einen gesehen habe? Im letzten Frühjahr bin ich mit Sergej nach Amgu gefahren, um das Kudja-Weibchen zu fangen. Es war Mitternacht und es goss wie aus Kübeln. An der letzten großen Kurve am Fuß des Amgu-Passes erfassten die Scheinwerfer einen Riesenfischuhu. Im strömenden Regen saß er am Straßenrand auf einem weggeworfenen Lastwagenreifen, die Federn klebten ihm am Körper, und er schluckte einen Frosch herunter. So was hatte ich nun nicht erwartet, das kann ich dir sagen. Das war nicht gerade majestätisch!«

Ein paar Stunden später – ich schlief in meinem Schlafsack – trat mich Katkow von der anderen Seite des Zelts und brüllte, wir hätten was gefangen. Ich stürzte ins Freie und stolperte zu unserer Falle. Der junge Uhu flatterte am Flussufer! Ich packte ihn und trug den verwirrten Vogel zum Zelt, vor dem Katkow schon einen Klapptisch aufstellte. Seit ich das Tier das letzte Mal gesehen hatte, war es beträchtlich gewachsen – im letzten April hatten wir es im Nest gesehen, gerade mal ein paar Tage alt, flaumig, blind und vollkommen hilflos. Das war vorbei, jetzt konnte es sich wehren. Da ich mittlerweile gelernt hatte, wie man erwachsene und adoleszente Vögel am Gefieder unterscheidet, zeigte ich Katkow die dunklere Gesichtsmaske. Der Vogel nutzte die Gelegenheit, meine Fingerspitze mit seinem scharfen Schnabel wie in einen Schraubstock zu nehmen und mir eine klaffende blutende Wunde zuzufügen. Ich wusch sie, bedeckte sie in Ermangelung eines Pflasters mit Gaze und umwickelte das Ganze mit Klebeband. Wir vermaßen unseren Gefangenen, beringten ihn und ließen ihn wieder frei.

Da wir nun zwei der drei Vögel gefangen hatten, das Männchen und den Jungvogel, bestand die Möglichkeit, dass wir bei dem Versuch, das Weibchen zu erwischen, ungewollt wieder einen der anderen beiden in der Falle vorfanden. Deshalb rüsteten wir beide Fallen auf Handbetrieb um. Dann konnten die Uhus sich nach Herzenslust und unbehelligt in den Köderkisten bedienen, solange wir nicht an einer Strippe zogen, um die Schlinge manuell zu aktivieren. Schurik und Sergej blieben an der oberen Falle, während ich in Katkows Herrschaftsgebiet an der unteren blieb.

29

Die Monotonie des Scheiterns

Die Nächte zogen sich hin, gelegentlich knallte es in der tiefen Winterstille, als wären Böller gezündet worden. Die Geräusche kamen vom Eis, das sich in Baumspalten ausdehnte, wenn die Temperaturen nach Sonnenuntergang plötzlich sanken. Das erwachsene Uhuweibchen war wie ein Geist. Wir hörten es fast jeden Abend mit seinem Partner im Wechselgesang singen, aber auf dem Bildschirm erschien es nur einmal. Da trat es in unsere Schlinge und zog den Knoten auf, bevor wir bei ihm waren, der einzige Fischuhu, der das je schaffte. Danach – nichts. Offenbar hatten wir sein Jagdgebiet noch nicht gefunden. Unseren Erkenntnissen bei dem Kudja-Paar zufolge konnte das meilenweit entfernt sein.

Jetzt lebten wir fast einen Monat im Wald, machten Tag für Tag das Gleiche, ohne merklichen Fortschritt. Katkow und ich packten zum Beispiel morgens, müde von unseren Nachtschichten im Tarnzelt, die schweren Batterien, die wir für die Kameras und Videomonitore brauchten, in Rucksäcke und schleppten sie zum Aufladen zum GAZ-66. Tagsüber reparierten wir die Fallen oder wanderten auf der Suche nach Uhuspuren im Wald umher, holten rechtzeitig vor der Dämmerung die Batterien ab und überprüften noch einmal einzelne Teile der Fallen. Dann kauerten wir uns bis morgens ins Tarnzelt.

Der beringte Jungvogel, regelmäßiger Besucher der unteren Falle, wurde zum Lichtblick in all der Monotonie und Erschöpfung. Ich war besonders fasziniert von seinen Jagdgewohnheiten und freute mich, wenn er fast jeden Abend vor unserem Zelt auftauchte. Wenige Leute in Russland haben Riesenfischuhus im Nest oder bei der Jagd gesehen, doch ein Jungtier zu beobachten war etwas Einzigartiges. Ich bekam die ersten genauen Einblicke, wie es lernte, allein zu jagen. Normalerweise kam es kurz nach Einbruch der Dunkelheit. Dann beobachteten wir, wie es, erhellt vom unsichtbaren Licht unserer Infrarotkamera, ins flache Wasser watete, also eher langsam und vorsichtig hineinstolzierte. Hier hielt es inne, betrachtete konzentriert das Wasser oder vollführte seine Angriffssprünge, wie es sie gelernt hatte. Interessanterweise holte es sich nur in Abständen Fisch aus unserer Kiste in der Nähe, als wüsste es, dass die nicht immer da sein würde, und als müsste es lernen, davon unabhängig Beute zu machen. Mitunter scharrte es mit den Krallen in dem kiesigen Uferboden und beäugte aufmerksam die entstandene Mulde. Das Verhalten verblüffte mich, doch als ich später Frösche entdeckte, die im Kies flacher Flüsse ihren Winterschlaf hielten, begriff ich, dass der junge Fischuhu auf Froschjagd gewesen war.

Die Nachtschichten mit Katkow waren kräftezehrend. Zwölf Stunden am Stück waren wir in dem Zelt mit der abgestandenen Luft einander ausgeliefert und machten kaum Fortschritte bei der Arbeit. Als wir einmal nachts in unseren Winterjacken und -mützen, locker mit den Schlafsäcken zugedeckt im grauen Licht des Monitors saßen, erzählte Katkow mir, dass er Urinfetischist sei. Er besaß nicht nur eine Fotosammlung neuartiger erotischer Urinalbecken, Vaginas, aufgesperrte Münder, Hitlergesichter und dergleichen Kreationen mehr, sondern pieselte auch für sein Leben gern landschaftliche Schönheiten oder Wahrzeichen an beziehungsweise davon herunter. Mir fiel ein, wie wir einmal auf einer Fahrt angehalten hatten, um zu betrachten, wie die untergehende Sonne eine Felswand vergoldete, und Katkow sagte, davon würde er jetzt gern herunterpinkeln. Diese Bemerkung, damals anscheinend aus dem Blauen heraus, passte auf einmal in das größere Puzzle dieses mir bekannten Mannes. Der Forschungsreisende Arsenjew schrieb, dass chinesische Jäger in Primorje um die Jahrhundertwende Gipfel erklommen, um den Göttern näher zu sein. Im Gegensatz dazu stieg Katkow hinauf, um seine Blase zu entleeren. Eigentlich reichte es mir jetzt.

»Hör zu, Katkow«, sagte ich. »Das Weibchen kommt nicht, weil wir so viel reden. Ich finde, wir sollten mal eine Weile den Mund halten.«

Da war Katkow anderer Meinung. »Die Uhus können uns doch überhaupt nicht hören. Wir flüstern, und der Fluss ist laut.«

»Ganz egal«, erwiderte ich. »Wir wollen uns doch so verhalten, wie es für die Vögel am besten ist.«

Er gab nach – schließlich wollte er das auch –, aber eher widerstrebend. Alle fünf bis zehn Minuten platzte er mit einem Gedanken heraus, und dann musste ich ihn an unsere Abmachung erinnern, und er verstummte wieder für eine Weile.

Als ich am nächsten Abend zum Tarnzelt kam, sah ich zu meiner Überraschung, dass er eine dicke Schneemauer zwischen dem Zelt und dem Fluss errichtet hatte. Gut, er langweilte sich eben, und ich dachte mir nichts weiter dabei und ging ins Zelt, bereit für eine weitere Nacht des Wartens. Während er mich drinnen wieder mit Belanglosigkeiten zuquatschte, wartete ich besonders ungeduldig auf das Junge, damit ich einen Vorwand hatte, ihn um Ruhe zu bitten. Kaum tauchte es auf dem Bildschirm auf, legte ich einen Finger auf den Mund und deutete mit dem anderen auf den Vogel.

»Keine Sorge«, sagte Katkow und strahlte im Schein des Monitors über beide Backen. »Ich habe eine Schallschutzwand gebaut.«

Plötzlich verstand ich die schreckliche Absicht hinter der Schneemauer.

»Ganz bestimmt sind wir trotzdem zu hören ...«, protestierte ich schwach.

»Absolut nicht.« Katkow lächelte immer noch. »Pass auf!«

Er klatschte, so laut er konnte, in die Hände. Der Uhu auf dem Bildschirm – in Wirklichkeit nur 30 Meter von uns entfernt – reagierte mit keinem Muckser. Im trüben Licht des Zelts missverstand Katkow mein säuerlich verzogenes Gesicht als Lächeln und ballte siegestrunken die Faust. Jetzt war alles zu spät.

Ich hatte zwar meinen Spaß mit dem Jungvogel, doch insgesamt war das Team frustriert, weil es so gar nicht voranging. Um die Situation ein wenig zu entspannen, nahmen wir uns einen Tag frei von der Saijon und fuhren zum Fluss Maximowka, 20 Kilometer weiter nördlich. Bei Anglern war er berühmt wegen des Japanischen Saiblings, des Taimen und des Lenoks, bei uns wegen der hohen Riesenfischuhu-Dichte. Sergej und ich waren ja dort vor ein paar Jahren beinahe steckengeblieben, weil die Holzfäller die Straße blockierten, hatten aber zwei Uhupaare an einer Stelle miteinander rufen gehört. Sergej, Schurik, Katkow und ich quetschten uns in den Hilux, Kolja, dem es als einzigem von uns nichts ausmachte, untätig herumzuhängen, blieb zur Bewachung des Lagers zurück.

Da die Straße zur Maximowka den ganzen Winter über wegen des Schneesturms, der den Rajon Ternei weitgehend unter sich begraben hatte, unpassierbar war, war die Tierwelt im Flussgebiet vor Wilderern geschützt. Die Schneemassen stellten für die Huftiere zwar hier immer noch eine erhebliche Beeinträchtigung dar – ich sah mehrere gefrorene Kadaver von verhungertem Rotwild –, doch bis kurz zuvor mussten sie sich wenigstens keine Sorgen um die Bedrohung durch Menschen machen. Das änderte sich, als ein Lokalfunktionär der Meinung war, er müsse angeln gehen, und jemanden dafür bezahlte, die 40 Kilometer Straße von Amgu zur Maximowkabrücke freizuräumen. Ein paar Stunden angelte der Funktionär an der Brücke, dann fuhr er wieder heim. Den Wilderern standen nun Tür und Tor offen, und wir fuhren schweigend an weißen, vom Blut des erlegten Rot- und Schwarzwilds rot bespritzten Schneewällen vorbei.

Bei meinem letzten Aufenthalt an der Maximowka 2006 war von dem Dorf Ulun-ga nur ein kleines Schulhaus übrig gewesen, das Sinkowski, der einäugige Jäger, zu einer Jagdhütte umgebaut hatte. 2008 hatten er und andere Jäger aus dem Dorf Maximowka, die das Recht zum Angeln am Fluss hatten, die Wilderer aus Amgu, die in den Norden gefahren kamen und das Wild auf ihrem Land töteten, endgültig satt. Ohne Hilfe konnten sie das riesige Flusseinzugsgebiet der Maximowka, fast 1500 Quadratkilometer, allerdings nicht schützen. Also stellten sie »Wachposten« an den einsamen Straßen auf und vergruben massenhaft Nägel und grob verlötete Stacheln in der Erde, damit sich die Wilderer die Reifen ruinierten. Sie selbst wussten, wie sie die umfahren konnten, die unerwünschten Gäste nicht. An der Maximowka festzusitzen, beschert einem ein Gefühl großer Schutzlosigkeit. Die Winde heulen durch das trichterförmige Tal, es gibt mehr Bären als Menschen und Hilfe erst auf der anderen Seite einer Bergkette. Besucher aus Amgu – gewiss ein paar Wilderer, aber auch unschuldige Angler sowie Pilz- und Beerensammler – waren natürlich stinkwütend, als sie mit ihren frisch geschredderten Reifen in der Wildnis festsaßen. Sie reagierten nicht mit Rückzug, sondern ihrerseits mit Gewalt, und die Sache eskalierte bis zur Brandstiftung.

Jagdhütten sind hier ein kostbares Gut: Stück für Stück werden die Einzelteile zu ihrem Bau, Fensterscheiben, Holzöfen, Türangeln und anderes, auf dem Buckel über lange Wege zu kleinen, aus dem Wald geschlagenen Lichtungen geschleppt. Seinen Feinden kann man in Nordprimorje also nichts Schlimmeres antun als eine Hütte abzubrennen. Es hat Folgen über Jahre hinaus. Nacheinander wurden die meisten Jagdhütten an der Maximowka, auch die in Ulun-ga, mit Leichtbenzin übergossen und niedergebrannt. Sinkowski hatte zwar dort, wo das alte Schulhaus einmal gestanden hatte, ein viel kleineres Gebäude errichtet, aber von dem ursprünglichen Altgläubigendorf war nun überhaupt nichts mehr übrig.

Wir parkten den Hilux in der Nähe der Lichtung, wo sich Ulun-ga befunden hatte. Katkow blieb am Fluss, bohrte Löcher ins Eis und angelte, während wir anderen an der Mündung der Losewka ausschwärmten, um den Nistbaum des hier lebenden Paares zu suchen. Schurik und Sergej fuhren auf Skiern das Tal der Losewka hinauf nach Norden, ich lief die Straße ein paar Kilometer hoch, bog durch den Wald zur weitgehend zugefrorenen Maximowka ab und wollte dann im Kreis zurück zum Hilux gehen.

Noch auf der Straße sah ich Rotwild und freute mich, dass es wenigstens noch ein bisschen Leben gab. In den Gebieten um Ternei und Amgu hatte ich kaum Fährten im Schnee gesehen. Als ich auf den Fluss zuging, krächzten vom Waldrand her aufgeregt drei Aaskrähen. Zwei flogen zu mir herüber, flatterten eine Weile über mir und dann zum Waldrand zurück. Als ich ihnen nachschaute, sah ich, dass sich unter den Kiefern etwas bewegte: ein Keiler. Hatten mich die Krähen mit Absicht vor dem Keiler gewarnt, weil sie hofften, ich würde ihn erschießen und sie könnten sich an den Resten laben, die ein Jäger typischerweise hinterlässt? Der Keiler schlenderte weiter und war, nicht ahnend, dass er verraten worden war, bald verschwunden.

Das Eis auf dem Fluss war hart und eben wie ein Gehweg, deshalb schnallte ich die Skier ab und trug sie über der Schulter. Dann sah ich etwa 200 Meter flussabwärts eine Bewegung am Ufer, erst ein bleiches Hinterteil, dann ganz deutlich den Rehbock, zu dem es gehörte. Mit Bastgeweih. Er war dünn und lief vorsichtig, die scharfen Hufe tief im Schnee. Schließlich bemerkte er mich, ein getarntes weißes scheußliches Untier, das über das Flusseis knirschte. Er flüchtete in Richtung des Waldes, aber wegen des tiefen Schnees besann er sich und kehrte zum Fluss zurück. Auf dem festen Eis konnte er viel schneller entkommen. Durch mein Fernglas beobachtete ich, wie er flussabwärts sprang und dabei zu meiner Verblüffung einmal anhielt und an einem Ast knabberte. Nachdem er es schon recht weit von mir weg geschafft hatte, schlug er an einem Riss im Eis unerklärlicherweise einen Haken nach rechts, vielleicht wollte er zu den Bäumen am anderen Ufer. Doch dieser Fluchtweg führte direkt zu einem Abschnitt offenen Wassers. Der Bock sah es – ganz bestimmt! –, aber er lief nicht langsamer, sondern sprang, als wolle er hinübersetzen, und krachte stattdessen kopfüber ins Wasser. Dabei scheuchte er eine Pallaswasseramsel auf, die wie der Blitz flussaufwärts an mir vorbeizwitscherte. Wie gebannt von dem, was ich da sah, blieb ich stehen und setzte das Fernglas ab, dann schaute ich wieder durch. Der Bock würde es doch sicher aus dem Wasser schaffen. Er schlug auf das Wasser ein – offensichtlich war es so tief, dass er keinen Boden unter den Hufen fand – und schwamm auf die vereiste Uferböschung zu. Dort sah er dann aber, dass diese fast einen Meter über dem Wasserpegel lag. Wie sollte er da hochkommen? Er schwamm in dem Teich herum, suchte überall Stellen, an denen er herauskriechen konnte, fand aber keine. Dann bewegte er sich nicht mehr und ergab sich der Strömung, die ihn zum unteren Rand der offenen Wasserstelle mitriss. Sie war heftig. Der Rehbock würde ertrinken.

Mir wurde flau im Magen, als ich begriff, dass er sich aus seiner Situation nicht befreien konnte. Ich fuhr erst zögernd, dann schneller mit den Skiern auf ihn zu und brüllte, weil ich hoffte, ihm Angst zu machen und damit letzte Kräfte zu mobilisieren, doch selbst als ich nur ein paar Meter entfernt am Ufer stand, trat er immer noch Wasser und versuchte, auf die horizontale Eisfläche über sich zu springen. Vergeblich. Dieses Tier hatte einen grimmigen Winter überstanden und war blutgierigen Wilderern entkommen und sollte jetzt, an der Schwelle des Frühlings in der Maximowka ertrinken, nur weil ich es aufgescheucht hatte! Ich warf einen meiner Skier auf das Eis, legte mich flach darauf, schob den anderen Ski wie eine Stange über das Wasser bis zu ihm und zog ihn damit zu mir. Als er nahe genug war, packte ich ihn mit beiden Händen am Geweih und hievte das willenlose, durchnässte, völlig erschöpfte Tier auf das sichere Eis.

Rehwild kann eine stressbedingte Myopathie erleiden, das heißt, wenn es von einem Raubtier gefangen wird, kann es irreversibel körperlich abbauen und sich nicht wieder erholen. Mit anderen Worten: Es stirbt einfach, selbst wenn es sich gerade selbst befreit hat. Fast zu ertrinken war schon traumatisch genug für das Tier gewesen, und ich wollte nicht, dass es nach der Rettungsaktion jetzt an dieser Reaktion verendete. Kaum hatte ich es auf dem Eis, machte ich mich davon. Ich nahm meine Skier und glitt, ohne mich umzuschauen, in gleichmäßigem Tempo flussabwärts. Nach mehreren hundert Metern drehte ich mich um und schaute durchs Fernglas. Der Rehbock stand dort, wo ich ihn verlassen hatte, und rang schwer nach Luft. Ich betrachtete ihn noch ein paar Minuten, dann drehte er seinen schweren Kopf zu mir und schaute mich an, als ginge es ihm einfach nicht in den Kopf, warum ich ihn nicht gegessen hatte.

Das Andrenalin strömte mir nur so durch den Körper, während ich weiter flussabwärts lief. Ich machte mir keine allzu großen Hoffnungen, dass der Bock überleben würde. Wenn er gesund gewesen wäre, hätte er dem Stress des drohenden Ertrinkens, dem eisigen Wasser und dem unerklärlichen Zusammentreffen mit einem Raubtier vielleicht standgehalten, aber er war nur Haut und Knochen. Das Erlebte war wahrscheinlich zu viel, und er starb noch dort, wo ich ihn verlassen hatte, und dann würden die Füchse, die Wildschweine und die Raben an ihm herumhacken, bis das Eis schmolz und sein Gerippe mit der Strömung ins Japanische Meer schwamm. Doch als Schurik eine Stunde später zum Fluss lief und meiner Spur bis zu dem Punkt der Begegnung mit dem Rehbock folgte, sah er etwas Seltsames: einen klatschnassen Rehbock im Wald. Dass das Tier dann die Kraft hatte, vor meinem Kollegen wegzurennen, war ein gutes Zeichen. Bis Schnee und Eis geschmolzen waren und der Wald wieder grün wurde, dauerte es nur noch ein paar Wochen. Vielleicht schaffte es der Rehbock ja.

Bei unserer Rückkehr an die Saijon schneite es trotz des Herannahens des Frühjahrs noch einmal heftig und lang. Ein zweitägiger Schneesturm hinterließ eine kniehohe Schicht nassen, schweren Schnee, was das Schicksal des Rehbocks, den ich gerettet hatte, vielleicht doch besiegelte. Als sich der Sturm verzog, nahm er die tiefe Winterkälte mit, alles, auch das Eis auf dem Fluss, begann rasch zu schmelzen. In dem trüben, schmuddeligen Wasser waren unsere Fallen nutzlos, und als hätte man einen Schalter umgelegt, ging unsere intensive Fangsaison abrupt zu Ende. Wieder war der Frühling ein wenig früher gekommen, als uns recht war, und wir hatten nicht mehr die Zeit, alle Uhus zu fangen, die wir fangen wollten. Wir waren völlig verschlampt. Unsere Kleidung stank, war besudelt und zerrissen. Unsere Arme vom wochenlangen Holzhacken, dem ständigen Reparieren der Köderkisten, dem vielen Sich-durchs-Unterholz-Kämpfen und dem Waldleben generell völlig zerkratzt. In unseren rauen Händen hatten wir so tiefe Risse, dass der Dreck, der sich darin gesammelt hatte, selbst mit hingebungsvollem Schrubben nicht wegging und die Flecken blieben. Wir packten zusammen und zogen im Konvoi gen Süden, fuhren langsam durch den Schneematsch und Schlamm der tauenden Straße die 320 Kilometer nach Ternei.

30

Dem Fisch folgen

Nun, da die Feldsaison beendet war, konnte ich mich ungestört den GPS-Daten widmen, die wir gesammelt hatten. Rasch sah ich Muster, wie die Uhus mit der Landschaft interagierten. Jedes Revier hatte eindeutig ein »Kern«-Gebiet mit dem Nistbaum als Mittelpunkt, und je nach Jahreszeit änderte es sich, wohin und wie die Uhus sich von diesem Kerngebiet entfernten. Im Winter waren sie eng daran gebunden, was sich natürlich durch die Erfordernisse der Brutzeit ergab, wenn die Weibchen nestfest waren, während die Männchen Wache hielten und sie füttern mussten. Im Frühjahr konzentrierten sich die Vögel eher auf Gebiete flussabwärts bis an die Ränder benachbarter Territorien von Artgenossen oder an natürliche Grenzen wie dem Japanischen Meer. Im Sommer machten die meisten eine Kehrtwende flussaufwärts von ihrem Kerngebiet aus und suchten die Oberläufe der Flüsse sowie kleinere seitliche Nebenflüsse auf. Im Herbst waren ihre Bewegungen am überraschendsten. Manche verließen das Kerngebiet komplett, gingen bis zu den Oberläufen der Flüsse in ihrem Territorium und kehrten erst im Winter in das Gebiet um das Nest zurück. Ich legte Sergej eine Karte mit diesen jahreszeitlich bedingten Daten vor, und er zeigte mir auf dem Computerbildschirm die Herbstaufenthaltsorte.

»Da gehen die Forellen zum Laichen hin«, sagte er. »Die Uhus folgen den Fischen.«

Wenn sie tatsächlich den Fischwanderungen folgten und zu den Laichplätzen gingen, hätte ich viel Bewegung im Sommer und im Herbst erwartet, denn das würde die Muster erklären, die ich sah. Aber bei näherer Beschäftigung mit den Lebenszyklen der Lachse fand ich fünf Arten von besonderem Interesse: Die Masu- und Buckellachse kamen im Sommer zum Laichen, während die Dolly-Varden-Forellen, die Japanischen Saiblinge und die Keta- oder Hundslachse im Herbst laichten. Letztere in Seitenarmen und Nebenflüssen größerer Flüsse, die Forellen und Saiblinge am Oberlauf von Flüssen. Die Züge all dieser Fische passten zu den Bewegungsmustern der Riesenfischuhus, die wir im Sommer und im Herbst in ihren Territorien beobachteten, und es bewies treffend, dass die Riesenfischuhus außer in der Brutperiode ihrer proteinreichen Beute folgten. Vom Nest aus wie von einem Drehscharnier wandten sie sich im Sommer flussabwärts, um die ankommenden Migranten abzufangen, und im Herbst flussaufwärts, um die laichenden Fische zu erbeuten, die in der Zeit besonders anfällig waren.

Nach ein paar Monaten zu Hause in Minnesota flog ich im August 2009 zurück nach Russland. Da Nordkorea kurz zuvor Drohungen gegen südkoreanische Flugzeuge ausgestoßen hatte und ein Flugzeug der Korean Air 1987 schon einmal von sowjetischen Abfangjägern abgeschossen worden war, nahm man die Drohung sehr ernst. Statt über die normale Flugroute nach Wladiwostok vom Südwesten her an der Ostküste von Nordkorea entlang flogen wir wie ein Bumerang über das Japanische Meer, bevor wir im Halbkreis zurück vom Osten her auf Wladiwostok zuhielten. Die letzte Teilstrecke meines Flugs dauerte dadurch eine Stunde länger.

Für diesen Sommer hatte ich mir zwei Dinge vorgenommen. Als Erstes wollte ich die Vegetation um die Nistbäume von Riesenfischuhus beschreiben. Hatten diese Orte noch etwas anderes, das Riesenfischuhus attraktiv zum Nisten fanden, als das Offensichtliche, sprich, riesige, massive Bäume? Um eine Antwort auf diese Frage zu erhalten, wollte ich die Charakteristiken eines Nistplatzes mit beliebigen Orten im Wald vergleichen. Meine Methode zur Sammlung von Merkmalen hatte ich an der Mündung der Samarga im April 2006 schon mal erprobt und das Verfahren in Minnesota weiter durchgespielt und verfeinert. Man brauchte Kenntnisse der lokalen Baumarten und ein paar Spezialwerkzeuge wie einen Höhenmesser für Entfernungen und Baumhöhen und ein Dichtemessgerät für die Baumkronendecke.

Mein zweites Vorhaben unterschied sich nur insofern von dem ersten, als es dabei um die Beute und nicht um Nistorte ging. Ich wollte Flussabschnitte, an denen nachweislich Riesenfischuhus jagten, mit beliebigen anderen Abschnitten im Revier der Uhus vergleichen. Diese Forschungsmethode bestand im Wesentlichen darin, dass ich mich in einen schwarzen

Ganzkörper-Taucheranzug aus Neopren zwängte und dann mit Tauchermaske und Schnorchel seichte Flüsse 100 Meter hochkroch und die Fische, denen ich begegnete, bestimmte und zählte. Informationen zu Vegetation und Fischen sagten vielleicht etwas über wichtige Unterschiede in den Habitaten aus und vermittelten mir eine bessere Vorstellung davon, was nötig war, um diese Vögel zu schützen und zu retten.

Surmatsch holte mich mit wehender Haarmähne, in T-Shirt und Jeans am Flughafen ab. Zunächst mal konnte er sich eine Bemerkung zu meinem sauber rasierten Gesicht nicht verkneifen. Ich trage normalerweise nur im Winter einen Bart, sodass er und viele andere Leute in Russland, mit denen ich in den letzten Jahren zusammengearbeitet hatte, mich nie ohne gesehen hatten. Aber wir unterhielten uns angeregt, als wir durch den hektischen, von dem Einheimischen als total normal empfundenen Verkehr fuhren. Wir machten sogar noch einen Umweg, weil Surmatsch nach Katkow sehen wollte, der für ihn arbeitete und in dem helllilafarbenen *domik* wohnte, während er das Nest einer Chinadommel überwachte. Zum ersten Mal wurde dokumentiert, dass diese Art in Russland brütete. Das Sumpfgebiet, das Katkow vor einigen Wochen als sein Zuhause abgesteckt hatte, lag neben der Haupteinfahrtsstraße in die Stadt und war von einer U-förmigen Fläche von Bahngleisen umgeben, offenbar Ausweichgleise, auf die ein nachrangiger Zug fahren konnte, wenn er einen vorrangigen vorbeilassen musste.

»Man gewöhnt sich dran«, brüllte er, als wieder ein Zug anrollte, zum Stehen kam und der Lokführer sich rauchend aus dem Fenster lehnte, uns neugierig beäugend. Katkow und sein Sumpf waren im Grunde permanent vom rhythmischen Getöse ratternder Eisenbahnen umzingelt. Katkows Zeit jedoch, im Sumpf Kamerabatterien zu wechseln und Filmmaterial zu sichten, neigte sich dem Ende zu, und nach mehrtägigen Beratungen mit Surmatsch in Wladiwostok fuhren er und ich zum Dateneinsammeln im *domik* nach Ternei.

Abgesehen davon, dass Katkow im Sommer genauso oft von der Straße abkam wie im Winter und aus unerfindlichen Gründen hinten im Wagen Zeitungen und Buchweizen hortete, war er ein hervorragender Assistent im Feld. Brav und ohne Murren sammelte er Daten und nahm den Job ernst.

Was war der Mann gutwillig! Ich bekam ein richtig schlechtes Gewissen, weil wir ihn im vergangenen Winter so schäbig behandelt hatten. Dass er ehrlich interessiert an dem Projekt war, die Uhus ihm am Herzen lagen und er auch gern mit mir zusammenarbeitete, sah ich doch. In Ternei bezogen wir wieder Standquartier im Sichote-Alin-Research-Center und fuhren jeden Tag zu den nahen fünf Riesenfischuhu-Territorien. In dreien hatten wir Vögel gefangen, in zwei anderen jedoch nicht. Jetzt zeichneten wir typische Merkmale der Vegetation und der Flüsse auf.

Ich war seit Jahren nicht im Sommer in Primorje gewesen, nicht seit meiner Masterarbeit über Singvögel, und ich fand es geradezu berauschend. In Wäldern, an deren Anblick als gefroren, offen und still ich gewöhnt war, bekam man regelrecht Platzangst, so dicht wucherten die Pflanzen, und die Symphonie der Vogelstimmen war ohrenbetäubend. Winzige Goldhähnchen-Laubsänger klangen wie durchgeknallte Maschinengewehrschützen und schossen aus den höchsten Ästen der Baumkronen scharfe Trillersalven durch das Tal. Japanschnäpper sangen aus den dunklen, feuchten Ecken des Waldes, flüchtige Rufe, die am Rand meiner Wahrnehmung wie Erinnerungen irrlichterten. Näher am Fluss überraschte ich ein Feuerwiesel, ein kleines, geschmeidiges Raubtier mit dichtem rostrotem Fell, das zwischen den Ästen eines Damms aus Holzstämmen verschwand. Ich sah wenige andere Säugetiere – die meisten gingen Menschen im Wald aus dem Weg –, aber der weiche Schlamm am Flussufer war von einem Muster unzähliger Spuren von Braunbären, Fischottern und Marderhunden durchzogen.

Wir brauchten im Schnitt zwei Tage, um alle Daten in einem Territorium zu sammeln, denn jedes musste insgesamt fünfmal begutachtet werden: dreimal die Vegetation, zweimal der Fluss. Was die Vegetation betraf, untersuchten wir zuerst alles direkt um das Nest herum, dann in der Nähe des Nests, dann einen beliebigen Bereich innerhalb des Reviers. Den Fluss untersuchten wir dort, wo die Vögel jagten, und an einer beliebigen anderen Stelle, ebenfalls innerhalb des Reviers. Wenn sich die Orte, wo die Uhus nisteten oder jagten, durch spezifische Merkmale auszeichneten, würden diese beim Vergleich deutlich hervortreten.

Für die Analyse der Vegetation stand Katkow meist mitten in dem zu untersuchenden Bereich und notierte die relevanten Daten, während ich mich in einem Radius von 25 Metern um ihn herum kämpfte, alle Bäume zählte, Art, Größe und andere Einzelheiten feststellte und sie ihm zuschrie. Eine schweißtreibende, öde Arbeit, die mir böse Kratzer auf der Haut und unzählige entzündete Stellen von den Dornen der Borstigen Taigawurzel bescherte.

Die Erhebungen zu den Fischen machten deutlich mehr Spaß. Mir jedenfalls. Ich zwängte mich in meinem Neoprenanzug, den ich für einen schlankeren Körper erstanden hatte als den, den ich jetzt mit mir herumschleppte, glitt ins flache Wasser – die meisten Flussabschnitte, an denen die Uhus jagten, waren flach. Kaum vom Wasser bedeckt kroch ich flussaufwärts und zählte Arten und Anzahl der Fische. Die Abschnitte waren jeweils 100 Meter lang. Alle 20 Meter hielt ich an, brüllte Katkow am Ufer meine Beobachtungen zu, er notierte sie auf seinem Zettel und ging dann die nächsten 20 Meter weiter, wo er stehenblieb und mir anzeigte, bis wohin ich mich vorplanschen sollte. Es gab nur wenige Fischarten, und sie waren ziemlich leicht zu unterscheiden. Nach einer Zeit schlug Katkow vor, wir sollten die Rollen tauschen, doch da wir ihn partout nicht in den Neoprenanzug quetschen konnten, das Wasser aber zu kalt war, um ohne zu arbeiten, ging ich wieder in den Fluss und er am Ufer entlang. Die Arbeitsatmosphäre war merklich anders als im Winter. Es gab keinen Zeitdruck, keine drohenden Winterstürme, keine Probleme mit dem Einfangen der Vögel. Nur Katkow und mich, die wir Fische zählten.

Einmal sah ich zwei etwa einen halben Meter lange, die sich unter einem in einem tiefen Teich versunkenen Baumstamm versteckten. Da ich bis dato noch nicht viel Erfahrung hatte, war diese Art neu für mich. Als ich auftauchte, kam gerade ein rauchender Angler in Tarnjacke und Watstiefeln mit Angelrute vorbei. Er gab sich große Mühe, mich zu übersehen.

»Hey!«, rief ich ihm auf Russisch zu. »Was für ein Fisch ist ungefähr so groß, silbrig und hat kleine schwarze Flecken?«

»Der Lenok natürlich«, sagte er gleichgültig und ging ohne anzuhalten weiter, als ob er jeden Tag Quizfragen zu Fischen von plötzlich auftauchenden Fremden in Neoprenanzügen aus dem Stegreif beantwortete. Ich tauchte wieder ab.

An einer Stelle südlich von Ternei, wo wir zuvor zwar Riesenfischuhus gehört, aber keine gesehen hatten, arbeiteten wir in einem gewaltigen Wolkenbruch. Katkow stand trübpinselig am Ufer und notierte gehorsam auf wasserfestem Papier die Informationen, die ich ihm aus dem Wasser zurief. Seine klatschnasse Mütze hatte er sich in dem vergeblichen Versuch, sich vor dem Regen zu schützen, tief ins Gesicht gezogen, während ich wie eine verspielte Robbe im Fluss herumtollte und mich wälzte, weil er hier schön viel Wasser führte. Zurück in Ternei kroch Katkow still und stumm und schlotternd in sein Bett, wickelte sich in Decken ein und ward bis zum nächsten Morgen nicht mehr gesehen.

Doch einen noch härteren Tag hatte er an der Serebrjanka, unserer letzten Untersuchungsstelle in der Umgebung von Ternei. Als ich einmal aus dem Wasser hochschaute, den Kopf voller Lachs- und Forellenzahlen, sah ich, wie er flussabwärts taumelte und sich in einem fort auf den Kopf schlug. Offenbar war er an ein Hornissennest geraten. Hornissen sind rachsüchtige Biester, wenn sie sich bedroht fühlen. Dementsprechend war er schon überall verschwollen. Am Ende des Arbeitstages gingen wir über die Serebrjanka zurück, wo mehrere Flussarme zusammenflossen. Der Fluss war dort in Abschnitten ziemlich tief, vier, fünf Meter vielleicht, aber eine gewundene Sandbank zog sich quer durch, sodass man durch allerhöchstens hüfthohes Wasser waten konnte. Katkow ging über die Sandbank, ich tummelte mich noch in Neoprenanzug und Tauchermaske in dem Teich. Unter Wasser beobachtete ich, wie mein Kollege weiterlief. Er war halbwegs durchs Wasser gewatet, den Rucksack hoch über dem Kopf, als ich bemerkte, dass er schnurstracks auf eine steil abfallende Stelle zuhielt.

»Katkow – du musst mehr nach links gehen. Wo du hingehst, wird das Wasser tiefer.«

Genervt von den Ereignissen des Tages, garantiert mit pochenden Schmerzen von der Begegnung mit den Hornissen, hörte er nicht auf mich und behielt seine Richtung bei.

»Mann, im Ernst, gleich gehst du unter!«

»Ich sehe schon, wo ich hingehe«, erwiderte er barsch. Also zuckte ich die Achseln und begab mich wieder unter Wasser, um das bevorstehende Desaster besser beobachten zu können. An dem steilen Rand sank er prompt und völlig überrascht in voller Leibesfülle, mit offenem Mund, einen stummen Schrei ausstoßend, in die Tiefe und in mein Blickfeld. Er tauchte wieder auf, ließ sein Gepäck nicht los und schwamm den Rest des Weges.

Ich fand nicht, dass ich unbedingt etwas dazu sagen musste – er auch nicht. Stattdessen zog ich meinen nassen Anzug aus und meine am Ufer deponierte trockene Kleidung an. Katkow entledigte sich bis auf seine enge weinrote Unterwäsche seiner Klamotten und wühlte nach etwas Trockenem in seinem Rucksack. Seine Arme waren voller entzündeter Hornissenstiche, seine Beine mit einem Gitter aus blauem Tapeverband bedeckt, den er auf die verschiedenen Kratz- und Dornenwunden geklebt hatte, die er sich bisher bei unserer Arbeit zugezogen hatte.

Trockene zusätzliche Kleidung hatte er natürlich nicht, denn die war samt und sonders in seinem Rucksack nass geworden. Mit aller Würde, die er aufbringen konnte, wrang er sein schlimm zerrissenes und verschmutztes Hemd aus und zog es sich mühsam wieder an. Auf die Hose verzichtete er, und zusammen gingen wir zum *domik*. Weil wir nicht mehr viel Benzin hatten, machten wir auf dem Rückweg nach Ternei einen Umweg an der Tankstelle vorbei. Emotional erledigt für den Tag, betankte er den Wagen in Unterhosen, sein zerrissenes blaues Hemd hing an ihm herunter wie ein nasser Putzlappen.

Ein paar Tage später fuhren Katkow und ich nach Wladiwostok, wo er mit einer neuen Arbeit in einer dortigen Ölraffinerie begann. Er übernahm die Abteilung zur Einhaltung der Umweltauflagen und hat den Posten heute noch. Die Tage seines stummen Leidens in den Wäldern von Primorje liegen in ferner Vergangenheit.

31

Kalifornien des Ostens

Surmatsch und ich fuhren hinaus zum Flughafen von Wladiwostok, wo wir Rocky Gutiérrez abholen wollten, meinen Doktorvater, der mit seiner Frau KT nach Primorje zu Besuch kam und bei den Felduntersuchungen an der Amgu helfen wollte. Als wir darauf warteten, dass sie aus der Schlange am Zoll herauskämen, äußerte Surmatsch seine Bedenken zu dem Reiseplan, den ich für uns ausgearbeitet hatte. Wir wollten mit Sergej Awdejuk 1000 Kilometer nördlich von Wladiwostok in die Flussgebiete von Amgu und Maximowka fahren, um meine Erhebungen zu Vegetation und Flüssen abzuschließen. Surmatsch kannte Rocky nicht, aber seine Erfahrungen mit Fremden hatten ihn gelehrt, dass sie bräsig, zimperlich und unfähig waren, die Unbilden der Insektenschwärme und Katzenklos und der Insektenschwärme an den Katzenklos im Norden des Rajon Ternei zu ertragen. Ich versicherte Surmatsch, dass Rocky eine perverse Lust an Martern aller Arten finde und Unannehmlichkeiten als Hemmnisse betrachte, die man am besten ignoriert. Trotzdem blieben Surmatsch Zweifel, bis sie sich kennenlernten und er an Rockys rauen Händen und KTs zäher Konstitution sah, dass diesem Paar das Leben in echter, freier Natur nicht fremd war. Rocky, schon über 60, sah aus wie eine Schneeeule, klein, große Augen unter einem weißen Haarschopf. KT war in Rockys Alter, schlank, ruhig und eine sehr aufmerksame Beobachterin.

Nach Norden fuhren wir mit Sergej Awdejuk, der in Wladiwostok Ersatzteile für den Hilux besorgt hatte. Im Frühjahr waren mehr als zwölf Brücken zwischen Ternei und Amgu von Überschwemmungen zerstört worden, die Straßen tief zerfurcht und die Bewohner von Amgu mehr als einen Monat vom Rest der Welt abgeschnitten gewesen. Sicher, ein paar Versorgungsgüter waren per Schiff oder Hubschrauber hingebracht worden, aber insgesamt waren die Leute nicht weiter beeindruckt und lebten ihr Leben, gingen auf die Jagd und brannten (schwarz) Samogon, bis alles Gewohnte wieder zu haben war. Da bis Mitte der 1990er-Jahre ohnehin keine Straße nach Amgu geführt hatte, wusste man dort noch, wie man ohne lebte.

Wir fuhren über frisch planierte Straßen und neue Brücken aus Erde und Holz. Diese kürzliche kosmetische Überholung brachte aber auch eine Anzahl besonders scharfer Steine an die Oberfläche, und wir kamen zweimal an Autos mit übellaunigen Insassen vorbei, die rauchend Reifen wechselten. Irgendwann platzte uns natürlich auch einer. Sergej und Rocky flickten ihn, während ich, in der Sonne mit den Augen kniepend, Sonnenblumenkerne knackte und ihnen bei der Arbeit zusah. Als wir wieder ins Auto stiegen, entdeckte Rocky einen Fleck am Himmel. Durch unsere Ferngläser sahen wir einen an seiner Größe und seinem breitgebänderten Schwanz leicht zu erkennenden Nepalhaubenadler, der majestätisch in der warmen Luft segelte. Über die Verbreitung der Art in Primorje ist nicht viel bekannt, aber im Einzugsgebiet der Kema und Maximowka waren sie offenbar durchaus häufig, denn als Sergej und ich 2006 dort nach Riesenfischuhus gesucht hatten, waren wir oft auf ihre Federn oder Reste ihrer Beute gestoßen.

Wir kamen spät in Amgu an und fuhren direkt zum Haus von Wowa Wolkow, zu dem Mann, dessen Vater auf dem Meer verlorengegangen war. Wowa und seine Frau Alla begrüßten uns herzlich und brachten Rocky und KT in einem hinteren Zimmer unter. Am nächsten Morgen erwartete uns ein typisches Wolkow-Frühstück, das Rocky allerdings immer noch als eines der besten preist, die er je zu sich genommen hat. Frisches Brot, Butter, Wurst, Bratfisch in eine riesige Schüssel mit Rotlachsrogen gepackt, Haufen gedünsteter Königskrabbenbeine auf einer Servierplatte und eine weitere Platte, auf der sich gewürzte Rentierfleischwürfel türmten. Lauter Dinge, die hier am Meer, den Wäldern und Flüssen um Amgu völlig normal waren, aber für uns Fremde Delikatessen.

Nach dem Frühstück nahm Rocky mich mit verwirrter Miene beiseite.

»Heißt der Typ wirklich Vulva?«, sagte er laut, obwohl er diskret sein wollte. Aus seiner Zeit beim Militär hatte er einen Gehörschaden und konnte sprachliche Feinheiten oft nicht mehr richtig erfassen oder eine angemessene Lautstärke anschlagen.

»Nein, Rocky, er heißt Wowa.«

Bevor Rocky und KT in den Mittleren Westen zogen und an die University of Minnesota gingen, hatten sie jahrzehntelang in Nordkalifornien gelebt, und während des gesamten Trips durch Primorje sagten sie immer wieder, wie sehr sich die Landschaften ihrer Heimat Kalifornien und diese hier glichen. Interessanterweise huldigten die Einwohner Primorjes umgekehrt dem Mythos, »Wladiwostok sei das San Francisco des Ostens«. Beide Städte liegen an bergigen nordpazifischen Meeresbuchten, und neugierige Russen fragten mich oft, ob der Vergleich stimme. Normalerweise log ich dann, ich sei nie in San Francisco gewesen, denn das war gnädiger als die Realität. Wladiwostok, ein beliebter kosmopolitischer Ort im zaristischen Russland zu Anfang des 20. Jahrhunderts, war nämlich in der Sowjetunion nicht gerade gut gealtert. Es hatte sich abgeschottet, um alles um die sowjetische Pazifikflotte geheimzuhalten, und Ausländer durften gar nicht erst in die Stadt, die einst für ihr internationales Flair gerühmt wurde. Mit ähnlich brachialen Mitteln wurde die Erinnerung an den Zaren unterdrückt, am Ostersonntag 1935 zum Beispiel eine riesige Zwiebelturmkirche abgerissen. Als ich Mitte der 1990er-Jahre zum ersten Mal nach Wladiwostok kam, waren die einst weißen Gebäudefassaden vernachlässigt, grau und bröckelig; in einem Gebüsch am Bahnhof sah ich einen Toten, und in den Straßen klafften offene Löcher dort, wo Gullydeckel von Metalldieben gestohlen worden waren. Zum Glück ist seitdem vieles sichtlich besser geworden. Zahlreiche Gebäude sind renoviert, zaristische Baudenkmäler wiedererrichtet und die Stadt mit ihren Promenaden, Restaurants und ihrer Kultur mittlerweile wieder ganz ansehnlich geworden.

Nachdem wir uns von den Wolkows verabschiedet hatten, beschrieben wir die Vegetation an fünf Fischuhuorten in der Umgebung der Amgu und der Maximowka. Dabei campten wir. Rocky und KT erledigten viel von der Lauferei für die Vegetationsuntersuchungen, Sergej und ich schlüpften abwechselnd in die Taucheranzüge und zählten Fische. Sergej hatte im Wasser immer einen Dreizack dabei für den Fall, dass er auf einen leckeren Lachs stieß, der groß genug zum Erstechen war, aber zu seiner Enttäuschung war das nie der Fall. Einmal hob ich den Kopf aus dem Wasser und sah ein Reh ungefähr ein Dutzend Schritte entfernt am Ufer, das mich mit blankem

Unverständnis ansah. Ein solches Lebewesen in schnittigem schwarzem Anzug, mit klotziger Tauchermaske und blauem Schnorchel hatte es sicher noch nie erblickt. Schließlich witterte es wohl doch den Menschen unter der Maskerade und sprang in den Wald.

Ein paar Tage verbrachten wir an der Scherbatowka. Weil die Brücke über die Amgu wieder einmal dem Ruf des Meeres gefolgt war, fuhren wir durch den flachen Fluss auf die andere Seite zu der Jagdhütte, die Wowa schon 2006 benutzt hatte. Wir wollten dort übernachten. Da sie im hohen Gras fast verborgen lag, mähte ich mit einer Sense, die ich unter dem Dach fand, einen breiten Platz davor frei. Wir wollten uns schließlich keine unnötigen Zecken einfangen, und Sergej und ich brauchten außerdem eine freie Fläche für unser Zelt, in dem wir schlafen würden, während Rocky und KT das Schlafpodest drinnen benutzen sollten. Zum Abendessen gab es *ucha*, Fischsuppe mit Kartoffeln, Dill, Zwiebeln und Forelle, die Sergej nachmittags gefangen hatte. Dazu das obligatorische Schlückchen Wodka und gute Gespräche.

Nachdem wir am nächsten Tag die Bedingungen im Fluss und der Vegetation im Revier des Scherbatowka-Riesenfischuhu-Paares aufgenommen hatten, gingen wir über eine neue Holztransportstraße weiter am Fluss hoch, neugierig, ob wir dort geeignete Uhuhabitate fanden. Die Straße war in gutem Zustand, und als Sergej überrascht feststellte, dass sie direkt an Wowas zweiter Jagdhütte vorbeiführte, schauten wir da noch einmal kurz vorbei. 2006 war die Hütte gut fünf Kilometer vom Ende der Straße entfernt gewesen, und das spiegelte sich auch in der kargen Ausstattung wider: Die paar Möbelstücke musste Wowa auf dem Rücken dorthin geschleppt haben. Die untere Hütte war im Vergleich zu dieser der pure Luxus. Hier bestand die Inneneinrichtung aus einem niedrigen Schlafpodest, auf Klötze über einem Boden aus festgestampfter Erde genagelt, einem Baumstumpf zum Sitzen und einem kleinen eisernen Holzofen. Einen gepflegten Eindruck machte es nicht. Das sah man schon in dem bisschen Licht, das durch ein nur spaltbreites Fenster fiel. Ich befürchtete, mir bereits vom kurz Hineinschmulen den Hantavirus einzufangen, und Rocky und KT weigerten sich schlankweg, darin zu schlafen. Wir schlugen unsere Zelte auf einer Lichtung in der Nähe auf, nahe am Ufer der Scherbatowka.

Dann gingen wir auf Erkundungstour. Wir kamen an verwitterten Braunbärenspuren auf einer Rückegasse vorbei und beobachteten einen Dreizehenspecht, der zielgerichtet an einem Tannenstamm herumklopfte. Der Wald war anders als die vielgestaltigen Flussniederungen, an die ich gewöhnt war. Hier beschränkten sich die Baumarten weitgehend auf Tannen und Fichten. Unvermischt, behängt mit Flechtenbärten, zogen sie sich über moosgepolsterte Hänge. Alles war weich und aromatisch. Der klassische Lebensraum des Sibirischen Moschustiers, eines seltsamen, scheuen Paarhufers, der sich von den Flechten in diesen stillen Wäldern ernährt. Es ist klein, hat große Ohren, wiegt ungefähr so viel wie ein Dackel und sieht immer aus, als beuge es sich nach vorn, weil es so überproportional lange Hinterbeine hat. Die Männchen haben kein Geweih, aber lange obere Eckzähne, die wie Reißzähne unter der Oberlippe hervorragen. Wegen dieser Anhäufung extremer Merkmale sehen sie aus wie die nordostasiatische Version eines Wolpertingers, als habe sich jemand einen raffinierten Scherz erlaubt. Und wenn ich eines sehe, denke ich unweigerlich an ein Vampirkänguru.

Auf dem Weg zurück zum Lager am Fluss entdeckte Rocky den schwachen, aber eindeutigen Abdruck eines Fischuhus im Sand, und näher sollte er auf diesem Trip der ersehnten Sichtung auch nicht kommen. Ich fand nur wenige zum Nisten geeignete Bäume und vermutete, dass das Scherbatowka-Paar nur selten hier zum Rand seines Territoriums kam, vielleicht am häufigsten im Herbst, wenn die Forellen laichten. Als Sergej und Rocky abends noch nicht schlafen konnten und nach Unterhaltung suchten, machten sie abwechselnd die Rufe des Habichtskauzes nach und testeten Sergejs Rotwildhorn. Mit diesem Instrument, einem von einer Birke abgeschälten, zu einem Rohr gerollten langen Streifen weißer Rinde, locken russische Jäger männliches Rotwild an. Der eindringliche Ton, der dem mächtigen, unirdischen Röhren eines testosteronstrotzenden Hirschs während der Herbstbrunft ähnelt, hallte durch das stille Tal.

Sergej mochte Rocky und war wahnsinnig beeindruckt von dessen Jagdmoral und der Tatsache, dass er sich dummes Gequatsche nicht bieten ließ. Zusätzlich zu dem vielen Wissen, über das sie beide verfügten, und der gemeinsamen Liebe zur Jagd hatte auch ihre Zeit beim Militär etwas Gemeinschaftsstiftendes.

»Eine Zeit lang war ich in Japan und habe russische Funksprüche abgehört«, sagte Rocky einmal, als Sergej ihn fragte, ob er gedient habe. Die Antwort übersetzte ich Sergej.

»Tatsächlich?«, kam die interessierte Antwort. Wie sich dann nämlich herausstellte, hatte Sergej auf der Kamtschatka, nicht weit von Japan, amerikanischen Funkverkehr abgehört. Sie nickten einander zu und lächelten über ihre spiegelverkehrten Beschäftigungen im Kalten Krieg.

Unsere Informationen von den Nistplätzen und Jagdstellen waren ausgesprochen aufschlussreich. Es erwies sich, dass hohe Bäume wirklich der beste Indikator zur Bestimmung eines Nisthabitats waren. Alles andere darum herum spielte keine so große Rolle. Immerhin hatten wir Nistbäume tief im Wald und in der Nähe von Dörfern gefunden. Das Einzige, was zählte, war offenbar, dass das Loch im Baum groß genug war und die Uhus einen sicheren Ort zum Ausbrüten ihres Geleges hatten.

Die Daten von den Flüssen bargen mehr Überraschungen: Sie zeigten, dass Riesenfischuhus vorzugsweise an Stellen jagten, an denen der Primärwald bis an den Fluss reicht. Dass die Tiere hohe Bäume brauchten, war uns klar, aber warum war das Alter des Waldes an den Flüssen entlang wichtig? Nach einigem Nachdenken und extensiver Lektüre kam ich auf eine mögliche Antwort: Nicht die Uhus brauchten die hohen Bäume, sondern die Lachse.

Wenn ein kleiner Baum in einem Sturm oder aus sonst einem Grund in einen großen Fluss fällt, dann schwimmt er ohne großes Trara mit der Strömung weg. Wenn umgekehrt ein großer Baum in einen kleinen Fluss oder einen schmalen Seitenarm kippt, sieht die Sache schon anders aus. Denn manchmal blockieren die Bäume dessen Lauf vollständig, und er muss sich eine alternative Bahn suchen. Das Wasser kann sich aber auch hinter einer Sperre sammeln und dann wie eine Kaskade darüberfließen oder sich eben, dem geringsten Widerstand folgend, durch die unmittelbare Umgebung einen ganz neuen Weg bahnen. Wo vor dem Fallen eines Primärbaumes ins Wasser vielleicht ein einziger, gleichförmiger Flusslauf war, kann dieser Baum nun dafür sorgen, dass eine regelrechte Wassertapisserie mit tiefen Teichen, Altwassern und flachen sprudelnden Wasserläufen entsteht. Genau ein solches abwechslungsreiches Biotop suchen die Lachse auf. Die junge Masulachsbrut und dann die Salmlinge brauchen zum Wachsen die Geborgenheit und Ruhe von Altwässern und Seitenarmen. Erwachsene Masulachse, mobiler Festschmaus für Riesenfischuhus, wenn sie im Sommer das Japanische Meer verlassen, wiederum benötigen den kieseligen Flussboden von Hauptflüssen, um ihre Eier in das fließende Wasser zu legen. Wenn die Uhus also in Flüssen jagen, deren Ufer von alten Bäumen gesäumt sind – die irgendwann ins Wasser fallen –, dann tun sie das, weil die Beute dort für sie stimmt.

Als wir mit unserer Arbeit im Gebiet von Amgu fertig waren, fuhren wir wieder nach Süden. Wir hatten ungefähr die Hälfte des Weges Richtung Ternei zurückgelegt und seit Stunden nichts als Wälder und die unbefestigte Straße gesehen, da sprang uns plötzlich ein Mann ins Blickfeld und fuchtelte wild mit den Armen. Sergej bremste scharf. Wir waren zu weit entfernt von jeglicher menschlichen Siedlung, als dass wir einen solch eindeutigen Hilferuf hätten ignorieren können. Ich drehte das Seitenfenster herunter, und der Mann kam keuchend herbei.

»Männer!«, schrie er, und die Panik sprühte ihm nur so aus den Augen. »Männer! Habt ihr Zigaretten?«

Ich roch den Wodka in seinem Atem.

Sergej klopfte ein paar aus seinem Päckchen, lehnte sich herüber und gab sie ihm. »Zum Wohl!«, sagte er, eine übliche Erwiderung auf eine unter den Umständen doch unübliche Bitte.

Stirnrunzelnd sah der Mann ihn an. »Mehr hast du nicht übrig?«

Sergej gab ihm die restliche Packung.

»So«, sagte der Fremde, und nachdem er sich einen Glimmstengel angezündet und tief inhaliert hatte, ruhiger: »Habt ihr Lust, nen Schluck Wodka mit mir zu trinken?«

Da fuhren wir lieber weiter. Sergej und ich unbeeindruckt, Rocky und KT um Verständnis dessen ringend, was da gerade abgelaufen war.

Am nächsten Morgen – wieder zurück in Ternei – organisierte ein Freund für Rocky, KT und mich einen Trip in einem kleinen Motorboot die Küste des Japanischen Meeres nördlich von Ternei hinauf. Unter normalen Umständen hätten wir eine Erlaubnis dazu gebraucht, denn die Küste ist Grenzgebiet, aber der Bootsführer war Ex-Inlandsgeheimdienstler der Russischen Föderation und hatte die nötigen Papiere. Bei unserer Ausfahrt aus der Mündung der Serebrjanka und als wir nach Norden die Küste hoch abbogen, war das Meer ruhig. Wir scheuchten ein paar Japankormorane auf und passierten die rostigen Wracks zweier Schiffe, die es nicht mehr in den Hafen geschafft hatten. Die Küste war so beeindruckend wie damals, als ich sie auf dem Weg nach Agsu im Winter 2006 vom Hubschrauber aus gesehen hatte. Jetzt im Sommer sah ich tröpfelnde Wasserfälle, die sich enge Schluchten hinunterschlängelten und unter den sich am Ufer türmenden Felsbrocken verschwanden. Ein junger Riesenseeadler, die größte Adlerart der Welt, segelte über den Klippen in der stillen Luft, klappte die Flügel ein und verschwand. Die Erwachsenen sind schwarz, mit schmucken schneeweißen Schultern, Schwanz und Beinen, und brüten an den Rändern des Ochotskischen Meeres. Man sieht sie jedoch auch weit südlich in Primorje, Japan und auf der koreanischen Halbinsel. Etwa sechs Kilometer von Ternei entfernt kamen wir am Abrek-Trakt vorbei, einem Abschnitt des Sichote-Alin-Biosphärenreservats, in dem der Lebensraum des Langschwanzgorals geschützt wird, eines merkwürdigen, seltenen ziegenartigen Geschöpfs, das an Küstenklippen lebt. Wir scheuchten eine siebenköpfige Familie dieser Tiere auf – so viele hatte der frühere FSB-Mann auf einen Schlag noch nie gesehen. Bei der Weiterfahrt an der Küste entlang zeigte er rauchend auf die Kaps, die wir an diesem außergewöhnlich klaren Nachmittag sehen konnten: Russkaja, Nadeschdy und Majatschnaja. Besonders betonte er »Kap Majatschnaja« und schaute mich länger an als nötig. Ich nickte bloß. Ja gut, Kap Majatschnaja.

»Sie erinnern sich an Kap Majatschnaja?«, brüllte er durch das Motorengedröhn und behielt den merkwürdig eindringlichen Blick bei.

»Nein«, gab ich zu. Ein schräger Wortwechsel, aber ich wusste nicht, warum.

»Kap Majatschnaja. Da waren Sie 2000 mit Galina Dimitrijewna im Meisengimpel-Sommercamp.«

Ich nickte und lächelte, als sei ich dankbar, dass er meiner Erinnerung auf die Sprünge geholfen hatte. In Wirklichkeit erstarrte ich innerlich, und zum Glück sträubten sich die Härchen auf meinen Armen schon wegen des Windes. Vor fast einem Jahrzehnt hatte ich zwei Wochen mit dem Peace Corps in dem Camp verbracht und es völlig vergessen. Das FSB sagte mir unter dem Deckmäntelchen einer freundlichen Erinnerung, dass es dort nicht vergessen worden war. Nicht lange danach mussten wir an Land eine Pause einlegen und aus dem lecken Boot eimerweise Wasser schöpfen. Tja, was wusste das FSB wohl sonst noch über mich?

32

Der Rajon Ternei, wild, rau und unberührt

Etwa eine Woche bevor ich im Jahr 2010 für die nächste Feldsaison in Russland ankam, tötete mitten im Territorium des Serebrjanka-Fischuhupaares ein Tiger einen Eisangler und fraß ihn zum Teil auf. Die arme Tochter des Anglers machte sich Sorgen, als ihr Vater nicht nach Hause kam, und fand ihn an seinem Lieblingsangelloch. Sie entdeckte seine kopflose Leiche auf dem Fluss, und im Gebüsch nagte ein Tiger an seinem Schädel. Danach attackierte der Tiger noch einen Holztransportlaster, bis ihn schließlich ein Feuerwehrmann erschoss, der zufällig vorbeikam. Das alles erzählte mir Roman Koschitschew, der Naturschutzbeauftragte des Rajon Ternei, beim Kaffee am ersten Morgen nach meiner Ankunft in der Stadt.

»Die Zähne des Anglers sind immer noch auf dem Eis«, sagte er mit ruhiger Stimme, aber entsetztem Blick. »Und weil das Angelloch gut ist, gehen die Leute trotzdem hin.«

Als man das Hirngewebe des Menschenfressers untersuchte, ergab sich schließlich, dass er mit dem höchst infektiösen Staupevirus infiziert war, der unter anderem dafür sorgt, dass das befallene Tier seine Angst vor Menschen verliert. Dieser Tiger war nur einer von vielen, die im südlichen Fernen Osten Russlands in den Jahren 2009/2010 diesem schrecklichen Virus zum Opfer fielen. Die Tigerpopulation im benachbarten Sichote-Alin-Biosphärenreservat wurde stark dezimiert. Zur Zeit des tödlichen Vorfalls war der Grund für den Angriff nicht bekannt, und da solche Attacken in Russland extrem selten sind – von scheinbar grundlosen wie diesen hatte man eigentlich noch nie gehört –, zog man nach dem unseligen Vorfall in Ternei mal wieder geradezu paranoid gegen die Großkatzen zu Felde. Angeblich gab es Sichtungen in Hülle und Fülle, manche Bewohner meinten, alle Tiger müssten gejagt und erschossen werden, und ich begegnete sogar einer Frau, die sich ein Messer in den Mantel steckte, wenn sie nachts draußen zur Toilette musste. Man wusste ja nie.

Dieses Mal fand ich mich reibungslos in die Arbeit; alles war vertraut. Sergej und ich waren nun auch schon Veteranen, seit 2007 hatten wir schließlich Dutzende Uhus eingefangen und schafften das jetzt mit minimalem Aufwand. Wie gut unsere Fangmethode war, erwies sich auch über die Riesenfischuhus hinaus. Wir hatten mittlerweile den erwähnten wissenschaftlichen Artikel publiziert, unsere Köderkiste beschrieben und Überlegungen dazu angestellt, wie nützlich sie beim Fangen eines Fisch fressenden Greifvogels sein mochte, wenn es mit herkömmlichen Methoden nicht klappte.

Im Verlauf von acht Wochen fingen wir – ein kleines Team von drei Leuten – in den Gebieten um Ternei und Amgu, wie geplant, alle sieben Uhus wieder ein. Das Leben der Riesenfischuhus ist nicht leicht, und unsere unfreiwilligen Probanden hatten zweifellos durch uns zusätzlichen Stress und Unannehmlichkeiten erlitten. Deshalb schnitten wir ihnen sehr zufrieden die Bänder ein letztes Mal ab. Jetzt hatten sie nur noch die Beinringe und schlechte Erinnerungen. Als ich dann an der Saijon das Dichtungsmittel von dem Anschlussport kratzte und den Datenlogger mit meinem Computer verband, blieb der Bildschirm jedoch leer. Dass das Gerät überhaupt nicht funktioniert hatte, war ein Schlag in die Magengrube. Wir hatten letztes Jahr so viel Zeit und Energie in dieses Territorium gesteckt – Katkow war beinahe durchgeknallt –, und jetzt? Nichts. Obendrein hatte das Saijon-Männchen das Gerät die ganze lange Zeit für nichts und wieder nichts getragen. Auf Grund falscher Versprechungen, dass sein Opfer uns helfen würde, seine Art zu schützen, hatte es ein Jahr auf ein gewisses Wohlbefinden und eine gewisse Beweglichkeit verzichten müssen. Wir fanden nicht einmal heraus, warum der Datenlogger nicht funktioniert hatte. Der Ereignisdatenspeicher verzeichnete fast einhundert Versuche, eine Verbindung mit Satelliten herzustellen, jedesmal erfolglos. Die Technologie war einfach noch relativ neu, und manchmal funktionieren die Dinge eben nicht.

An der Kudja hatte das besenderte Männchen es geschafft, irgendwann im Laufe des Jahres eines der Bänder durchzuknipsen und sich den Datenlogger nach vorn auf die Brust zu ziehen. Jetzt hing der wie eine Halskette an ihm, und da er in Reichweite seines Schnabels war, hatte er an dem Dichtungsmittel gepickt, das den Stecker schützte, und die inneren Teile freigelegt. In dem verrosteten Datenlogger schwappte Wasser, als wir ihn von dem Tier abmachten. Man konnte ihn nicht mal mehr anstellen. Ich schickte das Teil an die Herstellerfirma in der Hoffnung, dass sie wundersamerweise ein paar der GPS-Positionsangaben retten könnten, aber die Verbindungen waren zu sehr korrodiert. Gott sei Dank hatten die verbleibenden fünf Datenlogger jeder im Durchschnitt mehrere hundert GPS-Ortungen aufgezeichnet, mit denen wir weiterarbeiten konnten. Ich hatte die Daten, die ich sowohl für meine Dissertation als auch für den Schutzplan für die Riesenfischuhus brauchte.

Drei Begegnungen mit Fischuhus in dem Jahr machten einen bleibenden Eindruck auf mich. Die erste war mein letztes Treffen mit dem Scha-Mi-Weibchen, mit dem ich wahrscheinlich mehr Zeit als mit allen anderen Fischuhus verbracht hatte, denn ein halbes Jahrzehnt lang hatte ich es jedes Jahr gesehen. 2008 hatten wir es ja sogar über Nacht in einer Kiste behalten, weil wir Angst hatten, es würde uns erfrieren. Am nächsten Morgen, direkt vor seiner Freilassung, hatte ich mich zusammen mit ihm fotografieren lassen, eine Forelle im Schnabel starrte es cool auf den Fluss. Jetzt, 2010, schaute ich die riesige Pappel hoch, in der es sich im Nest befand. Einen kurzen Moment blickte es herunter, weitgehend unsichtbar zwischen den braunen und grauen Flecken der Rinde um es herum, dann zog es sich in die Höhle zurück, wohl wissend, dass es außerhalb meines Zugriffs war.

Im nächsten Jahr verbreiterte das Abholzungsunternehmen die unbefestigte rumpelige Straße, die an der Scha-Mi hinaufführte, weil es an deren Oberlauf fällen wollte. Weil die Straße nun in besserem Zustand war, konnte man schneller darüber fahren, und 2012 fand ein Anwohner aus Amgu einen toten Riesenfischuhu am Straßenrand. An dem Beinring auf dem Foto sah man, dass es das Scha-Mi-Weibchen war. Seine Verletzungen passten zu einem Autounfall. Vor mir mochte es sicher gewesen sein, doch nicht vor dem Vormarsch des menschlichen Fortschritts, vor dem ich es hatte beschützen wollen.

Die zweite denkwürdige Begegnung ereignete sich an der Serebrjanka, dort, wo vor Kurzem der Tiger tödlich zugebissen hatte. Wir konnten das Angelloch, an dem der Mann gestorben war, von unserem Lager aus sehen, und obwohl es seit dem grauenhaften Vorfall mehrere Male geschneit hatte und man nichts mehr davon erkennen konnte, fühlten wir uns doch in unserer Arbeit beeinträchtigt. Wir hätten uns über das letztmalige Einfangen des Serebrjanka-Männchens mit den Hunderten Datenpunkten freuen sollen, aber diese Stimmung wollte sich hier nicht einstellen. Sergej und ich waren froh, als wir weiterziehen konnten.

Die dritte Begegnung, die ich in Erinnerung behalten habe, war an der Faata, der letzten Stelle, an der wir noch einmal einen Vogel einfangen mussten. Hier lebte das Männchen seit mindestens 2007 allein, seit seine Gefährtin es verlassen hatte und ins benachbarte Revier gezogen war. Abend für Abend, Jahr um Jahr, war sein einsamer Ruf ein trauriger Appell an sie gewesen, zurückzukehren, oder an ein neues Weibchen, die Lücke zu füllen. Überrascht und erfreut hörten wir also dort auf einmal ein Paar, das lebhaft rief. Es passte überhaupt wie die Faust aufs Auge, dass wir unsere Feldsaison und unsere gesamte Feldforschung gerade mit dem Faata-Männchen beendeten. Es war der erste Uhu, den Sergej und ich nach wochenlangen Selbstzweifeln und verpassten Gelegenheiten zu fassen gekriegt hatten. Und als wir ihn jetzt in die Wildnis zurück entließen, sah ich dem letzten Vogel hinterher, den wir für dieses Projekt gefangen hatten. Er verschwand in der Dunkelheit über dem Fluss. Und ich musste natürlich daran denken, dass eine Ära zu Ende ging. Seit 2006 hatten wir insgesamt 20 Monate, meist im Winter, in den Wäldern verbracht und Riesenfischuhus gesucht und eingefangen. Die Endgültigkeit des Ganzen machte mich traurig, aber ich verspürte auch neuen Elan. Wir hatten die Daten, also die Informationen, mit deren Hilfe wir die Art retten konnten!

Als wir zusammenpackten und Ternei Richtung Süden verließen, fuhren wir an einem klaren Tag Anfang April unter strahlender Sonne die Nordseite des Walrippenpasses hoch. Meine Stimmung war allerdings im Keller. Zum ersten Mal seit zehn Jahren hatte ich keine Pläne, in diese Landschaft zurückzukehren, die ich so liebte. Der Frühlingsschlamm spritzte unter dem Lastwagen weg, und die Bergstelzen flitzten uns alarmiert trillernd aus dem Weg. Oben auf dem Kamm angekommen, der gleichzeitig die Rajongrenze war, nahm ich die Sonnenbrille ab, schaute über die Schulter zurück und genoss die letzte freie Aussicht auf Ternei. Wenn man weiß, wo die Stelle ist – es gibt eine zwischen den Bäumen –, kann man einen letzten kurzen Blick auf Küstenlinie und Klippen werfen, bevor die Landschaft wieder hinter dem Wald verschwindet, der die Straße säumt. Schweigend nahm ich das Bild in mir auf, dann lehnte ich mich nachdenklich in meinem Sitz zurück. Vor mir lagen Minnesota und ein Jahr Datenanalysieren und Doktorarbeitschreiben und danach – ja, was kam dann? Primorje ist kein Eldorado für arbeitsuchende ausländische Biologen. Einen Job zu finden, der mich hierher zurückbrachte, würde nicht leicht werden. Ich redete mit Sergej darüber. Er war bester Laune, frisch rasiert wie immer in dem Moment, in dem die Saison endete, und nahm einen Zug von seiner Zigarette. Dann schnitt er mir mit dem Verweis, ich solle nicht melodramatisch werden, das Wort ab.

»Es ist deine zweite Heimat, Jon. Du kommst zurück.«

33

Das Riesenfischuhu-Schutzprogramm

Ich brauchte ungefähr ein Jahr, um die Daten zu verarbeiten und meine Doktorarbeit fertigzustellen, das meiste war Analyse. Ja, es dauerte Monate, bis ich die Informationen, die ich während der vier Feldsaisons gesammelt hatte, überhaupt in die für das benötigte Computerprogramm richtige Form gebracht hatte. Um zu bestimmen, was im Einzelnen die Fischuhus zum Leben brauchten, legte ich für jeden Vogel den sogenannten Aufenthaltsraum, wie zum Beispiel ein Revier, grob fest. Dazu vermerkte ich die GPS-Koordinaten des jeweiligen Vogels auf einer Karte und versuchte, je nach Verteilung dieser Punkte die statistische Wahrscheinlichkeit zu ermitteln, wo dieser Uhu sonst noch hingehen würde. Wenn diese Wahrscheinlichkeiten gegen null gingen, immer weiter weg von dem Punktecluster, bildeten sich die Grenzen des Aufenthaltsraumes heraus. Als Nächstes hielt ich die wichtigsten Bedingungen fest, die ein Aufenthaltsraum bieten musste, indem ich verglich, wo ein Uhu seine Zeit je nach Brauchbarkeit der verschiedenen Habitate innerhalb seines Aktionsraumes verbrachte (oder nach anderen potenziell wichtigen Merkmalen wie Entfernung zu Wasser oder einem Dorf). Schon beim ersten Blick auf die Rohdaten war klar, wie lebenswichtig Täler für Riesenfischuhus waren. Von den fast 2000 GPS-Ortungen, die wir vom Rücken der Vögel gesammelt hatten, waren nur 14 – bloße 0,7 Prozent – außerhalb eines Tales.

Die Art der Analyse war neu für mich, und ich tat mich schwer mit der Programmiersprache. Um die sich ständig ergebenden Probleme zu lösen, brauchte ich Wochen – und stand dann meist gleich wieder vor neuen. Doch irgendwann klappte plötzlich alles. Meine Ergebnisse waren wunderbar: Fischuhu-Aufenthaltsräume schlängelten sich an Wasserwegen entlang und passten genau zwischen die Talwände. Die Analyse der Habitate zeigte, dass man Riesenfischuhus am ehesten in Talwäldern in der Nähe von vielarmigen Flüssen (eher als an Flüssen mit nur einem Arm) fand und dass sie in der Nähe von Gebieten blieben, wo die Flüsse nicht das ganze Jahr über zugefroren waren. Der durchschnittliche Aufenthaltsraum erstreckte sich über etwa 15 Quadratkilometer, aber das variierte sehr stark zwischen den einzelnen Jahreszeiten. Am wenigsten bewegten sich die Vögel im Winter, wenn sie nisteten (dann nur innerhalb eines durchschnittlichen Aufenthaltsraums von sieben Quadratkilometern), und am meisten im Herbst, wenn sie zu den Oberläufen der Flüsse gingen (da waren es durchschnittlich 25 Quadratkilometer).

Ich fasste die Daten aller besenderten Vögel zusammen und rechnete sie hoch, um eine Karte von Primorje zu erschaffen, auf der zu sehen war, wo Riesenfischuhus am wahrscheinlichsten anzutreffen waren, was wiederum die wichtigsten Gebiete waren, die man für sie schützen musste. Es handelte sich dabei um solche von ein paar Quadratkilometern für ein einzelnes Territorium bis zu solchen von 20 000 Quadratkilometern für das gesamte Untersuchungsgebiet, sodass meine Computerberechnungen hochkomplex waren und manche Analysen einen ganzen Tag und länger brauchten. Da ich den Hauptteil der Arbeit im Sommer machte, überhitzte mein Computer in meiner heißen Wohnung immer wieder, schaltete sich ab, und ich musste von vorn anfangen. Schließlich begab ich mich mit ihm in den einzigen Raum mit einer Klimaanlage, setzte ihn zur besseren Belüftung auf Bücher und ließ die ganze Zeit einen auf ihn gerichteten Kastenventilator laufen.

Die Resultate waren faszinierend. Nur ungefähr ein Prozent der Landschaft unseres Teilabschnitts von Primorje wurde als Tal betrachtet, Riesenfischuhus hielten sich also an eine extrem schmale Nische, auch ohne vom Menschen bedroht zu sein. Ich legte meine Karte mit den voraussichtlich besten Riesenfischuhu-Habitaten auf eine mit der Flächennutzung durch Menschen, um zu sehen, welche Gebiete schon geschützt und welche am meisten bedroht waren. Nur 19 Prozent der besten Fischuhugebiete standen unter Naturschutz, hauptsächlich innerhalb der 4000 Quadratkilometer des Sichote-Alin-Biosphärenreservats; alles andere war nicht geschützt. Jetzt wusste ich genau, welche Merkmale eine für das Leben der Fischuhus geeignete Landschaft haben musste, und die Karten zeigten die Bereiche in den Wäldern und an den Flüssen, die sie am meisten brauchten, präzise an.

Nachdem ich meinen Doktortitel hatte, begann ich Vollzeit als Fördermittelkoordinator für das russische Programm der Wildlife Conservation Society zu arbeiten. Meine wesentlichen Aufgaben hatten nichts mit meiner Forschung oder Fachkompetenz zu tun, aber ich konnte weiter in Primorje arbeiten und mich auch noch an der praktischen Arbeit vor Ort beteiligen. Ich arbeitete weiter zu Riesenfischuhus, doch meine Organisation konzentrierte natürlich ihren Einsatz in Russland schon lange auf Amurtiger und -leoparden. Seit Jahren stehen also meine ornithologischen Interessen hinter den Bedürfnissen großer Säugeraubtiere hintan. Ich verfasse Fördervorschläge, sorge dafür, dass die erforderlichen Berichte geschrieben werden, und helfe bei der Datenanalyse zu einer ganzen Bandbreite von Arten, vom Tiger bis zum Rotwild.

Um mich weiterhin mit Fischuhus beschäftigen zu können, musste ich ein wenig kreativ werden. Zwei Winter lang leitete ich zum Beispiel eine Feldstudie über Beutetiere von Tigern im Flussgebiet der Maximowka. Ich stellte Sergej als Feldassistenten an, und während des Tages beobachteten wir Rot- und Schwarzwild. Aber wenn der Rest des Teams beim Abendessen saß und sich im Lager entspannte, nahmen Sergej und ich unsere Stirnlampen und eine Thermoskanne mit heißem Tee und gingen zurück in die Wälder, um Fischuhus zu suchen. An der Maximowka fanden wir neue Paare und machten Tagestrips an die Saijon, um nach unseren Uhus dort zu sehen.

Neuerdings habe ich meine Vogelschutzarbeit über ganz Asien ausgeweitet und reise überall hin, von der russischen Arktis bis nach China, Kambodscha und Myanmar. Diese Verlagerung meiner Arbeit kam mit der Einsicht, dass wir zwar unser Bestmögliches zum Schutz der Nisthabitate von im Norden brütenden Vögeln tun können, wie dem Löffelstrandläufer oder dem Tüpfelgrünschenkel in Russland, das aber relativ wenig nützt, wenn wir unsere Aktivitäten nicht mit denen von Forschergruppen auf dem übrigen Kontinent koordinieren. Denn viele Arten, die in Russland und Alaska brüten, ziehen für den Winter nach Südostasien, wo ihre Habitate zerstört, sie gejagt und sonstwie bedroht werden. Eine ganzheitliche Herangehensweise, die sich um die jeweiligen Bedrohungen kümmert, denen die Vögel in den verschiedenen Stadien ihres Jahreszyklus ausgesetzt sind, ist die beste Chance für Naturschützer, den Bestandsrückgang dieser Vögel zu bremsen.

Wenn es die Zeit erlaubte, habe ich mit Surmatsch zusammengearbeitet, um einige der Schutzempfehlungen weiterzuentwickeln, die aus der Doktorarbeit hervorgingen und mit deren Hilfe wir das Riesenfischuhu-Schutzprogramm gestalten konnten. Wir konzentrieren uns darauf, die Uhupopulation an einem Ort stabil zu halten oder zu vergrößern, indem wir etwas gegen die Sterblichkeit tun und die Nist- und Jagdgebiete schützen.

Weil das Sichote-Alin-Biosphärenreservat als Lebensraum und einziger Schutzraum von einiger Bedeutung in unserem Untersuchungsgebiet potenziell sehr wichtig für die Riesenfischuhus ist, untersuchten Sergej und ich es 2015 eingehend. Wir fanden nur zwei Paare und mögliche Habitate für zwei oder drei weitere. Es gab jede Menge gute Primärwaldbäume zum Nisten, und kein Mensch hätte die Vögel dort gestört, doch im Winter froren fast alle Flüsse komplett zu. Wo hätten sie jagen sollen? In der einzigen Feldforschungssaison dort machten wir aber eine erstaunliche Entdeckung. Beide Paare, die wir fanden, zogen zwei Junge gleichzeitig groß. Die Reproduktionsrate war also hier doppelt so hoch wie sonst normalerweise in Russland. Was eigentlich nur aus Japan bekannt war, wo die Tiere freilich künstlich gefüttert werden.

Auffällig war zudem, dass in einem Schutzgebiet, wo Angeln verboten war, beide Paare zwei Nachkommen hatten. Oft, erinnerte ich mich, hatten wir zwei Eier in einem Nest, aber hinterher nur ein Junges gefunden. Ich musste auch an Juri Pukinskis Berichte von der Bikin aus den 1970er-Jahren denken. In der Hälfte der Nester, die er begutachtete, waren zwei Eier, und bei früheren Funden hatte er sogar zwei bis drei Junge pro Gelege gefunden. Er vermutete, dass der Rückgang der Zahl von zwei bis drei in den 1960ern auf ein bis zwei in den 1970ern dem vermehrten Angeln an der Bikin geschuldet war. Ob sich das Muster weiter fortsetzte? Legten die Riesenfischuhus in Primorje heute zwei Eier, weil sie biologisch darauf gepolt waren, zogen aber meist nur ein Junges groß, weil sie nicht genug Futter fanden? Hatte sich das Überfischen der Lachs- und Forellenbestände in den letzten Jahrzehnten negativ auf die Reproduktionsfähigkeit von Fischuhus ausgewirkt? Wenn das alles zutraf, hätte das enorme Implikationen für die Fischwirtschaft und den Schutz der Fischuhus. In Zukunft möchte ich diese Problematik näher erforschen.

Unsere Analyse der Lebensräume erbrachte, dass nahezu die Hälfte (43 Prozent) der für die Fischuhus am besten geeigneten Landstriche in unserem Untersuchungsgebiet an Abholzungsfirmen verpachtet war. Was nichts anderes hieß, als dass wir direkt mit den Unternehmen Gespräche beginnen mussten, wenn wir wirklich etwas für die Uhus tun wollten. Das mag wie eine typische Konfrontation zwischen den Interessen des Naturschutzes und der Wirtschaft anmuten und an die Kontroverse um den Fleckenkauz im pazifischen Nordwesten der USA erinnern, aber es gibt einen wichtigen Unterschied: Die Bäume, die die Riesenfischuhus brauchen – die morschen, alten Pappeln und Ulmen –, sind kommerziell fast wertlos. Im Gegensatz dazu kann ein einziger Mammutbaum in Kalifornien, in dem vielleicht ein Fleckenkauz nistet, 100 000 Dollar einbringen. Die Firmen in Primorje haben einfach nicht das gleiche kommerzielle Interesse am Fällen von Fischuhu-Nistbäumen und tun das meist auch eher aus Versehen, wenn zum Beispiel die Bäume dort stehen, wo die Holzfäller eine Transportstraße anlegen wollen, oder, wie schon erwähnt, aus Bequemlichkeit, um provisorische Brücken mit den Bäumen zu bauen. So oder so, hier konnte man ansetzen und Methoden beim Holzfällen vorschlagen, die die Uhus nur geringfügig in Gefahr bringen und ebenso geringfügig die Gewinne der Firmen drücken.

Wir teilten unsere Befunde Schulikin mit, und das Unternehmen, das in den Flussniederungen der Amgu und der Maximowka tätig war, erklärte sich einverstanden, keine großen Bäume mehr für seine Brücken zu fällen. Schulikin konnte dabei nur gewinnen: gute Werbung zu geringen Kosten. Ihm war es mehr oder weniger egal, woraus seine Brücken gebaut wurden, aber er war dafür bekannt, dass er Bermen errichtete, um Wilderer fernzuhalten, die es auf Rot- und Schwarzwild abgesehen hatten. Dass er jetzt auch seine Brückenbautechnik modifizierte, war ein weiterer Schritt zum Schutz der Natur und bewahrte zahllose Riesenfischuhu-Nester vor der Zerstörung.

Wir arbeiten auch in größerem Umfang, um einzelne Inseln von erstklassigen Fischuhuhabitaten – gleichzeitig kommerziell wertlosen Primärwaldgebieten – vor Abholzung und anderen Eingriffen zu schützen. Als wir unser Projekt konzipierten, standen die Riesenfischuhus und ihre Habitate schon unter Naturschutz. Das Problem und gleichzeitig die Ausrede der Abholzungsfirmen war aber, dass sie nicht wussten, wo die Vögel oder ihre Reviere waren. Mit unserer Arbeit wiesen wir in den Abholzgebieten einer einzigen Firma mehr als 60 Waldstücke aus, die für Riesenfischuhus wichtig sein könnten, und offiziell ist die Firma auch darüber informiert. Nichtwissen gilt nicht mehr als Ausrede, wenn man in wichtigen Habitaten der Uhus Holz fällt.

Während des gesamten Projekts hatte ich immer und immer wieder festgestellt, dass die Probleme für Riesenfischuhus in Primorje auf eine Hauptursache zurückzuführen sind: auf Straßen. Da sie im Sichote-Alin-Gebirge fast alle durch Flusstäler verlaufen, sind Riesenfischuhus überproportional bedroht von der Gefahr, die von ihnen ausgeht. Erstens ermöglichen sie Lachswilderern Zugang zu den Flüssen, sodass die Zahl der Fische, Nahrung der Uhus, reduziert wird. Zweitens legen diese Wilderer Netze aus, in denen Uhus ertrinken können. Drittens bringen Straßen das Risiko von tödlichen Autounfällen mit sich wie etwa beim Scha-Mi-Weibchen. 2010 wurde wieder ein Riesenfischuhu – aber keiner, den wir untersucht hatten – von einem Auto an der Straße nach Amgu überfahren.

Wir arbeiten also seit 2012 mit Holzfällerunternehmen zusammen, damit die Zahl der für Autos offenen Straßen begrenzt wird, wenn ihre Arbeit beendet ist. Die Straßen werden nun entweder durch solche Bermen blockiert wie der, auf die Sergej und ich 2006 an der Maximowka und 2008 an der Scherbatowka gestoßen waren, oder es werden an wichtigen Stellen Brücken entfernt. Allein 2018 schloss man fünf Holztransportstraßen, womit etwa 100 Kilometer Straße für den Fahrzeugverkehr gesperrt waren und verhindert wurde, dass Menschen Zutritt zu 414 Quadratkilometern Wald hatten. Das kam im Endeffekt auch den Unternehmen zugute, weil es illegales Holzfällen verhinderte. Außerdem schützte es Riesenfischuhus, Tiger, Bären und Primorjes Artenreichtum ganz allgemein.

Nachdem Sergej und ich 2015 im Saijongebiet keinen geeigneten Nistbaum fanden – der letzte fiel einem Sturm zum Opfer –, machten wir es unseren japanischen Kollegen nach und stellten eine Nistbox auf. Wir schnitten in die Seite eines Zweihundertliter-Sojaölfasses aus Plastik ein Loch und befestigten es in acht Metern Höhe an einem Baum nahe der Saijon. Das Paar fand es in weniger als zwei Wochen und hat seitdem zwei Junge dort großgezogen, eines 2016, ein weiteres 2018. Seitdem haben wir das Projekt auf ungefähr ein Dutzend andere Waldabschnitte ausgeweitet, in denen es gute Jagdmöglichkeiten für Fischuhus, aber keine Nistbäume gab.

Mit unserem besseren Verständnis für die Habitate, die die Vögel brauchen, konnten wir die weltweiten Schätzungen der Populationen auf den neuesten Stand bringen. Während man in den 1980er-Jahren glaubte, es gebe 300 bis 400 Paare, können wir aus unseren Analysen herauslesen, dass es wahrscheinlich mehr sind, eventuell sogar doppelt so viele (735 Paare oder 800 bis 1600 Einzeltiere), und dass viele davon, nämlich 186 Paare, in Primorje leben. Wenn wir die Uhus in Japan mit berücksichtigen und davon ausgehen, dass sich einige Paare im Großen Hinggan-Gebirge in China verstecken, beläuft sich unserer Einschätzung nach die weltweite Population von Riesenfischuhus auf unter 2000 Individuen oder 500 bis 850 Paare insgesamt.

Riesenfischuhus sind weder so bekannt wie der Amurtiger noch haben sie sein Starpotenzial. Und während aufgrund unserer Arbeit mehr Leute etwas über Riesenfischuhus wissen und wir alles tun, um deren Zahl zu vergrößern, ist auch das Interesse an Tigern größer geworden. Selbst höchste russische Regierungskreise lassen sich deren Wohlergehen angelegen sein. Präsident Putin ist mehrmals in Primorje gewesen, um sich über die Schutzbemühungen zu informieren, und war Gastgeber eines weltweiten Tigergipfeltreffens in Moskau, das auch Leute wie Leonardo di Caprio und Naomi Campbell beehrten. Organisationen machen Spendenkampagnen nur für Amurtiger und werben zu deren Schutz jedes Jahr Millionen Dollar ein. Die Fördergelder für Riesenfischuhus betragen gerade so viel, wie Surmatsch und ich eintreiben – wenn wir die Zeit erübrigen können.

Unsere Anstrengungen, für die Uhus zu werben und unsere Arbeitsergebnisse bekanntzumachen, sind zwar bescheiden im Vergleich mit denen zum Schutz der Tiger, bewirken aber durchaus etwas, besonders in der Forschung zu den Uhus in den anderen Verbreitungsgebieten. So zögerten etwa die Wissenschaftler in Japan, die Tiere der hoch gefährdeten Inselunterart zu besendern. Immerhin sind nur noch weniger als 200 wildlebende übrig.

Wir zeigten mit unserem Projekt jedoch, dass die Sender keine nachweisbaren Folgen für Überleben und Fortpflanzung hatten. Alle unsere Uhus in den Gebieten um Ternei und Amgu überstanden das Projekt unbeschadet, und in allen Revieren mit besenderten Paaren wuchsen erfolgreich Junge auf. Auf Grundlage unserer Resultate führen die japanischen Fischuhubiologen nun GPS-Telemetriestudien über die Bewegungen der Tiere durch, was unser Wissen über die Art erweitern wird. Wir sind auch im Austausch mit Forschern und Naturschutzmanagern im ganzen Verbreitungsgebiet der Fischuhus in Russland, von den Kurilen im Osten bis zur Region um den mittleren Abschnitt des Amur im Westen, und bieten Beratung an, was man für die Riesenfischuhu-Population tun kann. Auch Forscher der Himalayafischuhus in Taiwan haben unsere Veröffentlichungen zum Gebrauch der Köderkisten gelesen und die Methode übernommen.

In Primorje teilen sich mehr als in den meisten gemäßigten Zonen Mensch und Tier noch dieselben Ressourcen. Es gibt die Angler und den Lachs, die Holzfäller und die Riesenfischuhus, die Jäger und die Tiger. Viele Gegenden auf dem Globus sind zu verstädtert oder zu bevölkert, als dass solche Systeme noch existieren könnten; in Primorje bewegt sich die Natur in einem beständigen Fluss miteinander verbundener Teile. Deshalb ist die Welt vielfältiger. Die Bäume aus Primorje werden Fußböden in Nordamerika, und Meeresfrüchte aus seinen Gewässern werden in ganz Asien verkauft. Riesenfischuhus sind ein Symbol für ein funktionierendes Ökosystem, ein Beweis, dass man Wildnis durchaus noch finden kann. Trotz des immer umfangreicher werdenden Netzes aus Holztransportstraßen, die immer tiefer in Fischuhuhabitat vordringen, und trotz der daraus folgenden Bedrohung der Tiere sammeln wir eifrig weiter Informationen, um mehr über sie zu lernen, veröffentlichen, was wir entdecken, und tun alles zum Schutz für sie und die Landschaft. Bei gutem Management wird es immer Fische in den Flüssen hier geben, und wir werden weiterhin den Spuren der Tiger folgen, die auf der Suche nach Beute durch den dunklen Kiefernwald schleichen. Und wenn wir zur rechten Zeit im Wald stehen, hören wir auch die Lachsjäger – die Riesenfischuhus –, und wie die Stadtschreier rufen sie: Alles in Ordnung. Primorje bleibt wild.

Epilog

Im Spätsommer 2016 tobte tagelang ein Taifun namens Lionrock über Nordostasien, in Wind und Regen starben Hunderte Menschen in Nordkorea und Japan. In Primorje erreichten die Böen beinahe Hurrikanstärke, am heftigsten wüteten sie über dem Sichote-Alin-Gebirge, im Herzen der Riesenfischuhu-Gebiete. Es war seit Jahrzehnten der schlimmste Sturm in der Provinz. Bäume brachen an der Wurzel ab oder wurden ganz entwurzelt und in chaotischen Haufen übereinandergeworfen. Ganze Flusstäler mit Eichen, Birken und Kiefern wurden über Nacht Abholzgebiet, die einsamen, überlebenden Rümpfe ragten heraus wie Grabmäler auf einem verwahrlosten Friedhof. Im Sichote-Alin-Biosphärenreservat gingen geschätzte 1600 Quadratkilometer Wald verloren, also rund 40 Prozent des gesamten Terrains.

Als ich loszog, um die Auswirkungen von Lionrock auf unsere Fischuhus zu untersuchen, fand ich im Territorium des Serebrjanka-Paares nur noch ein Durcheinander von Stämmen und abgebrochenen Ästen im ehemaligen Pappelwald. An der Tunscha lag das Nest zersplittert am Boden, fast begraben unter den Trümmerhalden, den die abfließenden Wasser hinterlassen hatten. Den größten Schock erlebten wir in Dschighit, einem Habitat, das Sergej und ich erst 2015 entdeckt hatten. Der gesamte Wald, in dem das Nest gewesen war, war schlicht und ergreifend verschwunden. Im Sturm war die Dschighitowka über die Ufer getreten und hatte sich völlig außer Rand und Band durch den Wald und über eine Straße zum Japanischen Meer gefräst. Als sie sich wieder in ihr normales Bett zurückzog, hinterließ sie eine offene Wunde im Tal, einen breiten Streifen aus grauem Schotter und Steinen, wo einst Pappeln und Kiefern gestanden hatten.

Seit dem Taifun waren die Vögel an der Faata stumm, aber bei den paar Malen, die ich hinaus an die Serebrjanka und die Tunscha fahren konnte, habe ich von beiden Ufern Uhus rufen gehört. Die Wälder waren so übel zugerichtet, dass die Suche nach einem neuen Nest mehr Aufwand erfordert hätte, als ich an einem Wochenendnachmittag aufbringen konnte. Ich verbringe ohnehin viel weniger Zeit im Feld, seit meine Frau und ich zwei kleine Kinder haben. Im März 2018 machte ich mich für eine Woche Felduntersuchungen frei und konzentrierte mich darauf, das Nest im Gebiet der Tunscha zu finden. Und zwar zusammen mit Rada, Sergej Surmatschs Tochter, die ich seit ihrer Kindheit kenne. Rada hatte gerade mit ihrem Promotionsvorhaben begonnen, einer auf der Arbeit ihres Vaters aufbauenden Riesenfischuhu-Studie. Es war schwer, durch den Wald zu kommen, er ähnelte einem verschachtelten, aber zerstörten Labyrinth, alle Gänge waren von Schotter blockiert. Fast jeder Schritt war ein Balanceakt. Wo möglich, aber selten genug, trappelten wir über gefallene Stämme und konnten sogar ungehindert ein Dutzend Schritte hintereinander durch das Schlachtfeld machen, ohne dass wir uns jedes Mal entscheiden mussten, ob wir als Nächstes durch das Hindernis, darüber, darunter oder darum herum gehen sollten. Unser GPS-Streckenverlauf aus der Woche zeigt beschwipstes Mäandern durch das Tunschatal, wo wir die Flussniederung nach unseren Vögeln absuchten, aber wegen der ständigen Barrieren dauernd Umwege machen mussten. Auf dem Weg erklärte ich Rada zwar die Merkmale eines guten Nistbaums, aber in diesem so arg demolierten Wald gab es kaum noch geeignete Beispiele. Vor Flussüberquerungen – die Tunscha teilte sich hier in mehrere Arme – blieben wir stehen, und einmal konnte ich ihr eine Stelle zeigen, wo der Fluss zu schmal und zu dicht bewachsen war, als dass ein Riesenfischuhu hier hätte jagen können, und ein anderes Mal eine, die mit den seichten Stromschnellen und der breiten Kiesbank perfekt war.

Am dritten Tag unserer Suche – meine Stirn von Schweiß und Dreck und meine Kleidung von Kiefernharz verklebt – erspähte ich eine riesige Pappel und wusste sofort, dass wir das Nest gefunden hatten. Alles an dem Baum war richtig, wie eine dicke graue Säule ragte er etwa zwölf Meter hoch, über das ihn umgebende Blätterdach hinaus, oben drauf war eine gähnende Höhle, und er stand nur einen Steinwurf vom Fluss entfernt. Sekunden, nachdem ich ihn gefunden hatte, flüsterte ich meiner Begleiterin zu, sie solle nach einem Wachposten Ausschau halten, und unmittelbar darauf flog ein Riesenfischuhu von einem Baum in der Nähe auf. Das Männchen entschwand mit langsamen, stetigen Flügelschlägen. Prompt lösten sich ein paar Krähen von den umliegenden Bäumen und jagten ihn zu einer Nachtmusik aufgeregten Gekrächzes.

In Sorge, weil das Nest unbewacht war, eilte ich hin, um mit dem GPS rasch den Standort zu erfassen, aber die Bewegung versetzte das Weibchen in Panik. Es flog auf und kreiste wie ein riesiger verschwommener brauner Ball über mir am Himmel. Dann landete es auf einem Ast und beugte sich vor, um mich besser sehen zu können. Die Krähen schwirrten um es herum wie ein Schwarm Sommerinsekten. Unsere Blicke begegneten sich, und es flog weg, verschwand in den Vorfrühlingsästen des verheerten Tunschatals.

Wie ich vor Jahren an der Saijon gelernt hatte, würde es mich vermutlich im Auge behalten, aber erst ins Nest zurückkehren, wenn ich fort war. Deshalb entfernten wir uns rasch aus Sorge um ihre Brut, aber auch hocherfreut: den Tunscha-Uhus ging es gut. Sie hatten meine Dissertation überlebt und den kürzlichen Taifun und einen geeigneten Nistbaum nur wenige Kilometer von ihrem alten gefunden. Sie kamen mit dem veränderten Flusslauf klar und brauchten unsere Schutzmaßnahmen nicht – jedenfalls vorerst nicht. Fischuhus gingen nicht kampflos unter, das war nicht ihre Art; sie widerstanden katastrophalen Stürmen, trotzten tiefen Minustemperaturen und ignorierten Krähenbanden. Ich war stolz auf ihre Widerstandskraft. Surmatsch, Sergej und ich werden weiter ein wachsames Auge auf sie haben, ebenso wie auf neue Bedrohungen durch die Menschen, und unsere Hilfe anbieten, wenn sie gebraucht wird. Wie die Uhus müssen auch wir wachsam bleiben.

Mein Dank geht an

Jenna Johnson, Lydia Zoells, Dominique Lear und Amanda Moon bei Farrar, Straus and Giroux für ihr meisterliches Lektorat. Mein Text kam zu ihnen, zerzaust wie die Ohrenbüschel eines Riesenfischuhus, ihre Kommentare und Vorschläge haben ihn geglättet wie die Oberfläche eines gefrorenen Flusses (wenn sie auch nicht jede einzelne meiner Metaphern oder Bemühungen, witzig zu sein, goutierten).

Diana Finch, meine Literaturagentin, die das Potenzial im ersten Entwurf des Buches sah und beträchtliche Zeit darauf verwandte, es so zu bearbeiten, dass es seinen Weg zu FSG fand.

Meine Mentoren Dale Miquelle und Rocky Gutiérrez, die mich zu einem besseren Wissenschaftler, Naturschützer und Autor gemacht haben.

Rebecca Rose, nun pensioniert und nicht mehr beim Zoo and Aquarium in Columbus, die die Erste war, die mich ermutigte, meine Erfahrungen mit Riesenfischuhus in Buchform zu bringen.

Sergej Surmatsch, mit dem ich seit fast 15 Jahren zusammenarbeite und dessen Freundschaft, Sachkenntnis und Anleitung unverzichtbar waren. Den Feldassistenten – denen im Buch genannten und denen, deren Abschnitte herausgekürzt wurden (tut mir leid, Mischa Pogiba) – danke ich dafür, dass sie große Unannehmlichkeiten auf sich genommen haben, damit dieses Projekt zu einem erfolgreichen Abschluss kam.

Die vielen Geldgeber – darunter das Amur-Ussuri-Zentrum für Vogelvielfalt, das Bell Museum für Naturgeschichte, der Columbus Zoo und Aquarium, der Zoo in Denver, der Disney Naturschutzfonds, die International Owl Society, das Ulysses S. Seal-Schutzprogramm des Zoos in Minnesota, das National Aviary in Pittsburgh, der National Birds of Prey Trust, die University of Minnesota, der U.S. Forest Service mit seinen internationalen Programmen und die Wildlife Conservation Society – dafür, dass sie an mich, die Mission und die Uhus geglaubt haben.

Meine Frau Karen, die mir erlaubt, gelegentlich zu den Wäldern und Flüssen Primorjes zu entschwinden. Ich weiß, es ist nicht leicht für sie. An meine beiden Kinder Hendrik und Anwyn, die immer nur einen Vater kannten, der wochen- und monatelang abwesend war. Hoffentlich wissen sie diesen Text, wenn sie älter sind, zu schätzen und kommen zu dem Schluss, dass es das wert war. Schließlich an meine Mutter Joan und besonders meinen Vater Dale. Er war stolz auf mich, meine Arbeit und mein Schreiben. Ich wünschte, er hätte es noch erlebt, dieses Buch in Händen zu halten.

Anmerkungen

Motto

S. 5 »Unglaublich, was um uns herum geschah« – Siehe Wladimir Arsenjew, *Durch die Urwälder des Fernen Ostens. Forschungsreisen im Gebiet des Ussuri und des Küstengebirges Sichote-Alin*, übersetzt von Alexander Böltz, Dresden 1951.

Prolog

S. 9 »Bei einer Waldwanderung« – Der Mitwanderer war Jacob McCarthy, ein Peace-Corps-Kollege, jetzt Lehrer in Maine.

S. 9 »mit 19 eines Sommers meinen Vater« – Zu der Zeit (1992 bis 1995) war mein Vater Dale Vernon Slaght Stellvertretender Leiter des U.S. Commercial Service (einer Abteilung des US-amerikanischen Handelsministeriums) mit Sitz an der Amerikanischen Botschaft in Moskau.

S. 10 »dass seit 100 Jahren kein Wissenschaftler« – Aleksandr Cherskiy, »Vogelkundliche Sammlung des Museums für die Erforschung der Region Amur in Wladiwostok«, in: *Zapisi O-va Izucheniya Amurskogo Kraya* 14, 1915, S. 143–276, Russisch.

Einleitung

S. 11 »Nach erfolgreichem Abschluss meiner Masterarbeit« – Jonathan C. Slaght, *Influence of Selective Logging on Avian Density, Abundance, and Diversity in Korean Pine Forests of the Russian Far East / Bedeutung der selektiven Abholzung für Dichte, Anzahl und Vielfalt von Vögeln in Koreakiefernwäldern des russischen Fernen Ostens*, Masterarbeit, University of Minnesota 2005.

S. 11 f. »Erst 1971 wurde in Russland überhaupt das Nest eines Riesenfischuhus entdeckt« – und zwar von Juri Pukinski am Fluss Bikin in Primorje. Siehe im Übrigen dazu *Juri Pukinski*, *In der Ussuri-Taiga: Suche nach dem Riesenfischuhu*, Moskau, Leipzig 1983.

S. 12 »nicht mehr als 300 bis 400 Paare« – V. I. Pererva, »Der Riesenfischuhu«, in: A. M. Borodin, A.G. Bannikov u. a. (Hg.), *Red Book of the USSR: Rare and Endangered Species of Animals and Plants / Rotbuch der UdSSR: Seltene und bedrohte Tier- und Pflanzenarten*, Moskau 1984, S. 159–160.

S. 12 »ein paar hundert Kilometer übers Meer weiter östlich« – Mark Brazil and Sumio Yamamoto, »The Status and Distribution of Owls in Japan / Bestand und Verbreitung von Eulen in Japan«, in: B. Meyburg und R. Chancellor (Hg.), *Raptors in the Modern World: Proceedings of the III World Conference on Birds of Prey and Owls* / Greifvögel in der modernen Welt: Protokoll der 3. Weltkonferenz zu Greifvögeln und Eulen, Berlin 1989 (siehe Weltarbeitsgruppe für Greifvögel und Eulen), S. 389–401.

S. 12 »Er und einige andere gefährdete Arten« – Zu Amurtigern siehe Dale Miquelle, Troy Merrill u. a., »A Habitat Protection Plan for the Amur Tiger: Developing Political and Ecological Criteria for a Viable Land-Use Plan / Ein Habitatschutzplan für den Amurtiger: Entwicklung politischer und ökologischer Kriterien für einen realisierbaren Plan der Flächennutzung«, in: John Seidensticker, Sarah Christie u. a. (Hg.), *Riding the Tiger: Tiger Conservation in Human-Dominated Landscapes / Den Tiger reiten: Tigerschutz in vom Menschen dominierten Landschaften*, New York 1999, S. 273–289.

S. 12 »Nicht nur bemühte man sich gar nicht darum« – Morgan Erickson-Davis, »Timber Company Says It Will Destroy Logging Roads to Protect Tigers / Holzfällerunternehmen sagt, es werde zum Schutz der Tiger Holztransportstraßen zerstören«, in: *Mongabay*, 29. Juli 2015, online: {news.mongabay.com/2015/07/mrn-gfrn-morgan-timber-company-says-it-will-destroy-logging-roads-to-protect-tigers}, letzter Zugriff: 28. 7. 2022.

S. 13 »Die Udehe und Hezhen fertigten« – V. R. Chepelyev, »Traditionelle Methoden des Wassertransports bei indigenen Völkern der unteren

Amurregion und auf Sachalin«, in: *Izucheniye Pamyatnikov Morskoi Arkheologiy* 5 (2004), S. 141–61, Russisch.

S. 13 »Eine grobe Vorstellung hatten wir natürlich« – hauptsächlich auf Grund der Forschungen von Jewgenij Spangenberg aus den 1940er- und von Juri Punkinski aus den 1970er-Jahren.

S. 14 »Ich war Feuer und Flamme« – Siehe Michael Soulé, »Conservation: Tactics for a Constant Crisis / Naturschutz: Strategien für eine beständige Krise«, in: *Science* 253 (1991), S. 744–750.

S. 15 »Das Gebiet war insofern einzigartig« – Zu einem genaueren Bericht über das Flussgebiet der Samarga und den Konflikt wegen der Abholzung dort siehe Josh Newell, *The Russian Far East: A Reference Guide for Conservation and Development / Der russische Ferne Osten: Handbuch zu Schutz und Entwicklung*, McKinleyville, California 2004.

S. 15 »Im Jahr 2000 beschloss ein Rat der indigenen Udehe« – Anatoliy Semenchenko, »Samarga River Watershed Rapid Assessment Report / Kurzer Sachstandsbericht zum Flusseinzugsgebiet der Samarga,« Wild Salmon Center 2003, online: {sakhtaimen.ru/userfiles/Library/Reports/semenchenko._2004._samarga_rapid_assessment.compressed.pdf}, letzter Zugriff: 28. 7. 2022.

1 *Ein Dorf namens Hölle*

S. 25 »Die Hilflosigkeit und das Leid« – Elena Sushko, »The Village of Agzu in Udege Country / Das Dorf Agsu im Land der Udehe«, in: *Slovesnitsa Iskusstv* 12 (2003), S. 74–75, Russisch.

S. 27 »ungefähr zehn dort lebende Paare gefunden« – Sergey Surmach, »Short Report on the Research of the Blakiston's Fish Owl in the Samarga River Valley in 2005 / Kurzer Forschungsbericht zu den Riesenfischuhus im Flusstal der Samarga im Jahr 2005«, in: *Peratniye Khishchniki i ikh Okhrana / Raptors Conservation Newsletter* 5 (2006), S. 66–67, Russisch mit englischer Zusammenfassung.

S. 29 »Jewgenij Spangenberg als einer der ersten Europäer« – Siehe zum Beispiel Yevgeniy Spangenberg: »Observations of Distribution and Biology of Birds in the Lower Reaches of the Iman River / Bemerkungen zu

Verbreitung und Biologie der Vögel am Unterlauf der Iman«, in: *Moscow Zoo* 1 (1940), S. 77–136, Russisch, der Fluss heißt heute Bolschaja Ussurka.

S. 29 »ein Ornithologe namens Juri Pukinski« – Siehe zum Beispiel Yuriy Pukinskiy, »Ecology of Blakiston's Fish Owl in the Bikin River Basin / Die Ökologie des Riesenfischuhus im Flussgebiet der Bikin«, in: *Byull Mosk O-va Ispyt Prir Otd Biol* 78 (1973), S. 40–47, Russisch mit englischer Zusammenfassung.

S. 29 »ein paar Artikel von Sergej Surmatsch« – Siehe zum Beispiel Sergey Surmach, »Present Status of Blakiston's Fish Owl (Ketupa blakistoni Seebohm) in Ussuriland and Some Recommendations for Protection of the Species / Zur derzeitigen Lage des Riesenfischuhus (Ketupa blakistoni Seebohm) in Ussurien und einige Empfehlungen zum Schutz der Art«, in *Report Pro Natura Found* 7 (1998), S. 109–123.

2 *Die erste Suche*

S. 30 »Während sich die meisten Eulenarten« – Frank Gill, *Ornithology*, New York 1995, S. 195.

S. 30 »Den unterschiedlichen Erfordernissen der Jagd« – Jemima Parry-Jones, *Understanding Owls: Biology, Management, Breeding, Training / Zum Verständnis von Eulen: Biologie, Management, Zucht, Abrichtung*, Exeter 2001, S. 20.

S. 30 »Das wiederum machte sie einmal zu einer wertvollen Nahrungsquelle« – Yevgeniy Spangenberg, »Birds of the Iman River / Vögel am Fluss Iman«, in: *Investigations of Avifauna of the Soviet Union / Untersuchungen der Vogelfauna der Sowjetunion*, Moskau 1965, S. 98–202, Russisch.

3 *Winterleben in Agsu*

S. 37 »Eine Eule aber fliegt« – Ennes Sarradj, Christoph Fritzsche u. a., »Silent Owl Flight: Bird Flyover Noise Measurements / Lautloser Eulenflug: Geräuschmessungen des Vogelflugs«, in: *AIAA Journal* 49 (2011), S. 769–779.

S. 40 »ich hatte mir die Ultraschallbilder« – Siehe zum Beispiel Yuriy Pukinskiy, »Blakiston's Fish Owl Vocal Reactions / Lautreaktionen des Riesenfischuhus«, in: *Vestnik Leningradskogo Universiteta* 3 (1974), S. 35–39, Russisch mit englischer Zusammenfassung.

S. 40 »Riesenfischuhu-Paare singen und rufen in Duetten« – Jonathan C. Slaght, Sergey Surmach u. a., »Ecology and Conservation of Blakiston's Fish Owl in Russia / Ökologie und Schutz des Riesenfischuhus in Russland«, in: F. Nakamura (Hg.), *Biodiversity Conservation Using Umbrella Species: Blakiston's Fish Owl and the Red-Crowned Crane / Schutz der Biodiversität mithilfe von Schirmarten des Riesenfischuhus und des Mandschurenkranichs*, Singapur 2018, S. 47–70.

S. 40 »Das ist eine ungewöhnliche Eigenheit« – Lauryn Benedict, »Occurrence and Life History Correlates of Vocal Duetting in North American Passerines / Vorkommen von Wechselgesang bei nordamerikanischen Sperlingsvögeln und seine Beziehung zum Lebenszyklus«, in: *Journal of Avian Biology* 39 (2008), S. 57–65.

4 *Die stille Brutalität des Ortes*

S. 45 »Kurze russische Jägerski« – In Primorje sind Jägerski oft handgemacht, nach Art der Udehe aus Eichen- oder Ulmenholz. Siehe V. V. Antropova, »Skis«, in: M. G. Levin und L. P. Potapov (Hg.), *Istoriko-etnograficheskiy atlas Sibirii*, Moskau 1961, Russisch.

S. 46 »Sie rufen im tiefen Zweihundert-Hertz-Bereich« – Karan Odom, Jonathan Slaght u. a., »Distinctiveness in the Territorial Calls of Great Horned Owls Within and Years / Besonderheiten im Territorialgesang der Virginiauhus innerhalb eines und in mehreren Jahren«, in: *Journal of Raptor Research* 47 (2013), S. 21–30.

S. 46 »die Häufigkeit folgt einem Jahreszyklus« – Takeshi Takenaka, »Distribution, Habitat Environments, and Reasons for Reduction of the Endangered Blakiston's Fish Owl in Hokkaido, Japan / Verbreitung, Habitatbeschaffenheit und Gründe für den Rückgang der gefährdeten Riesenfischuhus in Hokkaido, Japan«, Doktorarbeit, Universität Hokkaido 1998.

S. 48 »Diese Vögel hatten allerdings höhere Stimmen« – Die mittleren Grundfrequenzen (das heißt, die niedrigsten) für den Uhu (Bubo bubo) in einer Studie waren 317,2 Hertz oder etwa 88 Hertz höher als die der Fischuhus, die wir aufgenommen haben. Siehe Thierry Lengagne, »Temporal Stability in the Individual Features in the Calls of Eagle Owls (Bubo bubo) / Zeitliche Beständigkeit der individuellen Merkmale in den Rufen von Uhus (Bubo bubo)«, in: *Behaviour* 138 (2001), S. 1407–1419.

S. 49 »Riesenfischuhus sind Standvögel« – Jonathan Slaght und Sergey Surmach, »Biology and Conservation of Blakiston's Fish Owls in Russia: A Review of the Primary Literature and an Assessment of the Secondary Literature / Biologie und Schutz des Riesenfischuhus in Russland: Eine Übersicht über die Primärliteratur und eine Bewertung der Sekundärliteratur«, in: *Journal of Raptor Research* 42 (2008), S. 29–37.

S. 49 »Und da diese Vögel alt wurden« – Takenaka, »Ecology and Conservation of Blakiston's Fish Owl in Japan / Ökologie und Schutz des Riesenfischuhus in Japan«, in: F. Nakamura (Hg.), *Biodiversity Conservation Using Umbrella Species*, S. 19–46.

5 *Den Fluss hinunter*

S. 51 »Denn im Gegensatz zu den meisten anderen Vögeln« – Slaght, Surmach u. a., »Ecology and Conservation«.

S. 51 »In Japan, wo man das Aussterben« – Takenaka, »Distribution, Habitatenvironments«.

S. 52 »In Russland konzentriert sich ein Paar« – Pukinskiy, »Ecology of Blakiston's Fish Owl« und Yuko Hayashi, »Home Range, Habitat Use, and Natal Dispersal of Blakiston's Fish Owl / Aufenthaltsraum, Nutzung des Habitats und Abwanderung vom Geburtsort des Riesenfischuhus«, in: *Journal of Raptor Research* 31 (1997), S. 283–85.

S. 52 »Im Gegensatz dazu« – Christoph Rohner, »Non-territorial Floaters in Great Horned Owls (*Bubo virginianus*) / Nichtrevierfeste Nichtbrüter bei den Virginia-Uhus«, in: James Duncan, David Johnson u. a.

(Hg.), *Biology and Conservation of Owls of the Northern Hemisphere: 2nd International Symposium / Biologie und Schutz der Eulen der nördlichen Hemisphäre: Zweites Internationales Symposion*, General Technical Report NC-190, St. Paul, U.S. Department of Agriculture Forest Service 1997, S. 347–362.

S. 54 »Frazil-Eis« – M. Seelye, »Frazil Ice in Rivers and Oceans«, in: *Annual Review of Fluid Mechanics / Jährlich erscheinende Fachzeitschrift zur Strömungslehre* 13 (1981), S. 379–397.

6 *Tschepeljew*

S. 59 »Die Lehre von der Pyramidenenergie« – Colin McMahon, »›Pyramid Power‹ Is Russians' Hope for Good Fortune / Pyramidenenergie ist Hoffnung der Russen auf Glück«, in: *Chicago Tribune*, 23. Juli 2000, online: {chicagotribune.com/news/ct-xpm-2000-07-23-0007230533-story.html}, letzter Zugriff: 28.7.2022.

S. 60 »Der Wurstmagnat besaß einen Hubschrauber« – Ernest Filippovskiy, »Last Flight Without a Black Box / Der letzte Flug ohne Black Box«, in: *Kommersant*, 13. Januar 2009, online: {kommersant.ru/doc/1102155}, letzter Zugriff: 28.7.2022, Russisch.

7 *Die Wasser kommen*

S. 63 »Man nimmt an, dass die Anordnung der Zehen« – Alan Poole, *Ospreys: Their Natural and Unnatural History / Fischadler: Ihre Natur- und Unnaturgeschichte*, Cambridge 1989.

S. 64f. »Wegen des Tigers machte ich mir keine Sorgen« – In einer kürzlichen Studie wurden 58 Fälle von Tigerangriffen auf Menschen über einen Zeitraum von 40 Jahren untersucht (1970–2010). Das Ergebnis: 71 Prozent von ihnen waren provoziert worden. Siehe Igor Nikolaev, »Tiger Attacks on Humans in Primorsky (Ussuri) Krai in XIX–XXI Centuries / Tigerangrifffe auf Menschen in der Region Primorje vom 19. bis zum 21. Jahrhundert«, in: *Vestnik DVO RAN* 3 (2014), S. 39–49, Russisch mit englischer Zusammenfassung.

S. 65 »Jüngste wissenschaftliche Daten zeigen« – Clayton Miller, Mark Hebblewhite u. a., »Estimating Amur Tiger (*Panthera tigris altaica*) Kill Rates and Potential Consumption Rates Using Global Positioning System Collars / Zur Einschätzung der Tötungsraten des Amurtigers (*Panthera tigris altaica*) und der potenziellen Verzehrrate mithilfe von GPS-Kragen«, in: *Journal of Mammalogy* 94 (2013), S. 845–855.

S. 65 »in riesigen Aufenthaltsräumen von 400 bis 1400 Quadratkilometern« – John Goodrich, Dale Miquelle u. a., »Spatial Structure of Amur (Siberian) Tigers (*Panthera tigris altaica*) on Sikhote-Alin Biosphere Zapovednik, Russia / Raumstruktur der Amurtiger (*Panthera tigris altaica*) im Sichote-Alin-Biosphärenreservat«, in: *Journal of Mammalogy* 91 (2010), S. 737–748.

S. 65 »Die wahren Schuldigen« – Dmitriy Pikunov, »Population and Habitat of the Amur Tiger in the Russian Far East / Population und Habitat des Amurtigers im russischen Fernen Osten«, in: *Achievements in the Life Sciences* 8 (2014), S. 145–149.

S. 66 »doch sein Stahlelefant« – V. I. Zhivochenko: »Die Rolle der Schutzgebiete beim Schutz seltener Säugetierarten in Südprimorje«, in: Jahresbericht 1976, Laso-Naturschutzgebiet (Hg.), Kievka 1977, Russisch.

S. 68 »Burgess erfand sogar eine Sprache, das Nadsat« – Robert O. Evans, »Nadsat: The Argot and Its Implications in Anthony Burgess' *A Clockwork Orange* / Nadsat: Der Jargon und seine Implikationen in Anthony Burgess' *Clockwork Orange*«, in: *Journal of Modern Literature* 1 (1971), S. 406–410.

S. 68 »Ich fand es sehr interessant« – Wah-Jun Low und Hui-Meng Tan: »Asian Traditional Medicine for Erectile Dysfunction / Traditionelle asiatische Heilmittel für Erektionsstörungen«, in: *European Urology* 4 (2007), S. 245–250.

S. 68 »Er wusste, dass wir Riesenfischuhus suchten« – Siehe zum Beispiel Semenchenko, »Samarga River Watershed Rapid Assessment Report«.

8 *Der Ritt auf dem letzten Eis zur Küste*

S. 75 »Ihre Überlebensrate betrug bescheidene 66 Prozent« – Wladimir Arsenjew, *In den Bergen des Sichote-Alin. Forschungsreisen zwischen Amur und Japanischem Meer*, Dresden 1952.

S. 76 »1909 beschrieb er zwei Häuser an der Mündung der Samarga« – Wladimir Arsenjew, *Eine kurze militärgeographische und statistische Beschreibung der Region Ussuri*, Chabarowsk 1911, Russisch.

S. 77 »Ich misstraute Dorfbrunnen« – Der Freund war Chad Masching, Freiwilliger im Peace Corps in Ternei von 1999–2000, jetzt Umweltingenieur in Colorado.

9 *Das Dorf Samarga*

S. 81 »Mit nur ein paar bekannten Sichtungen« – Sergey Yelsukov, *Vögel in Nordostprimorje: Nichtsperlingsvögel*, Wladiwostok 2016, Russisch.

S. 81 »sind Bartkäuze so weit südlich sehr selten« – In sogenannten Irruptionsjahren treibt die niedrige Häufigkeit von Wühlmäusen Bartkäuze gelegentlich über ihr normales Verbreitungsgebiet hinaus nach Süden, und man sieht sie in großer Zahl in Gegenden wie Nordminnesota. Anfang 2005 – einem Irruptionsjahr – sah zum Beispiel ein Doktorandenkommilitone von mir an der University of Minnesota 226 verschiedene Bartkäuze an einem einzigen Tag. Der Kommilitone ist Andrew W. Jones, jetzt Kurator für Ornithologie am Cleveland Museum of Natural History.

S. 82 »mit einem Schiff namens Wladimir Golusenko« – Foto und derzeitiger Aufenthaltsort der Wladimir Golusenko siehe online: {shipphoto-roster.com/ship/vladimir-goluzenko}, letzter Zugriff: 12. 7. 2022.

S. 83 »Zur Beschreibung der Beschaffenheit« – Siehe Jonathan Slaght, *Management and Conservation Implications of Blakiston's Fish Owl (Ketupa blakistoni) Resource Selection in Primorye, Russia / Bedeutung der Habitatwahl des Riesenfischuhus (Ketupa blakistoni) für Management und Schutz*, Doktorarbeit, University of Minnesota, 2011.

S. 83 »Riesenfischuhus bevorzugen offenbar ›Seitenhöhlennester‹« – Jeremy Rockweit, Alan Franklin u. a., »Potential Influences of Climate and Nest Structure on Spotted Owl Reproductive Success: A Biophysical Approach / Mögliche Einflüsse von Klima und Nestbau auf den Reproduktionserfolg des Fleckenkauzes: ein biophysikalischer Ansatz«, in: *PLoS One* 7 (2012), e41498.

S. 84 »In Magadan« – Irina Utekhina, Eugene Potapov u. a., »Nesting of the Blakiston's Fish-Owl in the Nest of the Steller's Sea Eagle, Magadan Region, Russia / Riesenfischuhu nistet im Nest eines Riesenseeadlers in der russischen Region Magadan«, *Peratniye Khishchniki i ikh Okhrana* 32 (2016), S. 126–129, Russisch mit englischer Zusammenfassung.

S. 84 »Und in Japan« – Takenaka, »Ecology and Conservation«.

10 *Die Wladimir Golusenko*

S. 89 »Hyundai hatte auch begehrliche Blicke« – Newell, *The Russian Far East*.

S. 89 »Er erwähnte auch die einst hier gelegenen Fischerdörfer« – Shou Morita, »History of the Herring Fishery and Review of Artificial Propagation Techniques for Herring in Japan / Geschichte der Heringsfischerei und Bericht zu Methoden der künstlichen Vermehrung von Heringen in Japan«, in: *Canadian Journal of Fisheries and Aquatic Sciences* 42 (1985), S. 222–229.

11 *Ein uralter Laut*

S. 96 »In meinen Peace-Corps-Zeiten« – Der ortsansässige Ornithologe war Sergej Jelsukow, der von 1960 bis 2005 im Sichote-Alin-Biosphärenreservat arbeitete, die meiste Zeit davon als dessen Ornithologe.

S. 96 »John Goodrich« – Seit 2019 ist er wissenschaftlicher Leiter bei Panthera, einer internationalen wissenschaftsorientierten Nichtregierungsorganisation, die sich mit Erforschung und Schutz der Wildkatzen befasst.

S. 98 »Eine verlässliche Art« – Siehe Gary White und Robert Garrott: *Analysis of Wildlife Radio-Tracking Data / Analyse der Funkdaten von besenderten Wildtieren*, Cambridge, Mass. 1990.

12 *Ein Riesenfischuhu-Nest*

S. 104 »Dalnegorsk ist eine Stadt« – Rock Brynner, *Empire and Odyssey: The Brynners in Far East Russia and Beyond / Imperium und Odyssee: Die Brynners im Fernen Osten Russlands und überall sonst*, Westminster, Maryland 2006.

S. 104 »Stadt, Fluss und Tal hießen« – Siehe John Stephan, *The Russian Far East: A History / Der russische Ferne Osten. Eine Geschichte*, Stanford, California 1994.

S. 104 »Als der Forschungsreisende Wladimir Arsenjew« – Arsenjew, *Durch die Urwälder.*

S. 104 »Auch die Menschen dort litten« – online: {worstpolluted.org/projects_reports/display/74}, letzter Zugriff: 28. 7. 2022, siehe auch Margrit von Braun, Ian von Lindern u. a., »Environmental Lead Contamination in the Rudnaya Pristan-Dalnegorsk Mining and Smelter District, Russian Far East / Bleiverschmutzung der Umwelt im Förder- und Schmelzgebiet von Rudnaja Pristan-Dalnegorsk im Russischen Fernen Osten«, in: *Environmental Research* 88 (2002), S. 164–173.

S. 105 »Ein kurzes Stück fuhren wir weiter bis nach Wetka« – Arsenjew, *Durch die Urwälder.*

S. 109 »Er, Tolja, habe sich überhaupt nichts dabei gedacht« – Stefania Korontzi, Jessica McCarty u. a., in: »Global Distribution of Agricultural Fires in Croplands from 3 Years of Moderate Imaging Spectroradiometer (MODIS) Data / Globale Verteilung von Bränden auf Anbauflächen anhand von Daten aus drei Jahren Messung mit dem Bildgebungsradiospektrometer mittlerer Auflösung (MODIS)«, in: *Global Biogeochemical Cycles* 1029 (2006), S. 1–15.

S. 110 »Besonders zerstörerisch sind diese Brände im Südwesten Primorjes« – Conor N. Phelan, *Predictive Spatial Modeling of Wildfire Occurrence and Poaching Events Related to Siberian Tiger Conservation in Southwest Primorye, Russian Far East / Prädiktive Raummodellierung des Auftretens von Flächenbränden und Wildereien hinsichtlich des Schutzes der Amurtiger in Südwestprimorje im russischen Fernen Osten*, Masterarbeit, University of Montana 2018, online: {scholarworks.umt.edu/etd/11172}, letzter Zugriff: 28.7.2022.

13 *Wo es keine Verkehrsschilder mehr gibt*

S. 113 »Dann fuhren wir über den Berjosowi-Pass« – Anatoliy Astafiev, Yelena Pimenova u. a., »Veränderungen in den natürlichen und anthropogenen Ursachen von Waldbränden in Bezug auf die Geschichte der Kolonisierung, Entwicklung und wirtschaftlichen Aktivität in der Region«, in: *Brände und ihre Auswirkungen auf die natürlichen Ökosysteme des zentralen Sichote-Alin-Gebirges*, Wladiwostok 2010, S. 31–50, Russisch.

S. 114 »Einen Wegweiser sahen wir erst wieder« – Erickson-Davis, »Timber Company Says«.

S. 116 »Da hatten wir die Riesenfischuhus aus ihrem Versteck« – Mehr zu Hassattacken siehe Tex Sordahl, »The Risks of Avian Mobbing and Distraction Behavior: An Anecdotal Review / Die Risiken des Hassens von Vögeln und Ablenkverhalten: Ein Fallbericht«, in: *Wilson Bulletin* 102 (1990), S. 349–352.

S. 118 »Jäger hielten sich oft Katzen« – Hiroaki Kariwa, K. Lokugamage u. a., »A Comparative Epidemiological Study of Hantavirus Infection in Japan and Far East Russia / Vergleichende epidemiologische Studie von Hantavirusinfektionen in Japan und dem Fernen Osten Russlands«, in: *Japanese Journal of Veterinary Research* 54 (2007), S. 145–161.

14 *Man muss auch mal banal die Straße nehmen*

S. 124 »Vielerorts glaubt man« – Klaus Becker, »One Century of Radon Therapy / Hundert Jahre Radontherapie«, in *International Journal of Low Radiation* 1 (2004), S. 333–357.

S. 128 »Es waren die letzten Zeugnisse« – Aleksandr Panichev, *Bikin: Der Wald und die Menschen*, Wladiwostok 2005, Russisch.

S. 136 »in den Überresten steckte eine Adlerfeder« – I. V. Karyakin, »New Record of the Mountain Hawk Eagle Nesting in Promorye, Russia / Neuer Nachweis für Nisten des Bergadlers in Primorje«, in: *Raptors Conservation* 9 (2007), S. 63–64.

S. 136 »Keiler sind zwar normalerweise nicht aggressiv« – John Mayer, »Wild Pig Attacks on Humans / Wildschweinangriffe auf Menschen«, *Wildlife Damage Management Conferences – Proceedings / Konferenzen zum Management von Wildtierschäden – Berichtsband* 151 (2013), S. 17–35.

15 *Reißende Fluten*

S. 140 »Der Sachalin-Taimen« – Hinsichtlich weiterer Informationen zu Verbreitung der Art und Ursachen lokaler Ausrottung siehe Michio Fukushima, Hiroto Shimazaki u. a., »Reconstructing Sakhalin Taimen *Parahucho perryi* Historical Distribution and Identifying Causes for Local Extinctions / Wiederherstellung der historischen Verbreitung des Sachalin-Taimen (*Parahucho perryi*) und Feststellung der Ursachen lokaler Ausrottung«, in: *Transactions of the American Fisheries Society* 140 (2011), S. 1–13.

S. 140 »2010 wurde ein Naturschutzgebiet am Fluss Koppi« – Siehe online: {wildsalmoncenter.org/2010/10/20/koppi-river-preserve}, letzter Zugriff: 28. 7. 2022.

S. 143 »Manchmal benutzte er Kletterspore n« – David Anderson, Will Koomjian u.s., »Review of Rope-Based Access Methods for the Forest Canopy: Safe and Unsafe Practices in Published Information Sources and a Summary of Current Methods / Überblick zu Zugangsarten zu Baumkronen mit Seil: Sichere und unsichere Vorgehensweisen in veröffentlichten Informationsquellen und eine Zusammenfassung gebräuchlicher Methoden«, in: *Methods in Ecology and Evolution* 6 (2015), S. 865–872.

S. 144 »Der Uhu hatte natürlich nicht« – Andere Greifvögel schlagen bekanntlich Rotwild, siehe zum Beispiel Linda Kerley and Jonathan Slaght, »First Documented Predation of Sika Deer (*Cervus nippon*) by Golden Eagle (*Aquila chrysaetos*) in Russian Far East / Erstes dokumentiertes Schlagen eines Sikawilds (Cervus nippon) durch einen Steinadler (*Aquila chrysaetos*) im russischen Fernen Osten«, in: *Journal of Raptor Research* 47 (2013), S. 328–330.

S. 146 »in der La-Pérouse-Straße« – eine 40 Kilometer breite Meerenge zwischen der Insel Hokkaido in Japan und der Insel Sachalin in Russland.

16 *Vorbereitungen zum Fangen*

S. 154 »Es gab Auswahlmöglichkeiten zuhauf« – Siehe zum Beispiel Hans Bub, *Bird Trapping and Bird Banding*, Ithaca, New York State 1991.

S. 155 »Dann fahren sie mit den Händen« – Peter Bloom, William Clark u. a., »Capture Techniques / Fangmethoden«, in: David Bird und Keith Bildstein (Hg.), *Raptor Research and Management Techniques / Forschung zu und Management von Greifvögeln*, Blaine, Washington 2007, S. 193–219.

S. 155 »Manche Arten sind leichter anzulocken« – Bloom/Clark u. a., »Capture Techniques«.

S. 155 »wie die Udehe Riesenfischuhus jagten« – Spangenberg, »Birds of the Iman River«.

S. 155 »wie Wissenschaftler sie abschossen« – V. A. Nechaev, *Vögel der südlichen Kurilen*, Leningrad 1969, Russisch.

S. 155 »Nach ein paar Tagen hatte Sergej seinen Vogel« – Jonathan Slaght, Sergey Avdeyuk u. a., »Using Prey Enclosures to Lure Fish-Eating Raptors to Traps / Benutzung von Köderkisten, um Fisch fressende Greifvögel in Fallen zu locken«, in: *Journal of Raptor Research* 43 (2009), S. 237–240.

S. 156 »Dort hatte man sehr junge Tiere mit Netzen gefangen« – Takenaka, »Ecology and Conservation«.

S. 156 »Das lag vielleicht an ihren Erfahrungen« – Takenaka, »Ecology and Conservation«.

S. 156 »Man setzte sie den Uhus wie kleine Rucksäcke auf« – Robert Kenward, *A Manual for Wildlife Radio Tagging / Handbuch zum Besendern von Wildtieren*, Cambridge, Massachusetts 2000.

S. 156 »wollten wir uns mittels Triangulation« – Josh Millspaugh und John Marzluff, *Radio Tracking and Animal Populations / Verfolgung von Tierpopulationen mit Funk*, New York 2001.

S. 157 »der Wahl der Jagd- und Nistorte« – Bryan Manly, Lyman McDonald u. a., *Resource Selection by Animals: Statistical Design and Analysis for Field Studies / Habitatwahl bei Tieren: Statistische Versuchsplanung und Analyse für Feldforschungen*, New York 2002.

S. 159 »Die erste, die Sergej und ich ausprobieren wollten« – Bub, *Bird Trapping.*

S. 160 »Ich hatte von einem Riesenfischuhu-Paar gelesen« – Takenaka, *Distribution, Habitat Environments.*

17 *Fast gefangen*

S. 161 »An jeder Falle befand sich ein Sender« – Siehe zum Beispiel online: {telonics.com/products/trapsite}, letzter Zugriff: 28. 7. 2022.

S. 161 »Bei Kojoten oder Füchsen« – N. N., *California Department of Fish & Wildlife Trapping License Examination Reference Guide / Prüfungshandbuch zur Fangerlaubnis bestimmter Tiere des Kalifornischen Fisch- und Wildtieramtes*, 2015, nrm.dfg.ca.gov/FileHandler.ashx?DocumentID=84665&inline.

S. 164 »Es sind die Begegnungen mit Menschen« – Arsenjew, *Durch die Urwälder.*

18 *Der Eremit*

S. 168 »aus der Periode des Balhae-Reichs« – Siehe Stephan, *Der russische Ferne Osten.*

S. 170 »Trotzdem beschloss Sergej zusätzlich zu den Schlingenteppichen« – Bub, *Bird Trapping.*

19 *Gestrandet an der Tunscha*

S. 175 »in einer wissenschaftlichen Zeitschrift beschrieben« – Slaght, Avdeyuk u. a., »Using Prey Enclosures«.

S. 175 »Sie haben das kleinste Verbreitungsgebiet« – Xan Augerot, *Atlas of Pacific Salmon: The First Map-Based Status Assessment of Salmon in the North Pacific / Atlas der Lachse im Pazifik: Erste landkartenbasierte Beschreibung des Lachsbestands im Nordpazifik*, Berkeley, California 2005.

20 *Ein Uhu in der Hand*

S. 178 »Manche Greifvögel leisten kaum Widerstand« – laut Gespräch mit Lori Arent am 24. Juni 2019.

S. 178 »Damit (ihm und uns) nichts passierte« – Marcia Wolkerstorfer, mehr als 30 Jahre Ehrenamtliche im Greifvogelzentrum, fertigte die Weste an.

S. 178 »Weibliche Riesenfischuhus sind größer als männliche« – Malte Andersson und R. Åke Norberg, »Evolution of Reversed Sexual Size Dimorphism and Role Partitioning Among Predatory Birds, with a Size Scaling of Flight Performance / Zur Evolution des umgekehrten Geschlechtsdimorphismus in Größe und Rollenaufteilung bei Greifvögeln sowie zum Einfluss der Größe auf die Flugleistung«, *Biological Journal of the Linnean Society* 15 (1981), S. 105–130.

S. 179 »registrierten wir zum ersten Mal das Gewicht« – Siehe Sumio Yamamoto, *The Blakiston's Fish Owl / Der Riesenfischuhu*, Sapporo 1999, und Nechaev, *Vögel der südlichen Kurilen.*

S. 179 »Gemäß der schon erwähnten gängigen Vorgehensweise« – Kenward, *A Manual for Wildlife Radio Tagging.*

S. 180 »Für die Verwendung von Namen« – Siehe zum Beispiel Linda Kerley, John Goodrich u. a., »Reproduktionsparameter von wilden Amurtigerweibchen«, in: Dale Miquelle, Evgeniy Smirnov u. a. (Hg.), *Tiger im Naturschutzgebiet Sichote-Alin: Ökologie und Schutz*, Vladivostok 2010, S. 61–69, Russisch.

S. 183 »Da Riesenfischuhus, soweit wir wussten, nur im Frühling Frösche fraßen« – Slaght, Surmach u. a., »Ecology and Conservation of Blakiston's Fish Owl in Russia«.

21 *Funkstille*

S. 188 »Dort fanden wir ein einzelnes weißes Ei« – Sergej Surmatsch hat als durchschnittliche Größe von Fischuhueiern 6,3 mal 5,2 Zentimeter (Länge mal Breite) gemessen.

S. 189 »bot er Sergej als Erstes Bärengallenblasen« – Jenny Isaacs, »Asian Bear Farming: Breaking the Cycle of Exploitation / Bärenhaltung in Asien: den Teufelskreis der Ausbeutung durchbrechen«, in: *Mongabay*, 31. Januar 2013, online: {news.mongabay.com/2013/01/asian-bear-farming-breaking-the-cycle-of-exploitation-warning-graphic-images/#QvvvZWi4roC1RUhw.99}, letzter Zugriff: 28. 7. 2022.

S. 192 »ihr Nachwuchs erst nach drei Jahren geschlechtsreif wird« – Pukinskiy, »Ecology of Blakiston's Fish Owl«.

S. 192 »Ein solches Szenario« – Takenaka, »Ecology and Conservation«.

S. 193 »Amurtiger gehen normalerweise« – Gespräch mit Dale Miquelle am 26. Juni 2019.

22 *Die Eule und die Taube*

S. 194 »die solide und zuverlässige Standardfalle« – Bub, *Bird Trapping*.

S. 194 »Manchmal ist der Lockvogel« – Peter Bloom, Judith Henckel u. a., »The Dho-Gaza with Great Horned Owl Lure: An analysis of Its Effectiveness in Capturing Raptors / Das Dho-Gaza-Netz mit einem Virginia-Uhu als Köder: Eine Analyse seiner Effektivität beim Greifvogelfangen«, in: *Journal of Raptor Research* 26 (1992), S. 167–178.

S. 194 »Andere Male kann der Köder« – Bloom, Clark u. a., »Capture Techniques«.

S. 196 »In einer Studie aus dem Jahr 2015« – Fabrizio Sergio, Giacomo Tavecchia u. a., »No Effect of Satellite Tagging on Survival, Recruitment, Longevity, Productivity and Social Dominance of a Raptor, and the Provisioning and Condition of Its Offspring / Keine Auswirkungen der Satellitenüberwachung auf Überleben, Nachwuchs, Lebensdauer, Fruchtbarkeit und die soziale Dominanz von Greifvögeln sowie die

Versorgung und den Zustand der Nachkommen«, in: *Journal of Applied Ecology* 52 (2015), S. 1665–1675.

S. 197 »GPS-Datenlogger« – Siehe Stanley M. Tomkiewicz, Mark R. Fuller u. a., »Global Positioning System and Associated Technologies in Animal Behaviour and Ecological Research / GPS und verwandte Technologien bei Tierverhalten und ökologischer Forschung,« *Philosophical Transactions of the Royal Society B* 365 (2010), S. 2163–2176.

S. 198 »Während Gorbatschows Anti-Alkohol-Kampagne« – Siehe Jay Bhattacharya, Christina Gathmann u. a., »The Gorbachev Anti-Alcohol Campaign and Russia's Mortality Crisis / Die Antialkoholkampagne Michail Gorbatschows und Russlands Mortalitätskrise«, in: *American Economic Journal: Applied Economics* 5 (2013), S. 232–260.

S. 203 »chinesischen Bewohnern dieser Gegend vor 100 Jahren heilig« – Siehe Arsenjew, *Durch die Urwälder.*

23 *Blindes Vertrauen?*

S. 210 »Japannetze sind auch sehr gebräuchlich« – Bub, *Bird Trapping.*

S. 212 »Wenn er ejakulierte, war es ein Männchen« – F. Hamerstrom und J. L. Skinner, »Cloacal Sexing of Raptors / Geschlechtsbestimmung bei Greifvögeln mittels der Kloake«, *Auk* 88 (1971), S. 173–174.

S. 214 »Nachdem der Baum mehrere Jahrhunderte« – Slaght, Surmach u. a. stellten fest, dass Fischuhus einen Nistbaum 3,5 plus minus 1,4 Jahre (als Standardabweichung) benutzen, in: Nakamura (Hg.), *Biodiversity Conservation Using Umbrella Species*, S. 47–70.

S. 218 »Die Schuppensäger sind interessante Vögel« – Diana Solvyeva, Peiqi Liu u. a., »The Population Size and Breeding Range of the Scaly-Sided Merganser *Mergus squamatus* / Populationsgröße und Brutgebiet des Schuppensägers (*Mergus squamatus*)«, in: *Bird Conservation International* 24 (2014), S. 393–405.

S. 218 »Surmatsch hatte einmal sogar ein Riesenfischuhu-Nest« – Gespräch mit Sergej Surmatsch am 10. Juni 2008.

S. 219 »In den 1960er-Jahren berichtete der Naturforscher Boris Schibnew« – Schibnew (1918–2007) war Lehrer in einem kleinen Dorf an der Bikin und Amateurnaturforscher, der an dem Fluss wichtige ornithologische Entdeckungen gemacht und dort ein Naturkundemuseum eingerichtet hat. Er diente auch Forschern, die dort hinkamen, wie Juri Pukinski als Führer. Boris' Sohn Juri (1951–2017) wurde ein bekannter Ornithologe und Tierfotograf in Russland.

S. 219 »zwei oder drei Jungen in Revieren« – Boris Shibnev, »Beobachtung von Riesenfischuhus im Gebiet um Ussurijsk«, *Ornitologiya* 6 (1963), S. 468, Russisch.

24 *Fische für den Ornithologen*

S. 223 »Im Frühjahr 2008 erschien in der Terneier Lokalzeitung« – Nadezhda Labetskaya, »Wer bist du, Fischuhu?«, in: *Vestnik Terneya*, 1. Mai 2008, S. 54–55, Russisch.

S. 223 »mit einer Reporterin von der *New York Times*« – Felicity Barringer, »When the Call of the Wild Is Nothing but the Phone in Your Pocket / Wenn der Ruf der Wildnis nur das Telefon in der Tasche ist«, in: *The New York Times*, 1. Januar 2009, A11.

25 *Auftritt Katkow*

S. 231 »Beim Zusammenbruch der Sowjetunion« – Siehe online: {globalsecurity.org/intell/world/russia/kgb-su0515.htm}, letzter Zugriff: 28. 7. 2022.

26 *Fangen an der Serebrjanka*

S. 234 »den Spuren von Tigern und Bären gefolgt« – Siehe zum Beispiel online: {blogs.scientificamerican.com/observations/east-of-siberia-heeding-the-sign}, letzter Zugriff: 28. 7. 2022.

S. 234 »Ich fragte in Ternei herum« – Bei manchen Flussfischen werden jahreszeitlich bedingte Wanderungen über kurze Entfernungen beobachtet. Laut Brett Nagle in einem Gespräch am 3. Juli 2019.

S. 240 »Der Internationale Frauentag« – Temma Kaplan, »On the Socialist Origins of International Women's Day / Zu den sozialistischen Anfängen des Internationalen Frauentags«, in: *Feminist Studies* 11 (1985), S. 163–171.

27 *Teufelskerle wie wir*

S. 244 »Eine bedrohte Art sind sie nicht« – Judy Mills und Christopher Servheen, *Bears: Their Biology and Management/Bären: Ihre Biologie und ihr Management«*, Bd. 9 (1994, Teil 1: *A Selection of Papers from the Ninth International Conference on Bear Research and Management / Auswahl an Beiträgen von der Neunten Internationalen Konferenz zu Bärenforschung und -management«*, 23.–28. Februar 1992, S. 161–167.

28 *Katkow im Exil*

S. 248 »Da die Quelle an der Saijon« – Im Sanatorium Tiopli Kiutsch (»Heiße Quelle«) südlich von Amgu ist das Wasser viel wärmer, angeblich konstante 36 bis 37 Grad Celsius. Siehe online: {ws-amgu.ru}, letzter Zugriff: 28. 7. 2022.

29 *Die Monotonie des Scheiterns*

S. 254 »Der Forschungsreisende Arsenjew schrieb« – Arsenjew, *Durch die Urwälder.*

S. 258 »Rehwild kann eine stressbedingte Myopathie erleiden« – Jeff Beringer, Lonnie Hansen u. a., »Factors Affecting Capture Myopathy in White-Tailed Deer / Faktoren, die bei Weißwedelhirschen eine stressbedingte Myopathie hervorrufen«, in: *Journal of Wildlife Management* 60 (1996), S. 373–380.

30 *Dem Fisch folgen*

S. 261 »Im Herbst waren ihre Bewegungen« – Slaght, *Management and Conservation Implications.*

S. 261 »Letztere in Seitenarmen und Nebenflüssen« – Anatoli Sementschenko, »Die Fische der Samarga (Primorje)«, in: *V. Y. Levanidovs zweijährliche Gedenkvorlesungen*, Bd. 2, V. V. Bogatov (Hg.), Vladivostok 2003, S. 337–354, Russisch. Siehe auch Augerot, *Atlas*.

S. 262 »Drohungen gegen südkoreanische Flugzeuge« – Siehe »N. Korea Threats Force Change in Flight Paths / Nordkoreanische Drohungen erzwingen Änderung von Flugrouten«, *NBC News*, 6. März 2009, online: {nbcnews.com/id/29544823/ns/travel-news/t/n-korea-threats-force-change-flight-paths/#.XaJ_VUZKg2w}, letzter Zugriff: 28. 7. 2022.

S. 262 »ein Flugzeug der Korean Air« – Alexander Dallin, *Black Box: KAL 007 and the Superpowers/Black Box: KAL 007 und die Supermächte*, Berkeley, California 1985.

S. 263 »Wir machten sogar noch einen Umweg« – Tatiana Gamova, Sergey Surmach u. a., »The First Evidence of Breeding of the Yellow Bittern *Ixobrychus sinensis* in Russian Far East / Erster Nachweis, dass eine Chinadommel (*Ixobrychus sinensis*) im Fernen Osten Russlands brütet«, in: *Russkiy Ornitologicheskiy Zhurnal* 20 (2011), S. 1487–1496, Russisch.

31 *Kalifornien des Ostens*

S. 270 »Wladiwostok sei das San Francisco des Ostens« – Courtney Weaver, »Vladivostok: San Francisco (but Better) / Wladiwostok: San Francisco (aber besser)«, in: *Financial Times*, 2. Juli 2012.

S. 270 »Mit ähnlich brachialen Mitteln« – B. I. Rivkin, *Old-Vladivostok*, Wladiwostok 1992.

S. 272 »die nordostasiatische Version eines Wolpertingers« – Die amerikanische Version ist ein *jackalope*, der Name zusammengesetzt aus *jackrabbit* und *antelope*. Ein *jackalope* hat einen Kaninchenkörper und ein Rehgeweih. Zu einer wissenschaftlichen Beschreibung siehe Micaela Jemison, »The World's Scariest Rabbit Lurks Within the Smithsonian's Collection / Das furchterregendste Kaninchen der Welt lauert in der Sammlung des Smithsonian«, in: *Smithsonian Insider*, 31. Oktober 2014, online: {insider.si.edu/2014/10/worlds-scariest-rabbit-lurks-within-mithsonians-collection}, letzter Zugriff: 28. 7. 2022.

S. 273 »Unsere Informationen von den Nistplätzen« – Siehe Jonathan Slaght, Sergey Surmach u. a., »Riparian Old-Growth Forests Provide Critical Nesting and Foraging Habitat for Blakiston's Fish Owl *Bubo blakistoni* in Russia / Alte Primärwälder bieten lebenswichtiges Nist- und Jagdhabitat für Riesenfischuhus (*Bubo blakistoni*) in Russland«, in: *Oryx* 47 (2013), S. 553–560.

32 *Der Rajon Ternei, wild, rau und unberührt*

S. 277 »Etwa eine Woche bevor« – Nikolaev, »Tiger Attacks on Humans«.

S. 277 »Dieser Tiger war nur einer von vielen« – Martin Gilbert, Dale Miquelle u. a., »Estimating the Potential Impact of Canine Distemper Virus on the Amur Tiger Population (*Panthera tigris altaica*) in Russia / Einschätzung der potenziellen Auswirkung des Staupevirus auf die Amurtigerpopulation (*Panthera tigris altaica*) in Russland«, in: *PLoS ONE* 9 (2014), S. E110811.

S. 277 »und da solche Attacken in Russland« – Zur fesselnden Geschichte über einen tödlichen Tigerangriff in Primorje siehe John Vaillant, *Der Tiger: auf der Spur eines Menschenjägers; ein dokumentarischer Thriller*, München 2010.

33 *Das Riesenfischuhu-Schutzprogramm*

S. 282 »Schon beim ersten Blick auf die Rohdaten« – Jonathan Slaght, Jon Horne, »Home Range and Resource Selection by Animals Constrained by Linear Habitat Features: An Example of Blakiston's Fish Owl / Aufenthaltsraum und Habitatwahl von Tieren, die auf lineare Habitatmerkmale angewiesen sind: zum Beispiel der Riesenfischuhu«, in: *Journal of Applied Ecology* 50 (2013), S. 1350–1357.

S. 283 »Der durchschnittliche Aufenthaltsraum erstreckte sich« – Slaght, *Management and Conversation Implications*.

S. 283 »Ich fasste die Daten aller besenderten Vögel« – Jonathan Slaght and Sergey Surmach, »Blakiston's Fish Owls and Logging: Applying Resource Selection Information to Endangered Species Conservation in

Russia / Riesenfischuhuhs und Abholzung: Anwendung von Informationen zur Habitatwahl beim Schutz gefährdeter Arten in Russland«, in: *Bird Conservation International* 26 (2016), S. 214–224.

S. 284 »Ich verfasse Fördervorschläge« – Siehe zum Beispiel Michiel Hötte, Igor Kolodin u. a., »Indicators of Success for Smart Law Enforcement in Protected Areas: A Case Study for Russian Amur Tiger (*Panthera tigris altaica*) Reserves / Indikatoren für den Erfolg einer klugen Durchsetzung von Gesetzen in Schutzgebieten: Eine Fallstudie zu Reservaten für russische Amurtiger (*Panthera tigris altaica*)«, in: *Integrative Zoology* 11 (2016), S. 2–15.

S. 284 »Denn viele Arten« – Siehe zum Beispiel Mike Bamford, Doug Watkins u. a., *Migratory Shorebirds of the East-Asian-Australian Flyway: Population Estimates and Internationally Important Sites / Ziehende Watvögel der ostasiatisch-australischen Flugroute: Schätzungen der Populationen und international wichtige Gebiete*, Canberra 2008.

S. 286 »ein einziger Mammutbaum in Kalifornien« – Howard Hobbs, »Economic Standing of Sequoia Trees / Der wirtschaftliche Wert der Mammutbäume«, in: *Daily Republican*, 1. November 1995, online: {dailyrepublican.com/ecosequoia.html}, letzter Zugriff: 28. 7. 2022.

S. 287 »Nachdem Sergej und ich 2015« – Takenaka, »Ecology and Conservation«.

S. 288 »Wenn wir die Uhus in Japan« – Jonathan Slaght, Takeshi Takenaka u. a., »Global Distribution and Population Estimates of Blakiston's Fish Owl / Schätzung der globalen Verbreitung und Populationszahlen des Riesenfischuhus«, in: Takenaka (Hg.), *Biodiversity Conservation Using Umbrella Species*, S. 9–18.

S. 288 »Selbst höchste Regierungskreise« – Anna Malpass, »In the Spotlight: Leonardo DiCaprio / Im Rampenlicht: Leonardo DiCaprio«, in: *The Moscow Times*, 25. November 2010, online: {themoscowtimes.com/2010/11/25/in-the-spotlight-leonardo-dicaprio-a3275}, letzter Zugriff: 28. 7. 2022.

S. 288 »die Wissenschaftler in Japan« – Slaght, Takenaka u. a., »Global Distribution and Population Estimates«.

S. 289 »Auf Grundlage unserer Resultate« – Slaght, Takenaka u. a., »Ecology and Conservation«.

S. 289 »Auch Forscher der Himalayafischuhus« – Yuan-Hsun Sun, *Tawny Fish Owl: A Mysterious Bird in the Dark / Der Himalayafischuhu: Ein geheimnisvoller Vogel im Dunkel*, Taipei 2014.

Epilog

S. 291 »Im Spätsommer 2016 tobte« – Aon Benfield, »Global Catastrophe Recap / Zusammenfassung der globalen Katastrophen« (2016), online: {thoughtleadership.aonbenfield.com/Documents/20161006-ab-analytics-if-september-global-recap.pdf}, letzter Zugriff: 28. 7. 2022.

Register

JONATHAN C. SLAGHT ist Koordinator für Russland und Nordostasien bei der Wildlife Conservation Society, wo er Forschungsprojekte zu gefährdeten Arten leitet. Über seine Arbeit berichtete er unter anderem in der *New York Times*, *The Guardian*, *BBC* und *Scientific American*. *Eulen des östlichen Eises* wurde mit dem PEN / E. O. Wilson Literary Science Writing Award sowie dem Minnesota Book Award for General Nonfiction ausgezeichnet und stand auf der Longlist für den National Book Award.

SIGRID RUSCHMEIER arbeitet als literarische Übersetzerin in Berlin. Sie hat unter anderem Werke von Elizabeth Bowen, Sybille Bedford, Grace Paley, Salman Rushdie und Marianne Faithfull ins Deutsche übertragen.

Die Übersetzung wurde dankenswerterweise vom Deutschen Übersetzerfonds gefördert.
Die Übersetzerin dankt Mark Baker für tatkräftige Hilfe.

NATURKUNDEN № 87
Erste Auflage Berlin 2023

NATURKUNDEN
herausgegeben von Judith Schalansky
erscheinen bei Matthes & Seitz Berlin
ermöglicht durch Jan Szlovak, Hamburg

EINBAND, TYPOGRAFIE, ILLUSTRATION Pauline Altmann, Palingen
durchgesehen von Judith Schalansky
SCHRIFT Miller von Matthew Carter / Font Bureau,
Aspen von Ludwig Übele, ABC Laica von Alessio D'Ellena / Dinamo
HERSTELLUNG Hermann Zanier, Berlin
PAPIER 90 g/qm Schleipen Fly 05 spezialweiß, 1,2-faches Volumen
DRUCK, BINDUNG Pustet, Regensburg

ISBN 978-3-7518-0219-2

www.matthes-seitz-berlin.de